工业机器人技术应用系列

工业机器人基础及应用

主　编：丁度坤

副主编：肖永祥　甘伟　吴立华

电子工业出版社

Publishing House of Electronics Industry

北京·BEIJING

内容简介

本书在介绍工业机器人基本理论知识的基础上，以 ABB 工业机器人为具体对象，详细介绍机器人本体、ABB 工业机器人、机器人的基本操作、机器人程序设计、机器人运行实例、机器人故障诊断等内容，力求使学生全面了解和掌握工业机器人的操作，同时初步具备工业机器人的维护能力。

本书可作为职业院校机电一体化、电气自动化、工业机器人技术应用等专业的教材，也可作为企业人才培训的推荐教材。

未经许可，不得以任何方式复制或抄袭本书之部分或全部内容。
版权所有，侵权必究。

图书在版编目（CIP）数据

工业机器人基础及应用 / 丁度坤主编. —北京：电子工业出版社，2020.5

ISBN 978-7-121-34307-0

Ⅰ.①工⋯ Ⅱ.①丁⋯ Ⅲ.①工业机器人—高等学校—教材 Ⅳ.①TP242.2

中国版本图书馆 CIP 数据核字（2018）第 115536 号

责任编辑：朱怀永
印　　刷：北京盛通数码印刷有限公司
装　　订：北京盛通数码印刷有限公司
出版发行：电子工业出版社
　　　　　北京市海淀区万寿路 173 信箱　邮编　100036
开　　本：787×1 092　1/16　印张：14.25　字数：364 千字
版　　次：2020 年 5 月第 1 版
印　　次：2025 年 8 月第 3 次印刷
定　　价：39.80 元

凡所购买电子工业出版社图书有缺损问题，请向购买书店调换。若书店售缺，请与本社发行部联系，联系及邮购电话：(010) 88254888，88258888。
质量投诉请发邮件至 zlts@phei.com.cn，盗版侵权举报请发邮件至 dbqq@phei.com.cn。
本书咨询联系方式：(010) 88254608，zhy@phei.com.cn。

前言

机器人学是一门高度交叉的前沿学科,引起众多具有不同专业背景人们的广泛兴趣,并获得了快速的发展。自第一台可编程的工业机器人问世以来,机器人学科取得了许多令人瞩目的成就,其技术已日益成熟,并已在搬运、焊接、汽车制造、机械加工等领域得到了广泛的应用。正如 1999 年 7 月时任中国工程院院长宋健院士在国际自动控制联合会第 14 届大会报告中指出的:"机器人学的进步和应用是 20 世纪自动控制最有说服力的成就,是当代最高意义上的自动化"。本书主要介绍工业机器人的基本结构、原理、应用与故障诊断,是一部比较系统的机器人应用著作。

全书共分 6 个单元,涉及工业机器人的本体与结构、基本操作、编程、应用等内容。单元 1 介绍机器人的机械机构、驱动系统、感知系统、控制系统和主要技术参数;单元 2 介绍 ABB 工业机器人的结构、技术参数及应用过程中应注意的问题;单元 3 对 ABB 工业机器人的基本操作进行介绍;单元 4 主要介绍 ABB 工业机器人程序设计及相关的编程指令;单元 5 主要介绍 ABB 工业机器人运行实例;单元 6 介绍工业机器人的一些常见故障诊断。

依据机器人的分类,从单元 2 开始主要介绍 ABB 工业机器人的相关知识与操作,如无特别说明,正文表述中的机器人均指工业机器人。

本书可作为职业院校机电一体化、工业机器人技术应用等专业教材,实施教学时,建议教师补充一些机器人运动学、动力学和反映最新研究进展的相关资料。编者在编写本书过程中,得到了广东松庆智能科技有限公司的雷德铎工程师、梁小东工程师，以及众多领导、专家、教授、朋友和学生的热情鼓励和帮助，在此特向他们致以最衷心的感谢。

由于时间仓促，书中难免存在不足和疏漏之处，敬请广大读者批评指正。

编者
2019 年 11 月

目录 CONTENTS

单元 1　认知机器人本体 ··· 1
 1.1　机器人的机械机构 ··· 2
 1.2　机器人的驱动系统 ··· 2
 1.3　机器人的感知系统 ··· 3
 1.4　机器人的控制系统 ··· 5
 1.5　机器人的主要技术参数 ··· 5

单元 2　认知 ABB 工业机器人 ·· 7

单元 3　ABB 工业机器人的基本操作 ····································· 15
 3.1　设定示教器的显示语言 ·· 15
 3.2　设定工业机器人系统的时间 ···································· 16
 3.3　查看工业机器人常用信息与事件日志 ···························· 16
 3.4　工业机器人数据的备份与恢复 ·································· 17
 3.5　工业机器人的手动操作 ·· 20
 3.6　ABB 工业机器人转数计数器的更新操作 ························· 24
 3.7　工业机器人的 I/O 通信及设置 ··································· 31

单元 4　ABB 工业机器人程序设计 ·· 36
 4.1　ABB 工业机器人的坐标系 ····································· 36
 4.2　ABB 工业机器人的程序数据 ··································· 39
 4.3　ABB 工业机器人 RAPID 程序及其架构 ························· 58
 4.4　建立程序模块与例行程序 ······································ 60
 4.5　常用的 RAPID 程序指令 ······································ 66
 4.6　建立 RAPID 程序实例 ·· 92

单元 5　ABB 工业机器人运行实例 ······································· 126
 5.1　认知 RobotStudio ·· 126
 5.2　工业机器人智能化教学实训平台 ······························ 136
 5.3　ABB 工业机器人基础工作站 ·································· 142
 5.4　喷雾取件一体工业机器人 ····································· 152
 5.5　手机壳打磨工作站 ··· 166

5.6 弧焊工业机器人 …………………………………………………………………… 181

单元 6　工业机器人故障诊断 …………………………………………………………… 205

附录 A　ABB 工业机器人执行控制指令 ……………………………………………… 208
附录 B　ABB 工业机器人变量指令 …………………………………………………… 209
附录 C　ABB 工业机器人运动设定指令 ……………………………………………… 210
附录 D　ABB 工业机器人运动控制指令 ……………………………………………… 212
附录 E　ABB 工业机器人 I/O 信号处理指令 ………………………………………… 215
附录 F　ABB 工业机器人通信功能指令 ……………………………………………… 216
附录 G　ABB 工业机器人中断功能指令 ……………………………………………… 217
附录 H　ABB 工业机器人系统相关功能指令 ………………………………………… 218
附录 I　ABB 工业机器人数学运算功能指令 ………………………………………… 219

单元 1

认知机器人本体

本单元课件

科学家研制机器人，实际上是仿照人类去塑造机器人，首先要使机器人具有人类的某些功能、某些行为，能够胜任人类希冀的某种任务，其最高标准应为类人型智能机器人。因此，分析机器人的基本结构，可与人体的基本结构相对照来进行。

人体是一个非常严密、非常复杂的统一体，细胞是构成人体最基本的形态结构单位和机能单位。各系统之间互相关联、影响和依存，在神经系统统一支配下，各系统协调一致，共同完成人的生命活动和功能活动。

因此，模仿人体结构，以图 1-1 所示的焊接机器人为例，工业机器人的结构通常由四大部分组成，即机械机构、驱动系统、感知系统和控制系统。

1）机械机构

机械机构是由关节连在一起的许多机械连杆的集合体而形成的开环运动学链系。

2）驱动系统

使各种机械部件产生运动的装置为驱动系统。驱动源可以是气动的、液压的或电动的。

3）感知系统

感知系统是由一个或多个传感器组成。传感器是将有关机械部件的内部信息和外部信息传递给机器人的控制器。

4）控制系统

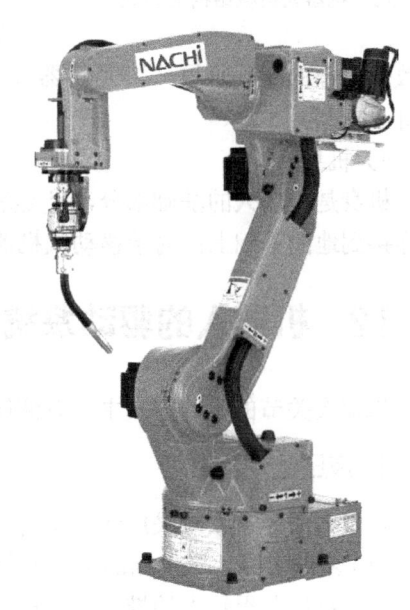

图 1-1 焊接机器人

控制系统通过获取的信息确定机械部件各部分的正确运行轨迹、速度、位置和外部环境，使机械部件的各部分按预定程序在规定的时间开始和结束动作。

1.1 机器人的机械机构

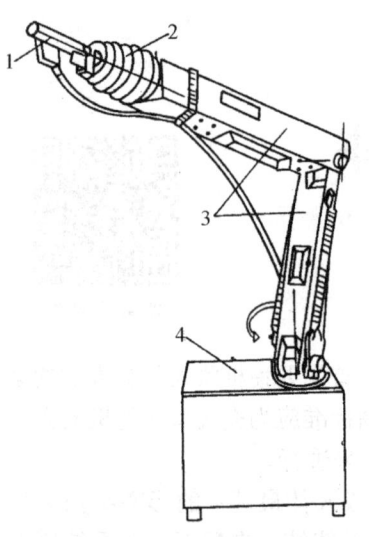

由于应用场合的不同,机器人的结构形式多种多样,各组成部分的驱动方式、传动原理和机械结构也各有不同。通常根据机器人各部分的功能,其机械部分主要由以下几部分组成,如图 1-2 所示。

1)手部

机器人为了进行作业,在手腕上配置了操作机构,也称为手爪或末端操作器、末端执行机构等。

2)手腕

连接手部和臂部的部分,主要作用是改变手部的空间方向和将作业载荷传递到手部。

1—手部;2—手腕;3—臂部;4—机身

图 1-2 机器人机械结构的组成

3)臂部

连接机身和手腕的部分,主要作用是改变手部的空间位置,满足机器人的作业空间,并将各种载荷传递到机身。

4)机身

机身是机器人的基础部分,起支撑作用。对于固定式机器人,机身直接连接到地面基础上;对于移动式机器人,机身则安装在移动机构上。

1.2 机器人的驱动系统

机器人关节的驱动方式主要有液压式、气动式和电动式。

1. 液压驱动

机器人的驱动系统采用液压驱动,有以下优点:

(1)液压容易达到较高的单位面积压力(常用油压为 25~63kg/cm^2),液压驱动装置体积较小,可以获得较大的推力或转矩;

(2)液压驱动系统介质的可压缩性小,工作平稳可靠,并可得到较高的位置精度;

(3)液压传动中,力、速度和方向比较容易实现自动控制;

(4)液压驱动系统采用油液作介质,具有防锈性和自润滑性能,可以提高机械效率,使用寿命长。

液压驱动系统有以下缺点:

(1)油液的黏度随温度变化而变化,影响工作性能,高温容易引起燃烧、爆炸等危险;

(2)液体的泄漏难以克服,要求液压元件有较高的精度和质量,故造价较高;

（3）需要相应的供油系统，尤其是电液伺服系统要求有严格的滤油装置，否则会引起故障。

液压驱动方式的输出力和功率大，能构成伺服机构，常用于大型机器人关节的驱动。

2．气压驱动

与液压驱动相比，气压驱动有以下优点：
（1）压缩空气黏度小，容易达到高速（1m/s）；
（2）利用工厂集中的空气压缩机站供气，不必添加动力设备；
（3）空气介质对环境无污染，使用安全，可直接应用于高温作业；
（4）气动元件工作压力小，故制造要求也比液压元件低。

气压驱动有以下缺点：
（1）压缩空气常用压力为 4～6kg/cm^2，若要获得较大的出力，其结构就要相对增大。
（2）空气压缩性大，工作平稳性差，速度控制困难，要达到准确的位置控制很困难。
（3）压缩空气的除水问题是一个很重要的问题，处理不当会使钢类零件生锈，导致机器人失灵。此外，排气还会造成噪声污染。

气压驱动多用于开关控制和顺序控制的机器人中。

3．电动机驱动

电动机驱动可分为普通交、直流电动机驱动，交、直流伺服电动机驱动和步进电动机驱动。

（1）普通交、直流电动机驱动需加减速装置，输出力矩大，但控制性能差，惯性大，适用于中型或重型机器人。伺服电动机和步进电动机输出力矩相对小，控制性能好，可实现速度和位置的精确控制，适用于中小型机器人。

（2）交、直流伺服电动机一般用于闭环控制系统，而步进电动机则主要用于开环控制系统，一般用于速度和位置精度要求不高的场合。功率在 1kW 以下的机器人多采用电动机驱动。

电动机使用简单，且随着材料性能的提高，电动机性能也逐渐提高。所以总的看来，目前机器人关节驱动逐渐被电动式所代替。

1.3 机器人的感知系统

感知系统主要靠具有感知不同信息的传感器构成，属于硬件部分，包括视觉、听觉、触觉及味觉、嗅觉等传感器。在视觉方面，目前多利用摄像机作为视觉传感器，它与计算机相结合，并采用电视技术，使机器人具有视觉功能，可以"看到"外界的景物，经过计算机对图像的处理，就可对机器人下达如何动作的命令。这类视觉传感器在工业机器人中，多用于识别、监视和检测。

机器人的听觉功能，就是指机器人能够接收人的语音信息，经过语音识别、语音处理、语句分析和语义分析，最后做出正确回答。语音识别系统一般由传声器、语音预处理器、计算机及专用软件所组成。

ASIMO 是本田公司开发的类人型机器人（见图1-3），ASIMO 是 Advanced（新纪元）、Step in（进入）、Innovative（创新）、Mobility（移动工具）的缩写。本田公司希望能创造出一个可以在人的生活空间里自由移动，具有人一样的极高移动能力和高智能的类人型机器人，它能够在未来社会中与人和谐共存，为人们提供服务，而 ASIMO 就是这个未来梦想的化身。ASIMO 可以行走自如，进行诸如"8"字形行走、上下台阶、弯腰等各项"复杂"动作；并可以随着音乐翩翩起舞，还能以 6km/h 的速度奔跑。此外，ASIMO 还能与人类互动协作，进行握手、猜拳等动作，似乎科幻电影中的情节变成了现实。

哈尔滨工业大学（以下简称哈工大）机器人技术有限公司研制的智能迎宾导游机器人（见图1-4），其外形与功能已十分像人类，它的手臂、头部、眼睛、嘴巴、腰部，会随着优美的乐曲，做出相应的动作；它还具有语音功能，会唱歌、讲解、背诵唐诗、致迎宾词等。它可广泛应用于展馆、游乐场、酒店、宾馆、办公楼等公共场所。

图1-3　ASIMO 机器人　　　　　　　图1-4　哈工大迎宾机器人

目前，机器人的语言是一种"合成语言"，与人类的语言有很大区别。其语音尚没有节奏，没有抑、扬、顿、挫。

机器人的触觉传感器，多为微动开关、导电橡胶或触针等，利用它将触点接触与否所形成电信号的"通"与"断"传送到控制系统，从而实现对机器人执行机构的控制。

当要求机器人不得接触某一对象而又要实施检测时，就需要为机器人安装非接触式传感器，目前这类传感器有电磁涡流式、光学式和超声波式等类型。

当要求机器人的末端执行机构（如灵巧手）具有适度的力量，如握力、拧紧力或压力时，就需要有力学传感器。力学传感器种类较多，常用的是电阻应变式传感器。

人类的嗅觉是通过鼻黏膜感受气味的刺激，由嗅觉神经传递给大脑，再由大脑将信息与记忆的气味信息加以比较，从而判定气味的种类及来源。科学家研制出一种能辨别气味的电子装置，叫作"电子鼻"，它包括气味传感器、气味储存器和能识别与处理有关数据的计算机。其中，气味（即嗅觉）传感器就相当于人类的"鼻黏膜"。但是，一种嗅觉传感器只能对一类气味进行识别，所以，必须研制出对复合气体有识别能力的"电子鼻"。据报道，美国已研制出用 20 个相关的传感器和计算机相连，将传感器信号与计算机存储的气味记录加以比较判定，并可在显示器上显示判定结果的"电子鼻"。人的鼻子对气味的判定具有多种性，但因易疲劳和受病痛影响，因此不十分可靠，而电子鼻胜过人类的鼻子。

1.4 机器人的控制系统

机器人的控制系统由控制计算机及相应的控制软件和伺服控制器组成,它相当于人的神经系统,是机器人的神经中枢,它实施机器人的全部信息处理和对机器人本体的运动控制。

1. 伺服控制级软件

伺服控制级软件用于对驱动器的控制与驱动。把从轨迹生成部分输出的控制量作为指令值,再把这个指令值与从位置和速度等传感器传来的信号进行比较,用比较后的指令值控制电动机的转动。

2. 机器人运动控制级软件

机器人运动控制级软件用于对机器人进行轨迹控制、插补和坐标变换。接收示教系统送来的各示教点位置和姿态信息、运动参数和工艺参数,并通过计算把各点的示教(关节)坐标值转换成直角坐标值存入计算机内存;机器人在再现状态时,从内存中逐点取出其位置和姿态坐标值,按一定的时间节拍(又称采样周期)对它进行圆弧或直线插补运算,算出各插补点的位置和姿态坐标值,这就是路径规划生成;然后逐点地把各插补点的位置和姿态坐标值转换成关节坐标值,分送到各个关节。为了控制机器人在被示教的作业点之间按照机器人语言所描述的指定轨迹运动,必须计算配置在机器人各关节处电动机的控制量。

3. 周边装置控制级软件

周边装置控制级软件用于机器人运动控制、夹具汽缸控制、各种外部信号控制及其他辅助周边设备控制等。PLC 的输入/输出点在 PLC 程序的控制下,在各种外部控制信号的作用下,将输出控制信号发送到各执行器件上,用以实现各种理想的运动过程。

工业机器人的控制器大多采用二级计算机结构。

第一级计算机的任务是规划和管理。机器人示教时,系统接收示教点位置和姿态信息、运动参数和工艺参数,并通过计算把各点的坐标值存入计算机内存里;机器人再现时,从内存中逐点取出其位置和姿态坐标值,通过对其进行圆弧或直线插补运算,生成路径规划;然后把各插补点的位置和姿态值转换成关节坐标值,分送到各个关节。

第二级计算机是执行计算机,它的任务是进行伺服电动机闭环控制。它接收了第一级计算机送来的各关节下一步期望达到的位置和姿态后,又做一次均匀细分,以求运动轨迹更为平滑;然后将各关节下一细步期望值逐点送给驱动电动机,同时检测光电码盘信号,直到其准确到位。

1.5 机器人的主要技术参数

设计机器人时,首先要确定机器人的主要技术参数,然后由机器人的技术参数来选择机器人的机械结构、坐标形式和传动装置等。

1. 自由度

自由度指描述物体运动所需要的独立坐标数。

2. 工作速度

工作速度指机器人在工作载荷条件下的匀速运动过程中,机械接口中心或工具中心点在单位时间内所移动的距离或转动的角度。

3. 工作空间

机器人的工作空间指机器人手臂或手部安装点所能达到的所有空间区域,不包括手部本身所能达到的区域。

4. 工作载荷

工作载荷指机器人在规定的性能范围内,机械接口处能承受的最大负载量(包括手部),用质量、力矩、惯性矩来表示。

5. 控制方式

控制方式指机器人用于控制轴的方式,是伺服还是非伺服,伺服控制方式是实现连续轨迹还是点到点的运动。

6. 驱动方式

驱动方式指关节执行器的动力源。

7. 精度、重复精度和分辨率

精度、重复精度和分辨率用来定义机器人手部的定位能力。

单元 2

认知 ABB 工业机器人

ABB 公司致力于研发、生产工业机器人已有多年历史，拥有全球 17.5 万多台机器人的安装经验。ABB 公司是工业机器人的先行者及世界领先的工业机器人制造厂商，在瑞典、挪威和中国等地均设有机器人的研发、制造和销售基地。ABB 于 1969 年售出世界上第一台喷涂机器人（见图 2-1），1974 年又发明了世界上第一台工业机器人（见图 2-2），拥有当今种类最多、最全面的机器人产品、技术和服务，ABB 公司同时又是世界上机器人装机量较大的公司之一。

本单元课件　　ABB 工业机器人概述

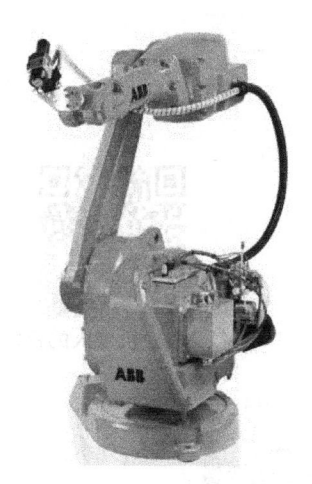

图 2-1　ABB 第一台喷涂机器人　　图 2-2　世界上第一台工业机器人

ABB 机器人于 1994 年进入中国市场，经过多年发展，在中国，ABB 凭借先进的机器人自动化解决方案和包括冲压自动化、动力总成和涂装自动化在内的几大系统，已成为一批汽车整车厂和零部件生产企业的供应商，同时 ABB 还为消费品、铸造、塑料和金属加工等企业提供全面完善的服务。ABB 部分工业机器人的型号及参数介绍如下。

➢ IRB 140：体积小，承载量较小，最大承载量为 5kg，常用于焊接。
➢ IRB 1400：承载量较小，最大承载量为 5kg，常用于焊接。
➢ IRB 2400：承载量较小，最大承载量为 16kg，常用于焊接。

➢ IRB 4400：承载量较大，最大承载量为 60kg，常用于搬运或大范围焊接。
➢ IRB 640：4 轴机器人，最大承载量为 160kg，常用于码垛。
➢ IRB 6400：承载量较大，最大承载量为 250kg，常用于搬运或点焊。
➢ IRB 340：承载量很小，最大承载量为 1kg，速度极快，常用于取件。
➢ IRB 7600：承载量很大，最大承载量为 500kg，常用于汽车工业。
➢ IRB 540/580：承载量较小，防爆性很好，喷涂专用。
➢ IRB 120：体积小，质量小（质量仅为 25kg），最大承载量为 3kg，可用于物料的搬运及装配。

本书以 ABB 的 IRB 120 工业机器人为例介绍工业机器人的组成。

工业机器人一般由机械本体、控制器和示教器组成，如图 2-3 所示。

ABB 工业机器人的基本组成

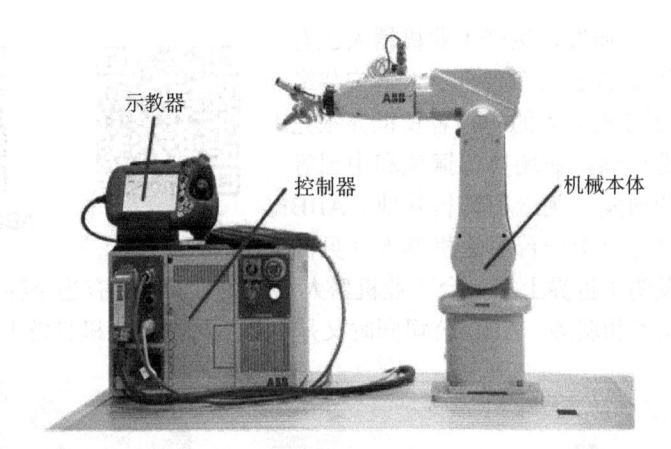

图 2-3 工业机器人的组成

1. IRB 120 工业机器人的机械本体

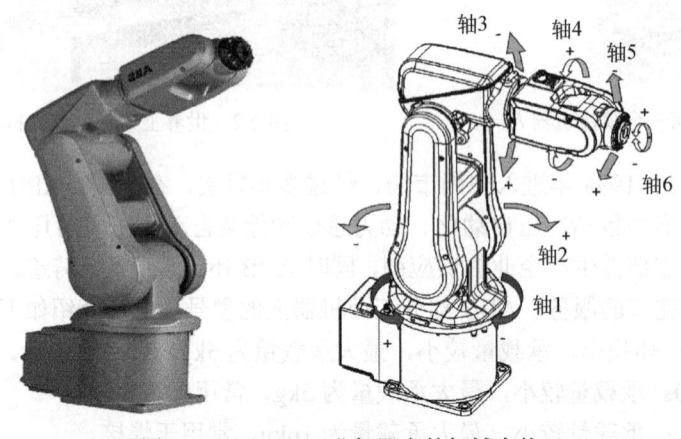

IRB 120 是 ABB Robotics 最新一代 6 轴工业机器人中的一员，质量为 25kg，有效载荷达 3kg，机器人触及范围达 0.58m，采用了开放式结构，特别适合于灵活应用，并且可以与外部系统进行广泛通信。其机械本体如图 2-4 所示。

IRB120 工业机器人的机械本体

图 2-4 IRB 120 工业机器人的机械本体

IRB 120 工业机器人本体尺寸如图 2-5 所示,其中轴 1 的最小转动半径 R_1=121mm,轴 3 的最小转动半径 R_3=147mm,轴 4 的最小转动半径 R_4=70mm。工业机器人转动半径如图 2-6 所示,其各轴运动范围见表 2-1。

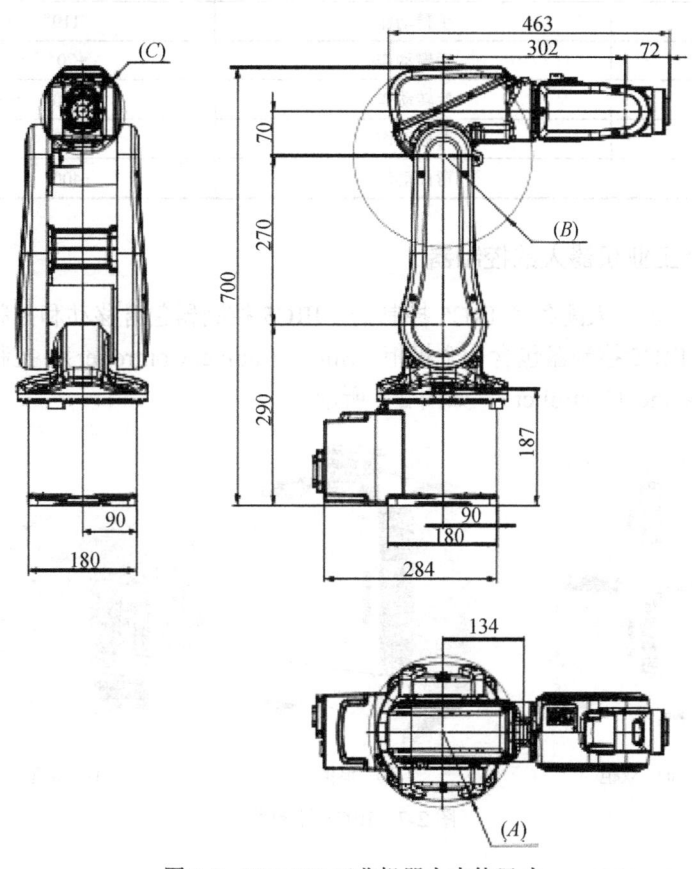

图 2-5 IRB 120 工业机器人本体尺寸

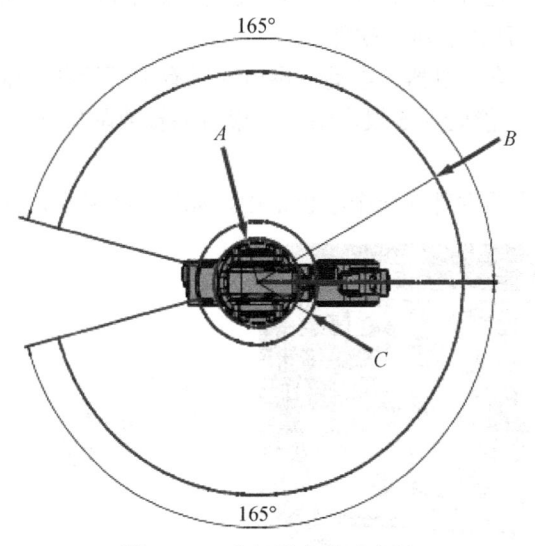

图 2-6 工业机器人转动半径

表 2-1 工业机器人各轴运动范围

轴	动作类型	运动范围
轴 1	旋转动作	+165°～-165°
轴 2	手臂动作	+110°～-110°
轴 3	手臂动作	+70°～-110°
轴 4	旋转动作	+160°～-160°
轴 5	弯曲动作	+120°～-120°
轴 6	弯曲动作	+400°～-400°

2. IRB 120 工业机器人的控制器

IRB 120 工业机器人配备了 IRC5 控制器，IRC5 控制器包含移动和控制机器人的所有必要功能。标准 IRC5 控制器包含一个机柜（Single Cabinet Controller），控制器也可包含两个机柜（Dual Cabinet Controller），如图 2-7 所示。

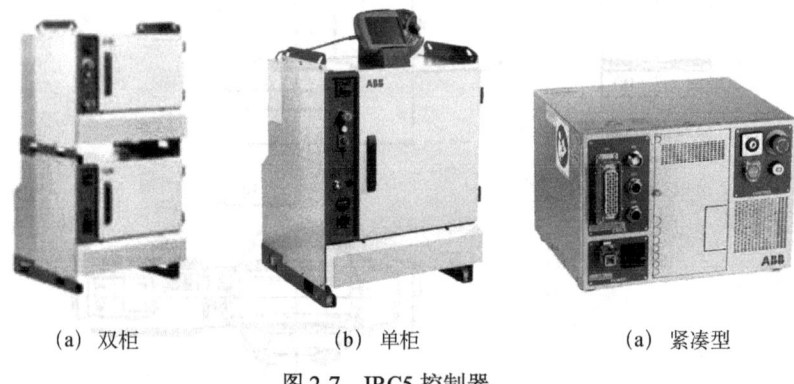

(a) 双柜　　　　　　　　(b) 单柜　　　　　　　　(a) 紧凑型

图 2-7 IRC5 控制器

控制器包含两个模块，即 Control Module 和 Drive Module。

➤ Control Module 包含所有的电子控制装置，如主机、I/O 电路板和闪存。Control Module 运行操纵机器人所需的所有软件。

➤ Drive Module 包含为机器人电动机供电的所有电源设备。IRC5 Drive Module 最多可包含 9 个驱动单元，它能处理 6 根内轴及 2 根普通轴或附加轴，具体情况取决于机器人的型号。

IRC5 控制柜的所有组件都在一个小机柜中，如图 2-8 所示，其主要组成如下。

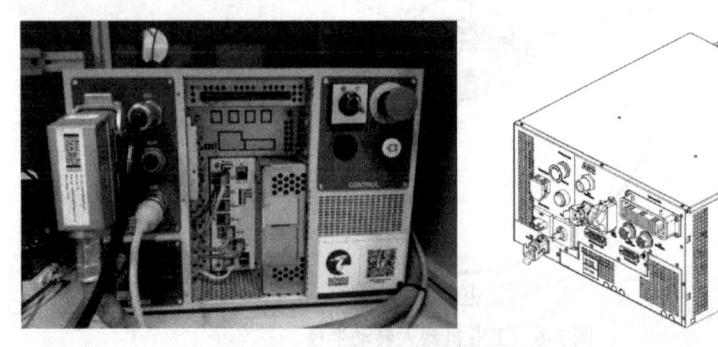

图 2-8 IRC5 控制柜

1）控制柜的按钮和开关

控制柜的按钮和开关如图2-9所示。

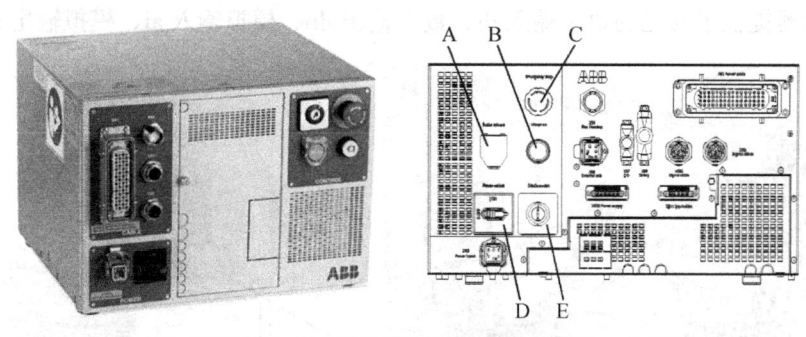

A—IRB 120 的制动闸释放按钮（位于盖子下）；B—电动机开启按钮；C—紧急停止按钮；
D—主电源开关；E—模式切换开关

图2-9　IRC5 控制柜的按钮与开关

2）控制柜上的接口

控制柜上的接口如图2-10所示。

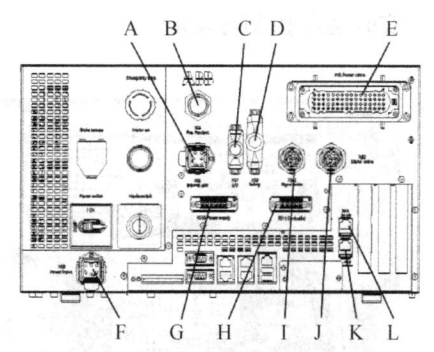

A—XS8 附加轴连接器；B—XS4 FlexPendant 连接器；C—XS7 I/O 连接器；D—XS9 安全连接器；
E—XS1 电源电缆连接器；F—XS0 电源输入连接器；G—XS10 电源连接器；H—XS11 DeviceNet 连接器；
I—XS41 信号电缆连接器；J—XS2 信号电缆连接器；K—XS13 轴选择器连接器；L—XS12 附加轴连接器

图2-10　IRC5 控制柜上的接口

3）IRC5 主驱动单元

机器人IRC5 主驱动单元如图2-11所示，用于驱动机器人各关节的电动机运动。

主驱动单元

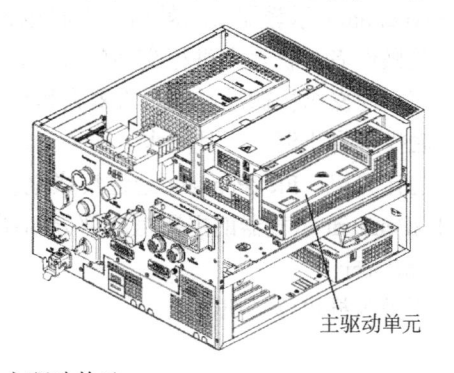

图2-11　IRC5 主驱动单元

4）IRC5 控制器 I/O 系统

IRC5 控制器 I/O 系统如图 2-12 所示，可以轻松地实现与周边设备的通信。ABB 标准的 I/O 控制器提供了常见的数字输入 di、数字输出 do、模拟输入 ai、模拟输出 ao。

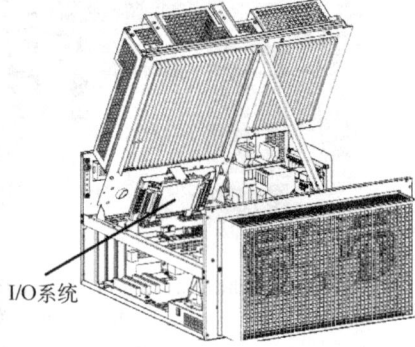

图 2-12　IRC5 控制器 I/O 系统

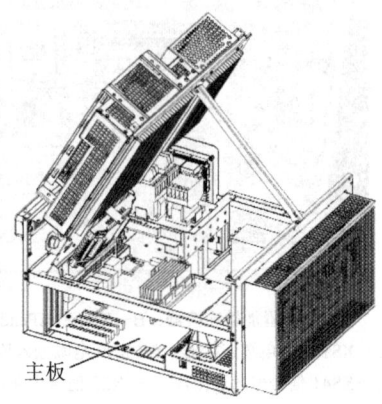

5）IRC5 控制器主板

IRC5 控制器主板如图 2-13 所示，用于完成机器人运动的插补运算、正逆解运算、状态监控、实时运动控制等功能。

图 2-13　IRC5 控制器主板

3. IRB 120 工业机器人的示教器

FlexPendant 示教器（示教器，有时也称为 TPU 或教导器装置）是一种手持式操作装置，它是操作者与机器人进行交换的接口，用于执行与操纵机器人系统有关的许多任务：运行程序、使操纵杆微动、修改机器人程序等。FlexPendant 可在恶劣的工业环境下持续运作。其触摸屏易于清洁，且防水、防油。FlexPendant 由硬件和软件组成，其本身就是一成套完整的计算机。FlexPendant 通过集成电缆和连接器、控制器连接。

FlexPendant 示教器的主要组成部分如图 2-14 所示。

1）操纵杆

使用操纵杆可移动机器人。

IRB120 工业机器人的示教器

2）USB 端口

将存储器连接到 USB 端口以读取或保存文件。

3）触摸笔

触摸笔随 FlexPendant 提供，放在 FlexPendant 的背面。拉小手柄可以松开笔。使用 FlexPendant 时用触摸笔触摸屏。

4）重置按钮

按重置按钮会重置 FlexPendant，而不是重置控制器系统。

5）硬件按钮

FlexPendant 上有专用的硬件按钮，如图 2-15 所示。A～D 为预设按钮，用户可将设定的功能指定给这 4 个按钮。E 为选择机械单元按钮。F 为切换运动模式按钮，可选择为重定向或线性。G 为切换运动模式按钮，可选轴 1～3 或轴 4～6。H 为切换增量按钮，可设置操纵杆移动机器人的速度。J 为 Step Backward（步退）按钮，按下此按钮，可使程序后退至上一条指令。K 为 Start（启动）按钮，按下此按钮，程序开始执行。L 为 Step Forward（步进）按钮，按下此按钮，可使程序前进至下一条指令。M 为 Stop（停止）按钮，按下此按钮，程序停止执行。

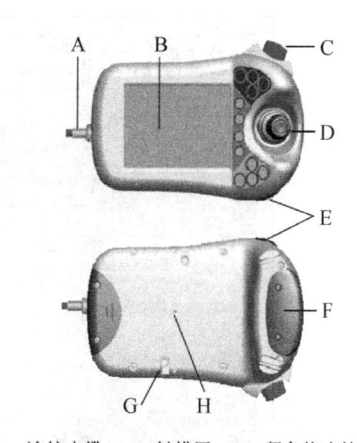

A—连接电缆；B—触摸屏；C—紧急停止按钮；
D—操纵杆；E—USB 端口；
F—使能键；G—触摸笔；H—重置按钮

图 2-14 FlexPendant 的主要组成部分

操作 FlexPendant 时，必须先按下使能键。手持该设备时，惯用右手者可用左手持设备，右手在触摸屏上执行操作，如图 2-16 所示。而惯用左手者可以轻松通过将显示器旋转 180°，使用左手持设备。

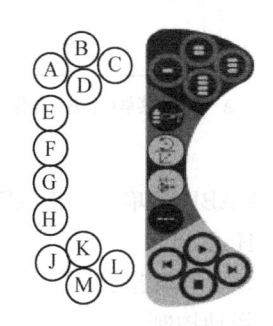

图 2-15 FlexPendant 的硬件按钮

图 2-16 FlexPendant 的使用方法

图 2-17 所示为 FlexPendant 的触摸屏界面。

A—ABB 菜单项；B—操作员窗口；C—状态栏；D—"关闭"按钮；E—任务栏；F—快速设置菜单

图 2-17 FlexPendant 的触摸屏界面

（1）ABB 菜单。单击 ABB 菜单后，将出现以下几个项目：
- HotEdit。
- 输入和输出。
- 微动控制。
- Production Window（运行时窗口）。
- Program Editor（程序编辑器）。
- Program Data（程序数据）。
- Backup and Restore（备份与恢复）。
- Calibration（校准）。
- Control Panel（控制面板）。
- Event Log（事件日志）。
- FlexPendant Explorer（FlexPendant 资源管理器）。
- 系统信息。

（2）操作员窗口。操作员窗口显示来自机器人程序的消息。程序需要操作员做出某种响应以便继续时往往会出现此窗口。

（3）状态栏。状态栏显示与系统状态有关的重要信息，如操作模式、电动机开启/关闭、程序状态等。

（4）"关闭"按钮。单击"关闭"按钮将关闭当前打开的视图或应用程序。

（5）任务栏。通过 ABB 菜单，可以打开多个视图，但一次只能操作一个视图。任务栏显示所有打开的视图，并可进行视图切换。

（6）快速设置菜单。快速设置菜单包含对微动控制和程序执行进行的设置。

单元 3

ABB 工业机器人的基本操作

ABB 工业机器人的基本操作，其中的 90% 可通过 ABB 菜单实现。单击 ABB 菜单后，将出现相关项目，具体见单元 2。

使用 ABB 菜单中的项目，可完成对机器人的相关操作。

本单元课件　设定示教器的显示语言

3.1 设定示教器的显示语言

改变 FlexPendant 的显示语言，具体操作步骤如下：

（1）单击 ABB 菜单，选择"控制面板"（Control Panel）选项，出现"控制面板"窗口，如图 3-1 所示。

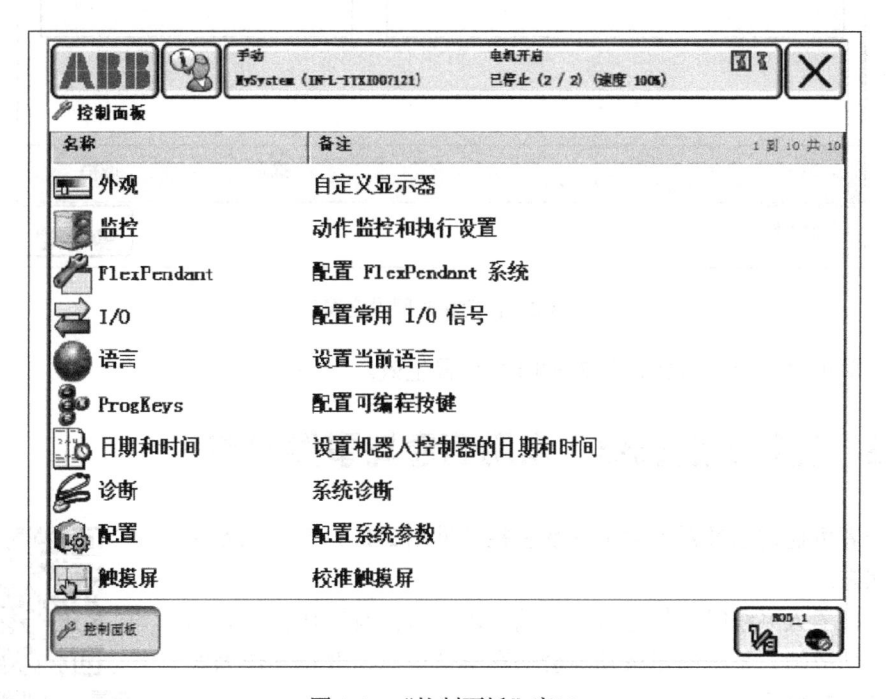

图 3-1　"控制面板"窗口

（2）选择"语言"选项，显示一个包含所有已安装语言的列表。

（3）选择所需要的语言。

（4）单击"确定"按钮，随即显示一个界面。单击"是"按钮，继续并重新启动 FlexPendant。当前语言由选定的语言取代。

3.2 设定工业机器人系统的时间

设定工业机器人系统的时间

设定工业机器人系统的时间，具体操作步骤如下：

（1）单击 ABB 菜单，选择"控制面板"选项，出现"控制面板"窗口，如图 3-1 所示。

（2）选择"日期和时间"选项，进行日期和时间设置。

（3）单击相应的加号或减号按钮更改日期和时间，如图 3-2 所示。

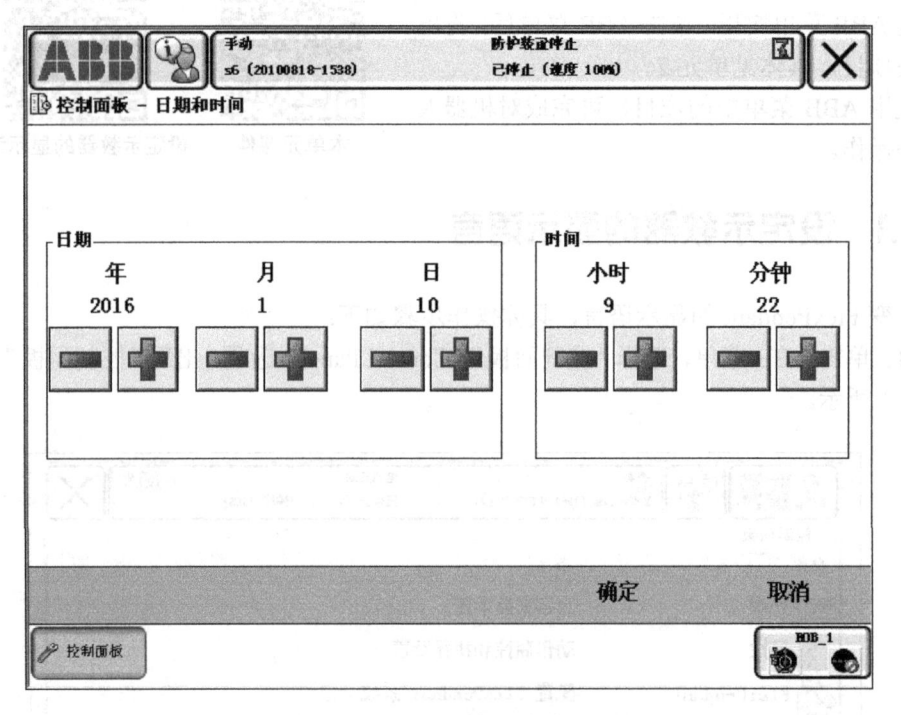

图 3-2 日期和时间设定窗口

（4）单击"确定"按钮，日期和时间设置生效。

3.3 查看工业机器人常用信息与事件日志

操作者可通过示教器界面上的状态栏（见图 2-17）查看机器人的当前状态。

操纵机器人系统时，机器人工作的现场通常没有工作人员。为了方便排除故障，系统的记录功能会保存事件信息，并将其作为参考，如图 3-3 所示。

查看工业机器人常用信息与事件日志

图 3-3　机器人事件信息

打开事件日志的步骤如下：
（1）单击状态栏，显示状态窗口。
（2）选择"Event Log"（事件日志）选项，显示事件日志。
（3）如果日志内容无法在一个屏幕中全部显示，可以通过移动滚动条来显示。
（4）单击日志项目查看事件信息。
（5）再次单击状态栏关闭日志。

3.4　工业机器人数据的备份与恢复

定期对机器人的数据进行备份，是保证机器人正常工作的良好习惯。ABB 机器人数据备份的对象是所有正在系统内存运行的 RAPID 程序和系统参数。当机器人系统出现错乱或重新安装新系统之后，可通过备份快速将机器人恢复到备份时的状态。

工业机器人数据的
备份与恢复

1. 对机器人进行数据备份

对机器人进行数据备份的具体操作步骤如下：
（1）单击 ABB 菜单，选择"备份与恢复"选项，出现如图 3-4 所示的界面。

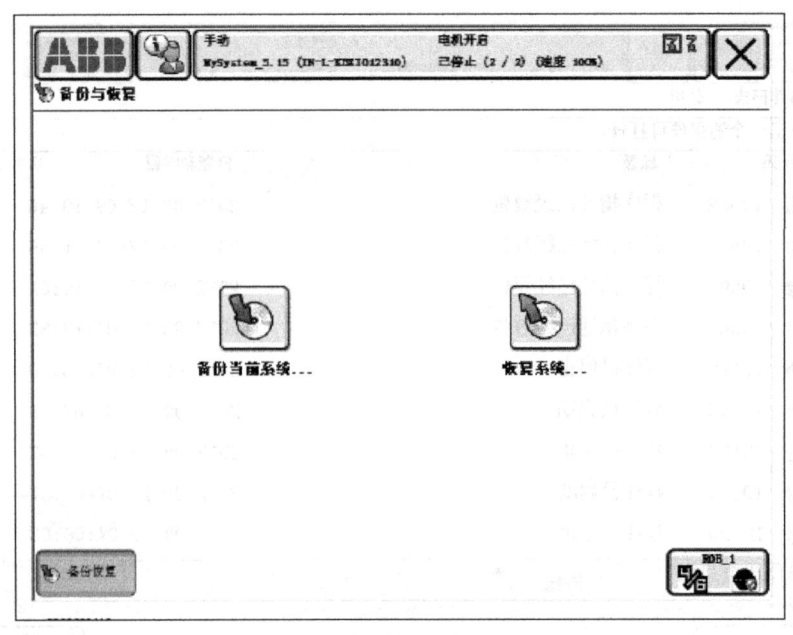

图 3-4 系统备份与恢复界面

(2) 单击"备份当前系统..."图标，屏幕出现路径选择界面，如图 3-5 所示。

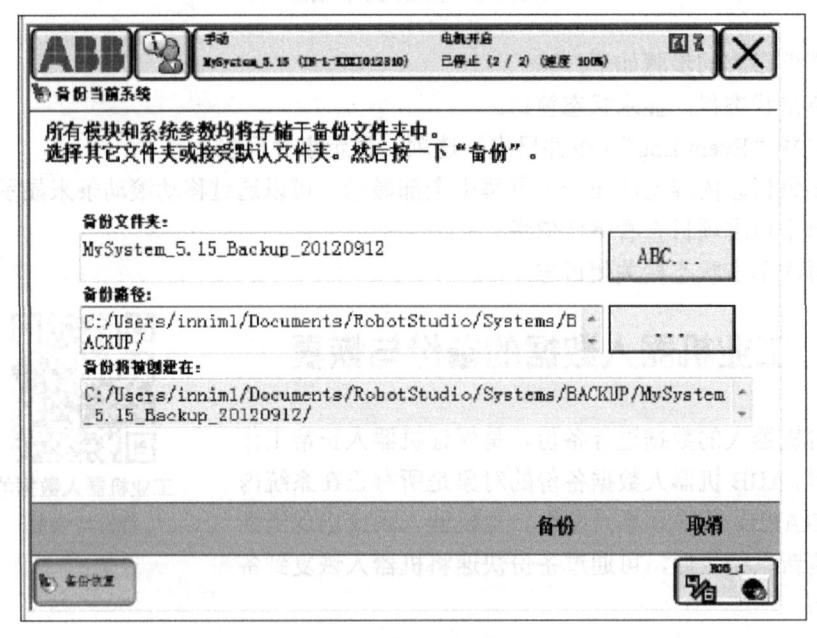

图 3-5 路径选择界面

(3) 确认所显示的备份路径是否正确。

如果正确（即单击"Yes"按钮），则单击"备份"以备份选定的目录。备份文件的命名方式取决于创建该文件的当日日期。

如果不正确（即单击"No"按钮），则单击"备份路径:"右侧的"..."按钮并选择目录，然后单击"备份"按钮。备份文件夹的命名方式取决于创建该文件夹的当前日期。

2. 对系统数据进行恢复

（1）在 ABB 菜单中单击"备份与恢复"选项，出现如图 3-4 所示的界面。

（2）单击"恢复系统..."按钮，屏幕出现系统恢复路径选择界面，如图 3-6 所示。

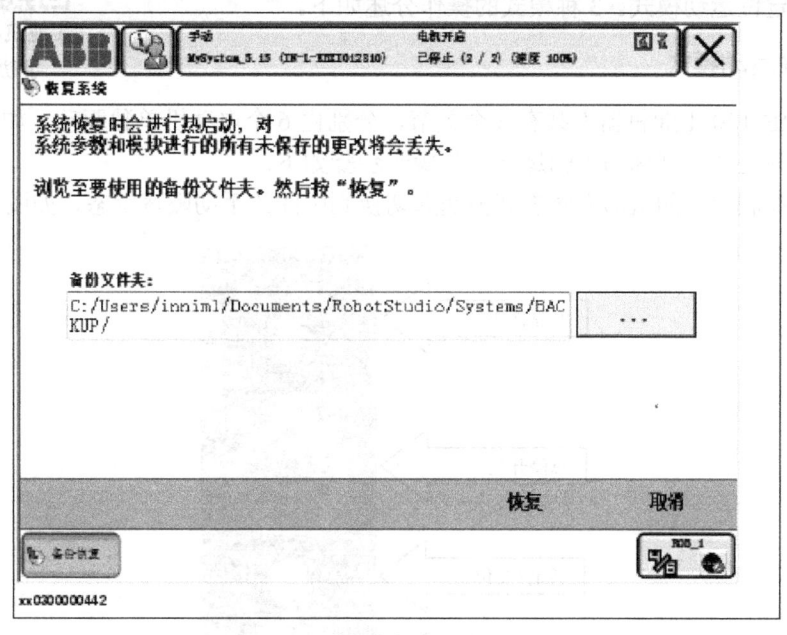

图 3-6　系统恢复路径选择界面

（3）确认所显示备份文件夹是否正确，系统恢复选择对话框如图 3-7 所示。

➤ 如果正确（即单击"Yes"按钮）：单击"恢复"按钮以执行恢复。

➤ 如果不正确（即单击"No"按钮）：单击"备份文件夹："右侧的"..."按钮选择目录，然后单击"恢复"按钮。

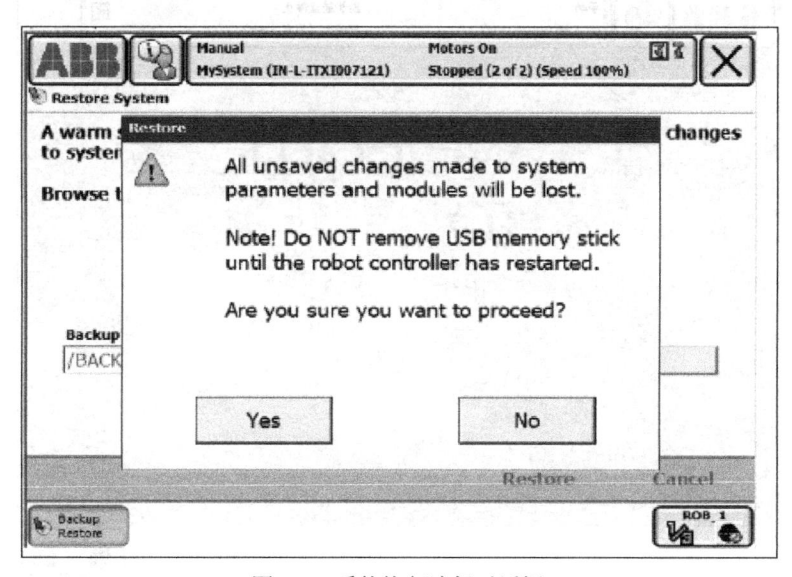

图 3-7　系统恢复选择对话框

3.5　工业机器人的手动操作

机器人的手动操作一共有 3 种模式：单轴运动模式、线性运动模式和重定位运动模式。3 种模式的操作分述如下。

1. 单轴运动模式

ABB IRB 120 工业机器人共有 6 个关节，分别由 6 个电动机单独驱动。如果每次只操纵一个关节轴运动，则称为单轴运动。其操作步骤如下：

（1）将控制柜上的机器人状态切换钥匙切换到中间的手动限速状态，如图 3-8 所示。

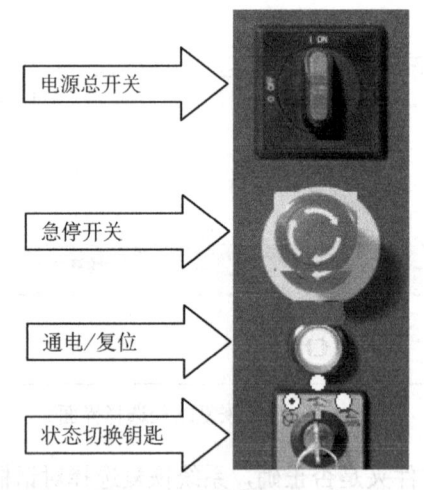

图 3-8　控制柜面板

（2）确认触摸屏的状态栏已切换至"手动"状态，如图 3-9 所示。

图 3-9　状态栏

（3）单击 ABB 菜单，选择"手动操纵"选项，如图 3-10 所示。

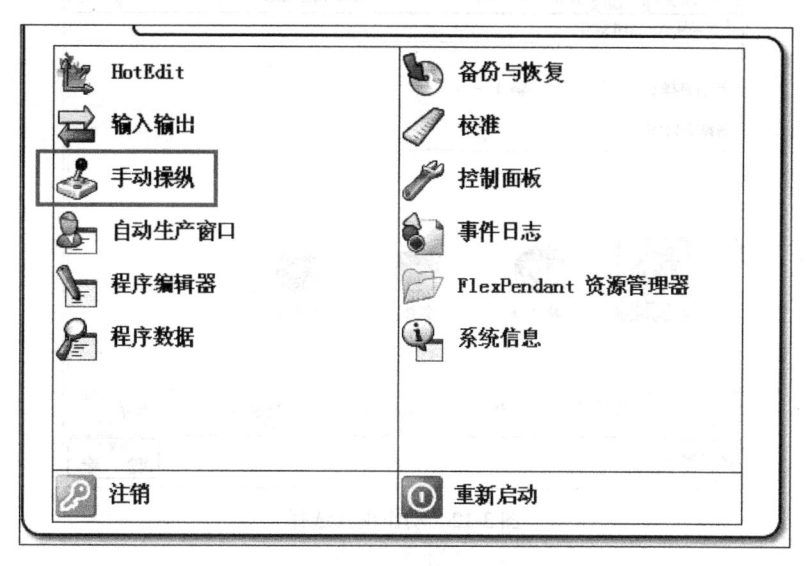

图 3-10 "手动操纵"选项

（4）单击"动作模式："，如图 3-11 所示。

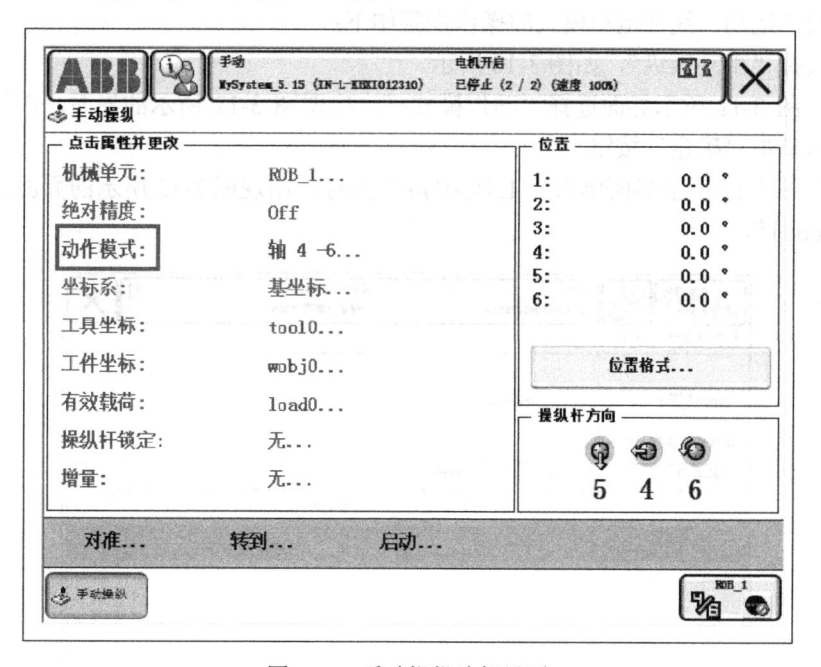

图 3-11 手动操纵选择界面

（5）选择"轴 1-3"，然后单击"确定"按钮，如图 3-12 所示。
（6）按下使能键，进入"电动机开启"状态。
（7）在触摸屏状态栏中确认"电动机开启"状态。
（8）显示"轴 1-3"的操纵杆方向，黄色箭头代表正方向。

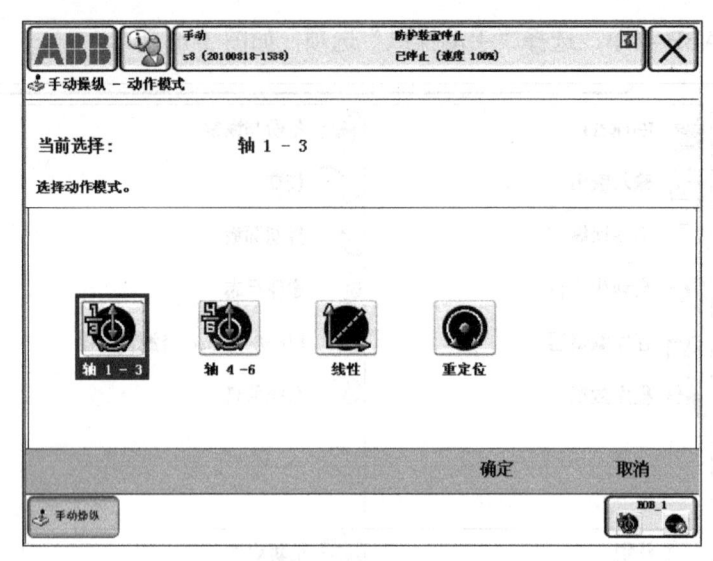

图3-12 动作模式选择

2. 线性运动模式

线性运动是指安装在机器人轴6法兰盘上的TCP（Tool Central Point，工具中心点）在空间中做线性运动。线性运动模式的操作步骤如下：

（1）选择"手动操纵"，如图3-10所示。

（2）在图3-11所示界面选择"动作模式："，出现图3-12所示的界面，选择"线性"选项，然后单击"确定"按钮。

（3）在图3-11所示界面单击"工具坐标："图标，出现图3-13所示的界面，选中对应的工具"tool 1"。

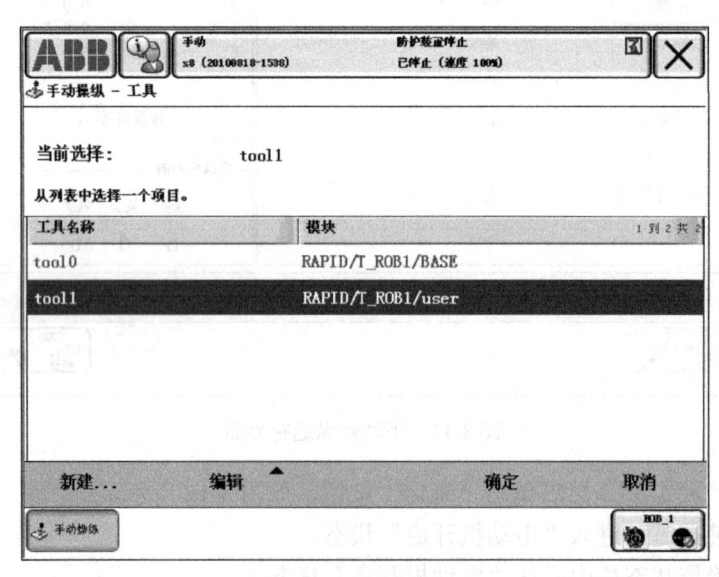

图3-13 工具选择界面

（4）按下使能键，进入"电动机开启"状态。

（5）在触摸屏状态栏中确认"电动机开启"状态。

（6）在图 3-14 所示界面中显示轴 X、Y、Z 的操纵杆方向，黄色箭头代表正方向。

图 3-14　显示轴 X、Y、Z 的操纵杆方向

（7）操作示教器上的操纵杆，轴 6 法兰盘上的 TCP 在空间中做线性运动。

补充知识：增量模式的使用

如果不熟悉使用操纵杆通过位移幅度来控制机器人运动的速度，也可以使用增量模式来控制机器人的运动。在增量模式下，操纵杆每位移一次，机器人就移动一步。如果操纵杆持续 1s 或数秒，则机器人就会持续移动（速率为 10 步/秒），其操作过程如下：

① 在图 3-11 手动操纵选择界面中，选中"增量："。

② 在图 3-15 所示的增量模式选择界面中，根据需要选择增量的移动距离，然后单击"确定"按钮。

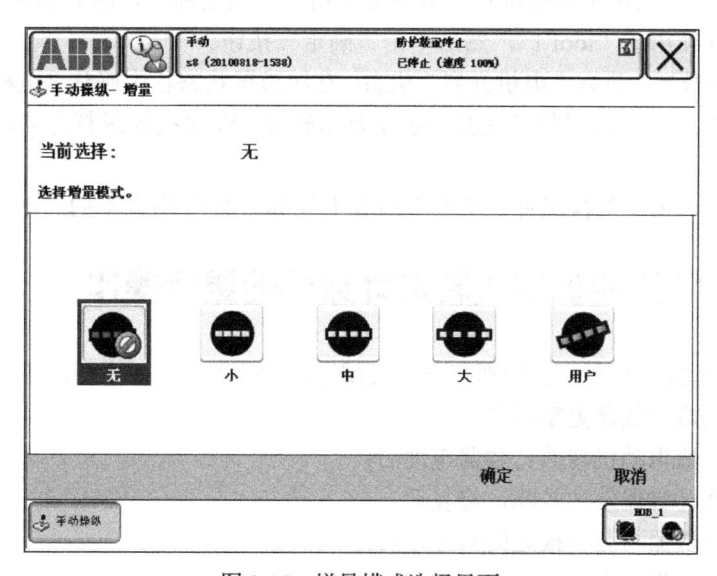

图 3-15　增量模式选择界面

3. 重定位运动模式

机器人的重定位运动是指机器人轴 6 法兰盘上的 TCP 在空间中绕着坐标轴旋转的运动，也可理解为机器人绕着 TCP 做姿态调整的运动。其操作步骤如下：

（1）在图 3-10 所示界面中，选中"手动操纵"。
（2）在图 3-11 所示界面中，单击"动作模式："。
（3）在图 3-12 所示界面中，选中"重定位"，然后单击"确定"按钮。
（4）在图 3-11 所示界面中，单击"坐标系"。
（5）在图 3-16 所示坐标系选择界面中选择"工具"，然后单击"确定"按钮。

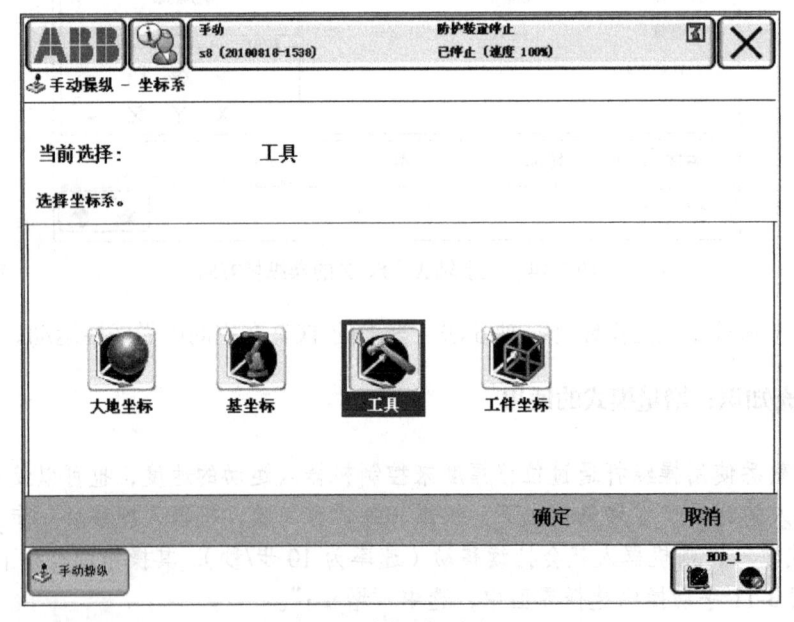

图 3-16 坐标系选择界面

（6）在图 3-11 所示手动操纵选择界面中单击"工具坐标："，然后在图 3-13 工具选择界面中选中正在使用的"tool 1"，然后单击"确定"按钮。
（7）按下使能键，进入"电机开启"状态；在触摸屏状态栏中确认"电机开启"状态。
（8）在图 3-15 所示增量模式选择界面中显示轴 X、Y、Z 的操纵杆方向，黄色箭头代表正方向。
（9）操纵示教器上的操纵杆，机器人绕着工具 TCP 做姿态调整的运动。

3.6 ABB 工业机器人转数计数器的更新操作

ABB 工业机器人 6 个关节轴都有一个机械原点的位置，在以下情况下，需要对机械原点的位置进行转数计数器更新操作：

（1）更换伺服电动机转数计数器电池后；
（2）当转数计数器发生故障，修复后；
（3）转数计数器与测量板之间断开以后；
（4）断电后，机器人关节轴发生了移动；

（5）当系统报警提示"10036 转数计数器未更新"时。使用手动操纵让机器人各关节轴运动到机械原点刻度位置的顺序是轴 4—轴 5—轴 6—轴 1—轴 2—轴 3，其操作步骤如下：

①在手动操作的动作模式选择界面中，选择"轴 4-6"动作模式，将关节轴 4、轴 5、轴 6 分别运动到机械原点的刻度线位置（零位）。在手动操作的动作模式选择界面中，选择"轴 1-3"动作模式，将关节轴 1、轴 2、轴 3 分别运动到机械原点的刻度线位置，如图 3-17 所示。

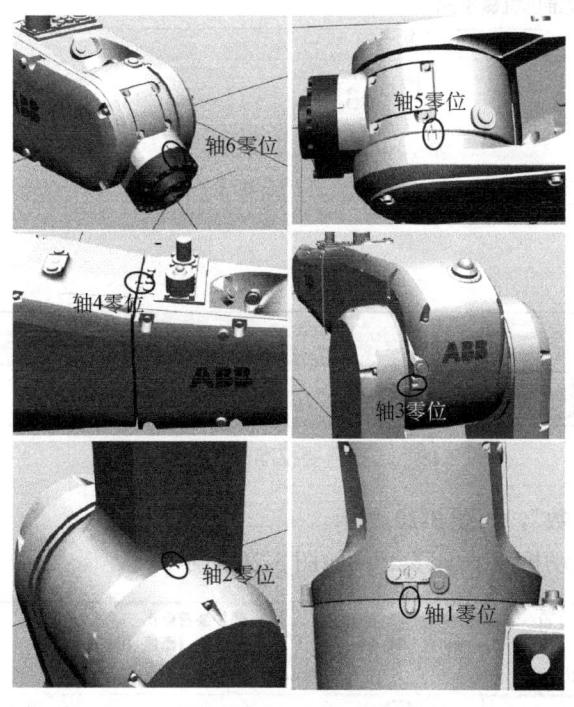

图 3-17　轴 1 至轴 6 分别运动到机械原点的刻度线位置

②在 ABB 菜单中选择"校准"选项，如图 3-18 所示。

图 3-18　选择"校准"选项

③在弹出的选择需要校准的机械单元界面，单击"ROB_1"，如图 3-19 所示。

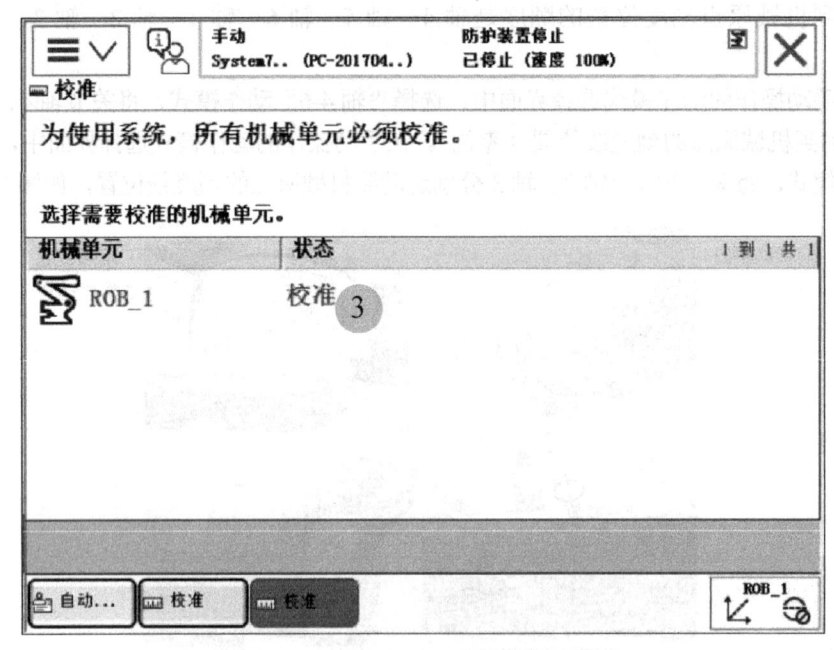

图 3-19 选择需要校准的机械单元界面

④选择"校准参数"，如图 3-20 所示。
⑤选择"编辑电动机校准偏移..."，如图 3-20 所示。

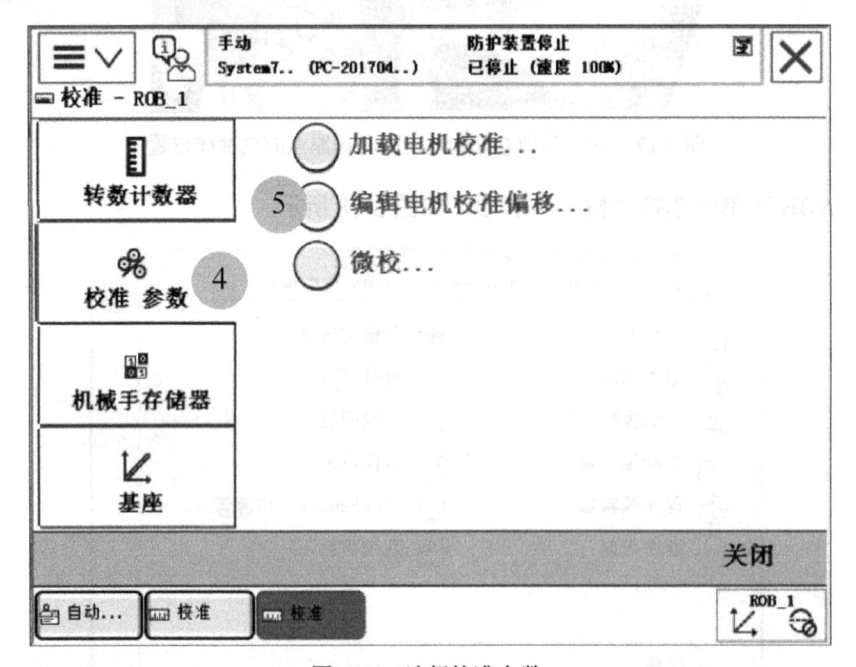

图 3-20 选择校准参数

⑥在弹出的"警告"对话框中，单击"是"按钮，如图 3-21 所示。

单元 3 ABB 工业机器人的基本操作

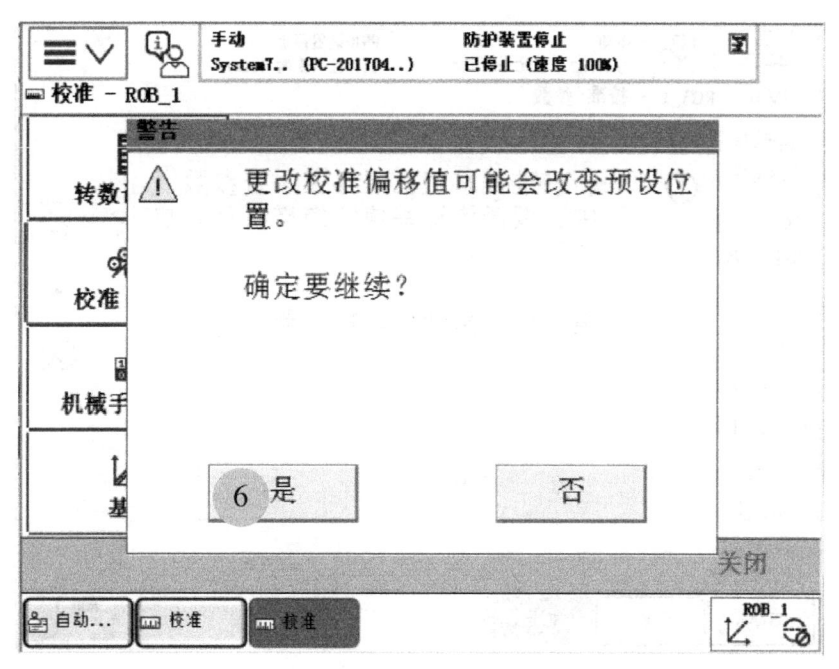

图 3-21 "警告"对话框

⑦出现编辑电动机校准偏移界面,在"偏移值"列输入刚才从机器人本体记录的电动机校准偏移数据,然后单击"确定"按钮,如图 3-22 所示。

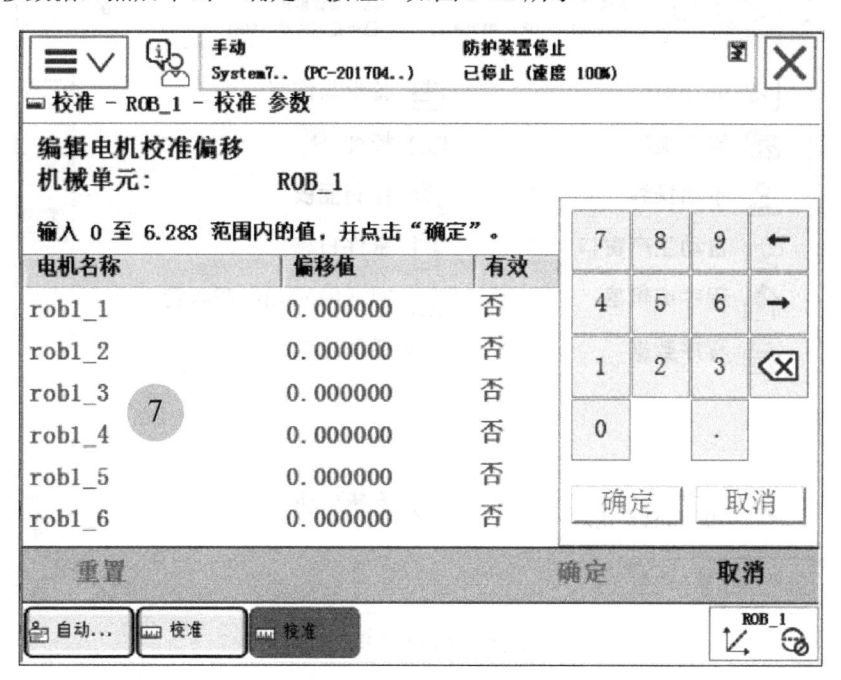

图 3-22 编辑电动机校准偏移界面

⑧确定修改后,在弹出的"系统"对话框中单击"是"按钮,如图 3-23 所示。

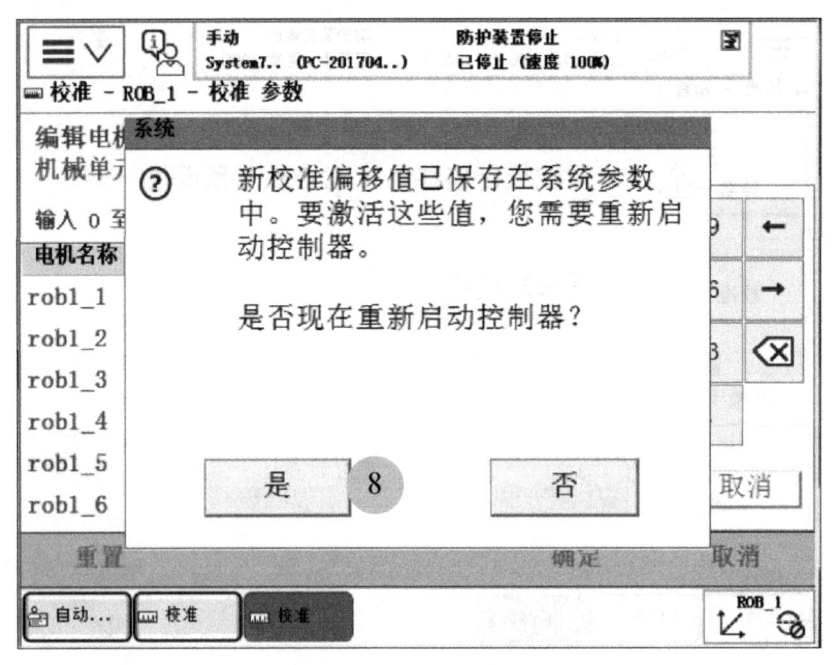

图 3-23 "系统"对话框

⑨重启后，在 ABB 菜单中选择"校准"选项，如图 3-24 所示。

图 3-24 选择"校准"选项

⑩单击"ROB_1"，如图 3-25 所示。

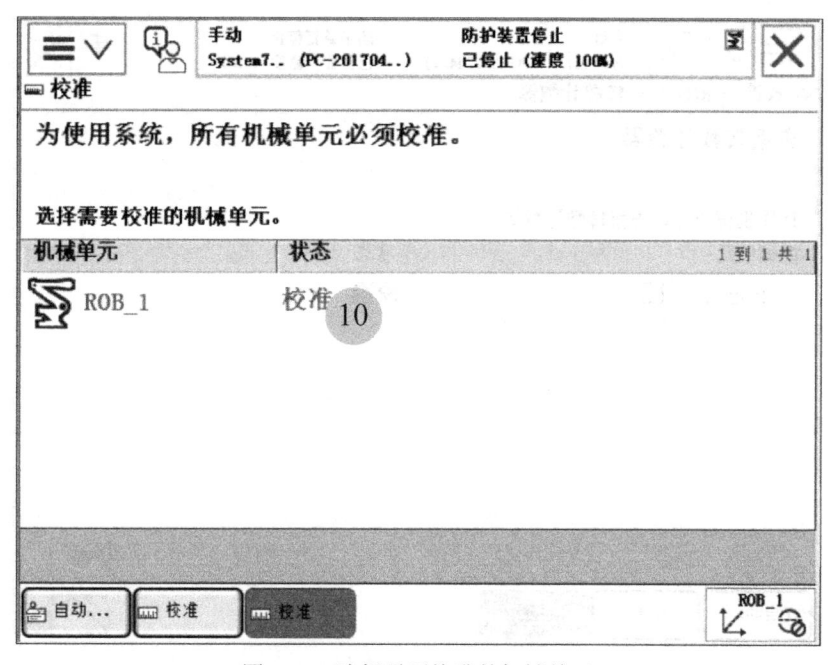

图 3-25　选择需要校准的机械单元

⑪选择"更新转数计数器",如图 3-26 所示。

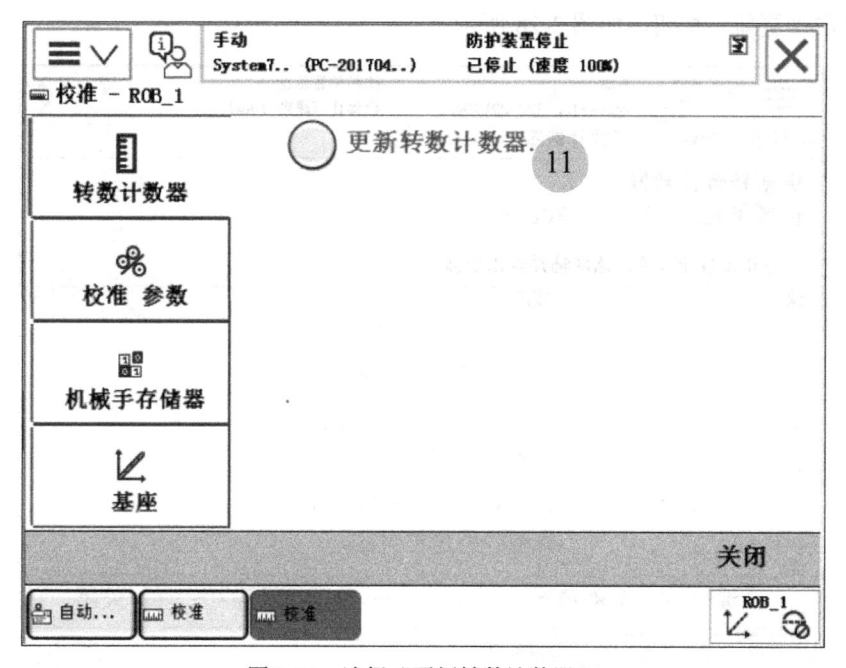

图 3-26　选择"更新转数计数器"

⑫在出现的更新转数计数器界面中单击"确定"按钮,如图 3-27 所示。

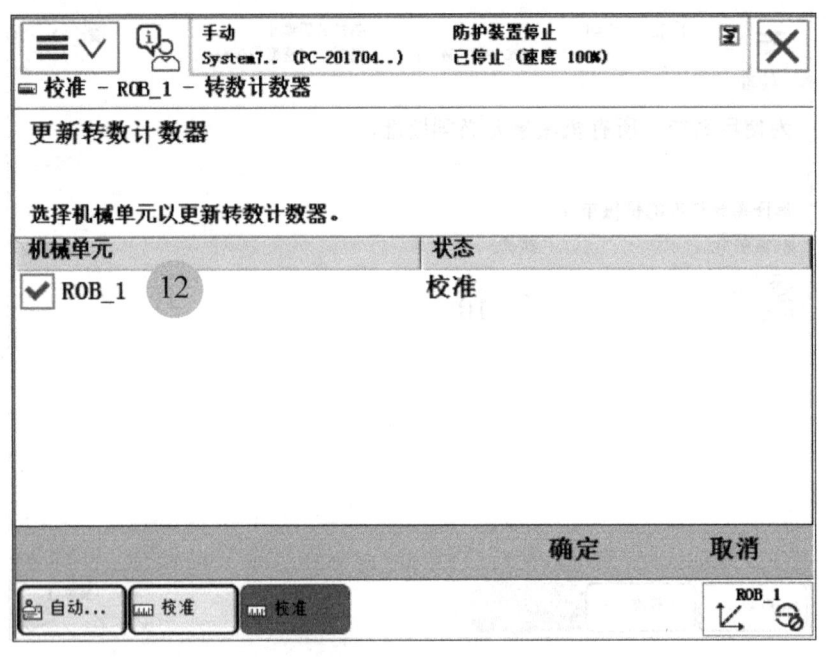

图 3-27 更新转数计数器界面

⑬勾选全部轴，如图 3-28 所示。
⑭单击"更新"按钮，如图 3-28 所示。

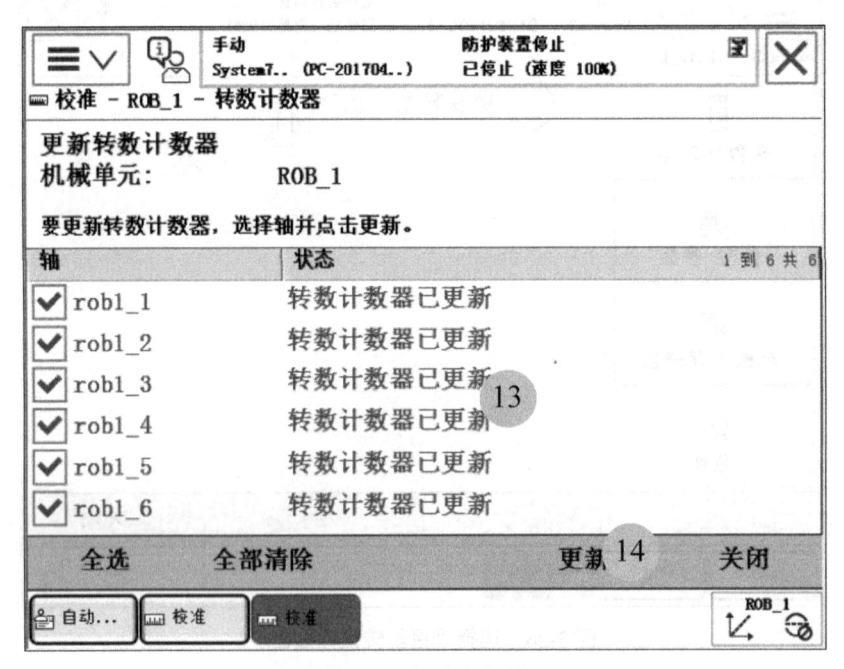

图 3-28 勾选全部轴

⑮在弹出的"警告"对话框中单击"更新"按钮，等待程序完成。

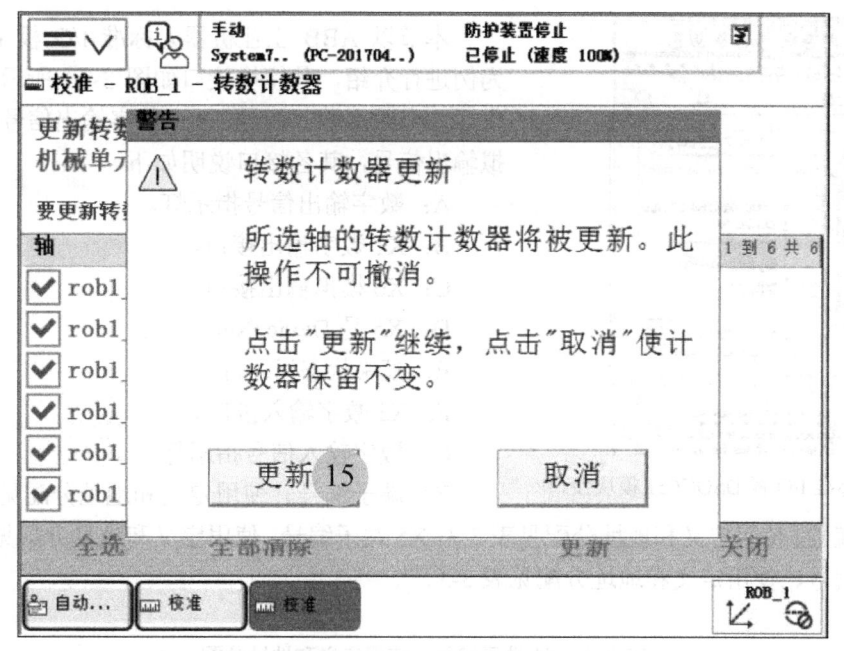

图 3-29 "警告"对话框

3.7 工业机器人的 I/O 通信及设置

ABB 工业机器人提供了丰富的 I/O 通信接口，可以轻松地实现与周边设备的通信，如与上位 PC 通信的 RS-232、OPC server 等，适用于构筑现场总线的 Device Net、Profibus 等，以及 ABB 工业机器人本身所提供的标准 I/O 板、PLC 等。

工业机器人的 I/O 通信及设置

关于 ABB 工业机器人 I/O 通信接口的说明：

（1）ABB 标准 I/O 板所提供的常用信号处理有数字输入 di、数字输出 do、模拟输入 ai、模拟输出 ao 等；

（2）ABB 工业机器人可选配标准的 ABB PLC，这样可以省去与外部 PLC 进行通信设置的麻烦，在机器人的示教器上就能实现与 PLC 相关的操作。

1. ABB 工业机器人标准 I/O 板简述

ABB 工业机器人提供的标准 I/O 板见表 3-1。

表 3-1 ABB 机器人标准 I/O 板

型号	说明
DSQC651	分布式 I/O 模块 di8\do8\ao2
DSQC652	分布式 I/O 模块 di16\do16
DSQC653	分布式 I/O 模块 di8\do8 带继电器
DSQC355A	分布式 I/O 模块 ai4\ao4
DSQC377A	输送链跟踪单元

本节以 ABB 工业机器人标准 I/O 板 DSQC651 为例进行介绍,其模块接口如图 3-30 所示,主要提供了 8 个数字输入信号、8 个数字输出信号和 2 个模拟输出信号,其各接口说明如下。

A:数字输出信号指示灯。

B:X1 数字输出接口。

C:X6 模拟输出接口。

D:X5 是 DeviceNet 接口。

E:模块状态指示灯。

F:X3 数字输入接口。

G:数字输入信号指示灯。

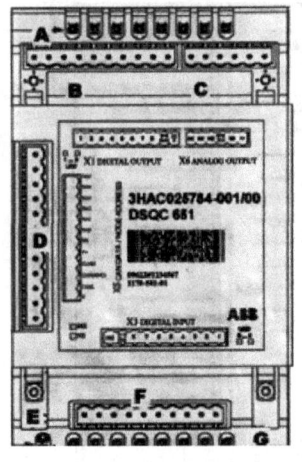

图 3-30 标准 I/O 板 DSQC651 模块接口

X1 端子编号、使用定义和地址分配见表 3-2,X3 端子编号、使用定义和地址分配见表 3-3,X5 端子编号、使用定义和地址分配见表 3-4,X6 端子编号、使用定义和地址分配见表 3-5。

表 3-2 X1 端子编号、使用定义和地址分配

X1 端子编号	使用定义	地址分配
1	OUTPUT CH1	32
2	OUTPUT CH2	33
3	OUTPUT CH3	34
4	OUTPUT CH4	35
5	OUTPUT CH5	36
6	OUTPUT CH6	37
7	OUTPUT CH7	38
8	OUTPUT CH8	39
9	0V	—
10	24V	—

表 3-3 X3 端子编号、使用定义和地址分配

X3 端子编号	使用定义	地址分配
1	INPUT CH1	0
2	INPUT CH2	1
3	INPUT CH3	2
4	INPUT CH4	3
5	INPUT CH5	4
6	INPUT CH6	5
7	INPUT CH7	6
8	INPUT CH8	7
9	0V	—
10	未使用	

表 3-4　X5 端子编号、使用定义和地址分配

X5 端子编号	使用定义
1	0V Black
2	CAN 信号线 low Blue
3	屏蔽线
4	CAN 信号线 high White
5	24V Red
6	GND 地址选择公共端
7	模块 ID bit0（LSB）
8	模块 ID bit1（LSB）
9	模块 ID bit2（LSB）
10	模块 ID bit3（LSB）
11	模块 ID bit4（LSB）
12	模块 ID bit5（LSB）

表 3-5　X6 端子编号、使用定义和地址分配

X6 端子编号	使用定义	地址分配
1	未使用	—
2	未使用	—
3	未使用	—
4	0V	—
5	模拟输出 ao1	0～15
6	模拟输出 ao2	16～31

ABB 工业机器人标准 I/O 板是挂在 DeviceNet 网络上的，所以要设定模块在网络中的地址。X5 端子的 6～12 的跳线用来决定模块的地址（见图 3-31），地址可用范围为 10～63。

2. ABB 工业机器人标准板实例——DSQC651 板的配置

下面以 ABB 工业机器人标准 I/O 为例，介绍数字输入信号 di、数字输出信号 do、组输入信号 gi、组输出信号 go 和模拟输出信号 ao 的创建过程。DSQC651 板的总线连接的相关参数说明见表 3-6。

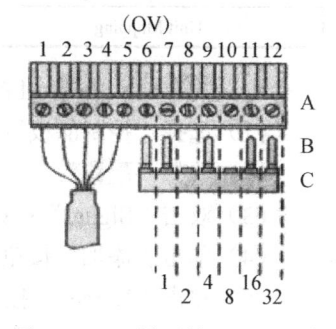

图 3-31　X5 端子的 6～12 跳线

表 3-6　DSQC651 板的总线连接的相关参数说明

参数名称	设定值	说明
Name	Board10	设定 I/O 板在系统中的名字
Type of Unit	d651	设定 I/O 板的类型
Connected to Bus	DeviceNet1	设定 I/O 板连接的总线
DeviceNet Address	10	设定 I/O 板在总线中的地址

1）定义 DSQC651 板的总线

定义 DSQC651 板的总线的操作步骤如下：

（1）选择"控制面板"；

（2）选择"配置"；

（3）双击"Unit"，进行 DSQC651 板的设定；

（4）单击"添加"按钮；

（5）双击"Name"，进行 DSQC651 板在系统中名字的设定；

（6）在系统中将 DSQC651 板的名字设定为"Board 10"（10 代表此模块在 DeviceNet 总线的地址），然后单击"确定"按钮；

（7）单击"Type of Unit"；

（8）选择"d651"，然后单击"确定"按钮；

（9）双击"Connected to Bus"，选择"DeviceNet 1"；

（10）单击"向下"按钮；

（11）将"DeviceNet Address"设定为 10，然后单击"确定"按钮；

（12）单击"是"按钮。

2）定义数字输入信号 di1

数字输入信号 di1 的相关参数定义见表 3-7。

表 3-7 数字输入信号 di1 的相关参数定义

参数名称	设定值	说明
Name	di1	设定数字输入信号的名字
Type of Signal	Digital Input	设定信号的类型
Assigned to Unit	board10	设定信号所在的 I/O 模块
Unit Mapping	0	设定信号所占用的地址

定义数字输入信号 di1 的相关操作如下：

（1）选择"控制面板"；

（2）选择"配置"；

（3）双击"Signal"按钮；

（4）单击"添加"按钮；

（5）双击"Name" 按钮；

（6）输入"di1"，然后单击"确定"按钮；

（7）双击"Type of Signal"，选择"Digital Input"；

（8）双击"Assigned to Unit"，选择"board 10"；

（9）双击"Unit Mapping" 按钮；

（10）输入"0"，然后单击"确定"按钮；

（11）单击"确定"按钮；

（12）单击"是"按钮，完成设定。

3）定义数字输出信号 do1

数字输出信号 do1 的相关参数定义见表 3-8。

表 3-8 数字输出信号 do1 的相关参数定义

参数名称	设定值	说明
Name	do1	设定数字输出信号的名字
Type of Signal	Digital Output	设定信号的类型
Assigned to Unit	board10	设定信号所在的 I/O 模块
Unit Mapping	32	设定信号所占用的地址

定义数字输出信号 do1 的具体操作如下：

（1）选择"控制面板"；
（2）单击"配置"按钮；
（3）双击"Signal" 按钮；
（4）单击"添加"按钮；
（5）双击"Name" 按钮；
（6）输入"do1"，然后单击"确定"按钮；
（7）双击"Type of Signal" 按钮，选择"Digital Output"；
（8）双击"Assigned to Unit" 按钮，选择"board 10"；
（9）双击"Unit Mapping" 按钮；
（10）输入"32"，然后单击"确定"按钮；
（11）单击"确定"按钮；
（12）单击"是"按钮，完成设定。

单元 4

ABB 工业机器人程序设计

4.1 ABB 工业机器人的坐标系

ABB 工业机器人的坐标系主要包括大地坐标系、基坐标系、关节坐标系、工件坐标系及工具坐标系。

1. 大地坐标系

大地坐标系是指在机器人的工作区间内,选择一个固定的点所创建的坐标系,如图 4-1 所示。

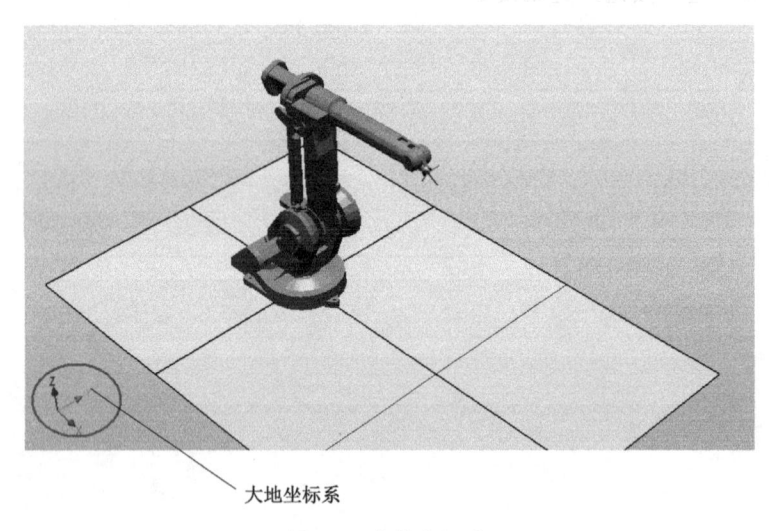

图 4-1 大地坐标系

2. 基坐标系

基坐标系是机器人其他坐标系的参照基础,是机器人示教与编程时经常使用的坐标系之一,它的位置没有硬性的规定,一般定义在机器人底座的中心,如图 4-2 所示。在实际应用中,可以将基坐标系与大地坐标系设定在一起(即重合)。

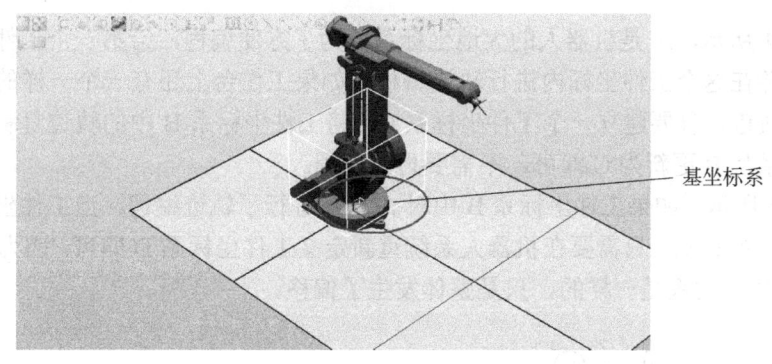

图 4-2　基坐标系

3. 关节坐标系

关节坐标系的原点设置在机器人关节中心点处，反映了该关节处每个轴相对该关节坐标系原点位置的绝对角度，如图 4-3 所示。

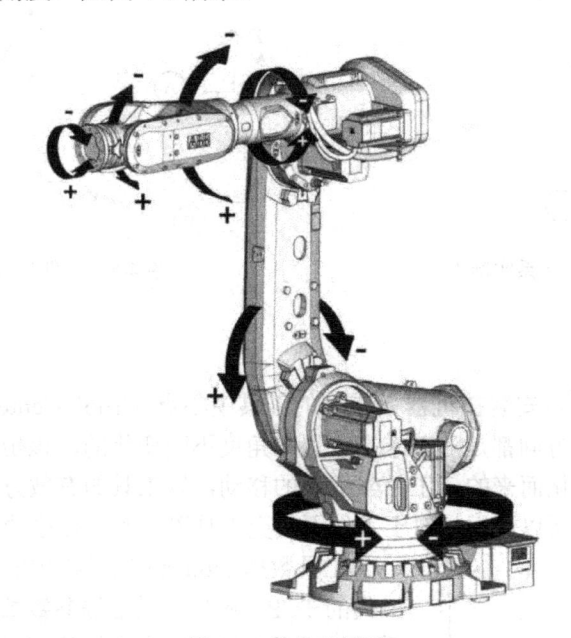

图 4-3　关节坐标系

4. 工件坐标系

工件坐标系是用户自定义的坐标系，该坐标系是由基坐标系的轴向坐标偏转角度得来的。用户坐标系也可以定义为工件坐标系，可根据需要定义多个工件坐标系。当配备多个工作台时，选择工件坐标系操作更为简单。

工件坐标系对应工件，它定义工件相对于大地坐标系（或其他坐标系）的位置。对机器人进行编程时就是在工件坐标系中创建目标和路径。工件坐标编程具有以下特点：

（1）重新定位工作站中的工件时，只需要更改工件坐标的位置，所有路径将立即随之更新；

（2）允许操作以外轴或传送导轨移动的工件，因为整个工件可连同其路径一起移动。

如图 4-4 所示，A 是机器人的大地坐标系，为了方便编程，给第一个工件建立一个工件坐标系，并在这个工件坐标内进行轨迹编程。如果工作台上还有一个一样的工件也需要运行相同的轨迹，只要建立一个工件坐标系 C，将工件坐标系 B 中的轨迹复制一份，然后把工件坐标系从 B 更新为 C 即可，不需要再次编程。

如图 4-5 所示，如果工件坐标系 B 中对 A 对象进行了轨迹编程，当工件坐标的位置变化成工件坐标系 D 后，只需要在机器人系统重新定义工件坐标系 D 即可。因为 A 相对于 B 与 C 相对于 D 的关系是一样的，只是整体发生了偏移。

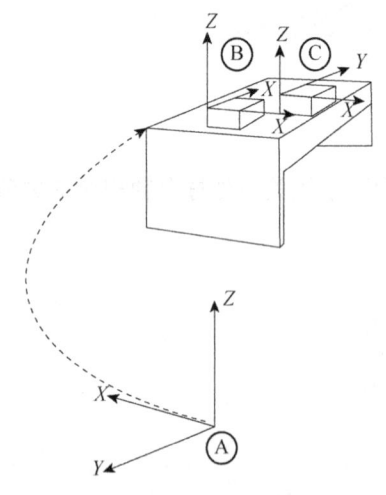

图 4-4　工件坐标系实例 1

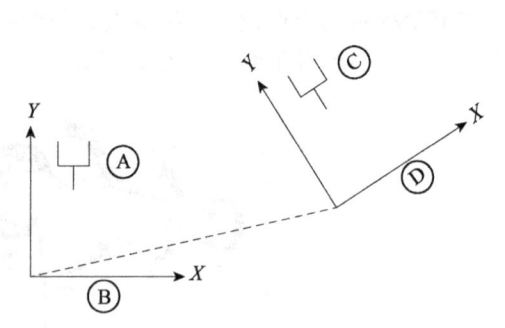

图 4-5　工件坐标系实例 2

5. 工具坐标系

工具坐标系是原点安装在机器人末端的工具中心点（Tool Center Point，TCP）的坐标系，原点及坐标轴方向都是随着末端位置与角度不断变化的，该坐标系实际是将基坐标系通过旋转及位移变化而来的。工具坐标系的移动，以工具的有效方向为基准，与机器人的位置、姿态无关，所以进行相对于工件不改变工具姿态的平行移动操作时最为适宜。

工具数据 tooldata 用于描述安装在机器人轴 6 上的工具的 TCP、质量、重心等参数数据。建立了工具坐标系后，机器人的控制点也转移到了工具的尖端点上，这样示教时可以利用控制点不变方便地调整工具姿态，并可使插补运算时轨迹更为精确。所以，不管是什么机型的机器人、用于什么用途，只要安装的工具有个尖端，在示教程序前务必要准确地建立工具坐标系。

一般地，不同的机器人应用配置不同的工具，如弧焊机器人使用弧焊枪作为工具，如图 4-6 所示，焊枪设置的工具坐标系原点为末端尖端（有时会设置 Z 轴方向偏离末端表面 3～5mm）。

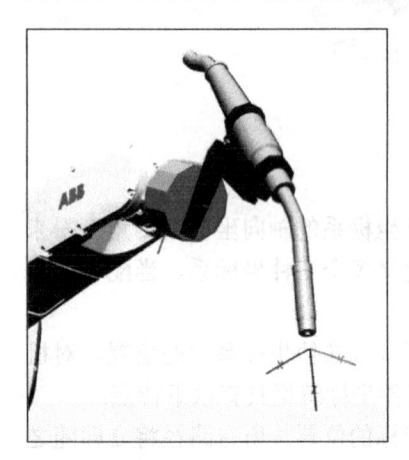

图 4-6　工具坐标系

工具坐标系定义机器人到达预设目标时所使用工具的位置。工具坐标系将工具中心点设为零位（原点）。它会由此定义工具的位置和方向。执行程序时，机器人将 TCP 移至编程位置。这意味着，如果要更改工具（及工具坐标系），机器人的移动将随之更改，以便新的 TCP 到达目标点。

4.2 ABB 工业机器人的程序数据

程序数据是在程序模块或系统模块中设定的值和定义的一些环境数据。创建的程序数据可由同一个模块或其他模块中的指令进行引用。ABB 提供了共 76 个程序数据供用户使用，为 ABB 工业机器人的程序设计带来了无限可能。ABB 工业机器人常见的程序数据类型见表 4-1。

表 4-1　ABB 工业机器人常见的程序数据类型

程序数据	说明
bool	布尔量
byte	整数数据 0～255
clock	计时数据
dionum	数字输入/输出信号
extjoint	外轴位置数据
intnum	中断标志符
jointtarget	关节位置数据
loaddata	负荷数据
mecunit	机械装置数据
num	数值数据
orient	姿态数据
pos	位置数据（只有 X、Y 和 Z）
pose	坐标转换
robjoint	机器人轴角度数据
robtarget	机器人与外轴的位置数据
speeddata	机器人与外轴的速度数据
string	字符串
tooldata	工具数据
trapdata	中断数据
wobjdata	工件数据
zonedata	TCP 转弯半径数据

4.2.1 程序数据的存储类型

1. 变量 VAR

变量型数据在程序执行过程中和程序停止时，会保持当前的值。但如果程序指针被移动到主程序后，数值会丢失。在机器人执行的 RAPID 程序中也可以对变量存储类型程序数据进行赋值的操作。

举例说明：

VAR num length：=0；名称为 length 的数值数据

VAR string name：="John"；名称为 name 的字符串数据
VAR bool finished：=FALSE；名称为 finished 的布尔量数据

2. 可变量 PERS

无论程序的指针如何，可变量都会保持最后赋的值。在机器人执行的 RAPID 程序中可对可变量存储类型的程序数据进行赋值的操作。在程序执行以后，赋值的结果会一直保持直到对其进行重新赋值。

举例说明：
PERS num nbr：=1；名称为 nbr 的数值数据
PERS string text：="Hello"；名称为 text 的字符串数据

3. 常量 CONST

常量在定义时就已赋了值，并且不能在程序中进行修改，除非手动修改。

举例说明：
CONST num gravity：=9.81；名称为 gravity 的数值数据
CONST string greating：="Hello"；名称为 greating 的字符串数据

4.2.2 程序数据的建立

程序数据的建立一般有两种方法：一种是直接在示教器的程序数据界面中建立程序数据；另一种是在建立程序指令时，同时自动生成对应的程序数据。以下举例说明直接在示教器的程序数据界面中建立程序数据的方法。

例如，建立一个 bool 型的程序数据，方法如下：

（1）在 ABB 菜单中，选择"程序数据"选项，显示所有可用数据类型的列表；

（2）单击要创建的数据实例类型［如 bool（布尔型）］，然后单击"显示数据"，显示所有数据类型实例的列表。

（3）单击"新建…"（New）按钮，弹出如图 4-7 所示的新数据声明界面。

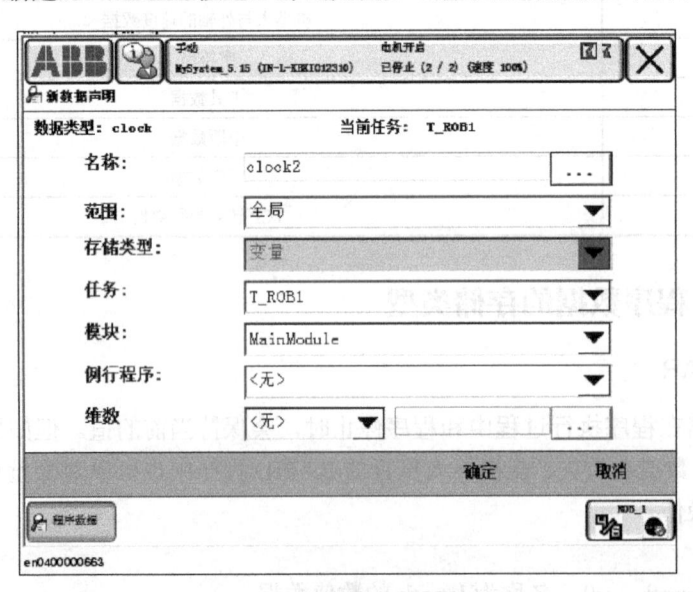

图 4-7 新数据声明界面

(4)单击"名称:"文本框右侧的"..."按钮,定义数据实例的名称。

(5)单击("范围:")右侧下拉按钮,在打开的下拉列表中选择数据实例的作用域。下拉列表中有"全局""本地"和"任务"3个选项。

(6)单击"存储类型:"右侧下拉按钮,在打开的下拉列表中选择数据实例的存储类型。下拉列表中有"持续""变量"和"常量"3个选项。

- 如果数据实例持续,则选择"持续"选项。
- 如果数据实例可变,则选择"变量"选项。
- 如果数据实例不变,则选择"常量"选项。

(7)单击"模块:"右侧下拉按钮,在打开的下拉列表中选择模块。

(8)单击"例行程序:"右侧下拉按钮,在打开的下拉列表中选择例行程序。

(9)若要创建数据实例数组,则单击"维数"右侧下拉按钮,在打开的下拉列表中选择数列中的维数(1~3),共有"1"、"2"、"3"和"无"4个选项。

(10)单击"确定"按钮。

4.2.3 3个关键程序数据的设定

在进行正式编程之前,需要建立必要的编程环境,其中有3个必需的程序数据(工具数据tooldata、工件数据wobjdata、负载数据loaddata)需要在编程前进行定义。

1. 工具数据tooldata的设定

工具数据tooldata用于描述安装在机器人轴6上工具的TCP、质量、重心等参数数据。一般地,不同的机器人应用配置不同的工具,如弧焊机器人使用弧焊枪作为工具,用于搬运板材的机器人使用吸盘作为工具。默认工具(tool0)的中心点位于机器人法兰盘的中心,如图4-8所示。

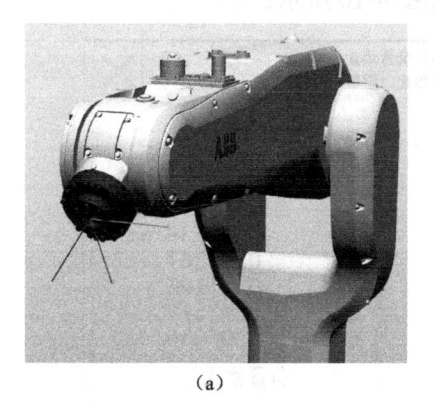

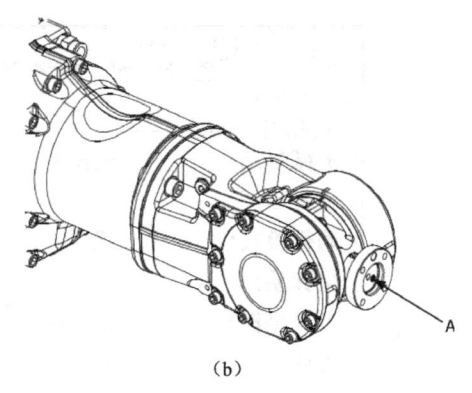

(a)　　　　　　　　　　　　(b)

图4-8　默认工具(tool0)

TCP设定的原理如下:

(1)在机器人工作范围内找一个非常精确的固定点作为参考点。

(2)在工具上确定一个参考点(最好是工具的中心点)。

(3)用手动操纵机器人的方法移动工具上的参考点,以4种以上不同的机器人姿态与固定点刚好碰上。为了获得更准确的TCP,可以使用6点法进行操作,第4个点是用工具的参考点垂直于固定点,第5个点是工具参考点从固定点向将要设定为TCP的X方向移动,第 6 个点是工具参考点从固定点向将要设定为 TCP 的 Z 方向移动。

（4）机器人通过这 4 个位置点的位置数据计算求得 TCP 的数据，然后将 TCP 的数据保存在 tooldata 中被程序调用。

建立一个新的工具数据 tool1 的操作步骤如下：

（1）在示教器的主菜单中选择"手动操纵"，如图 4-9 所示。

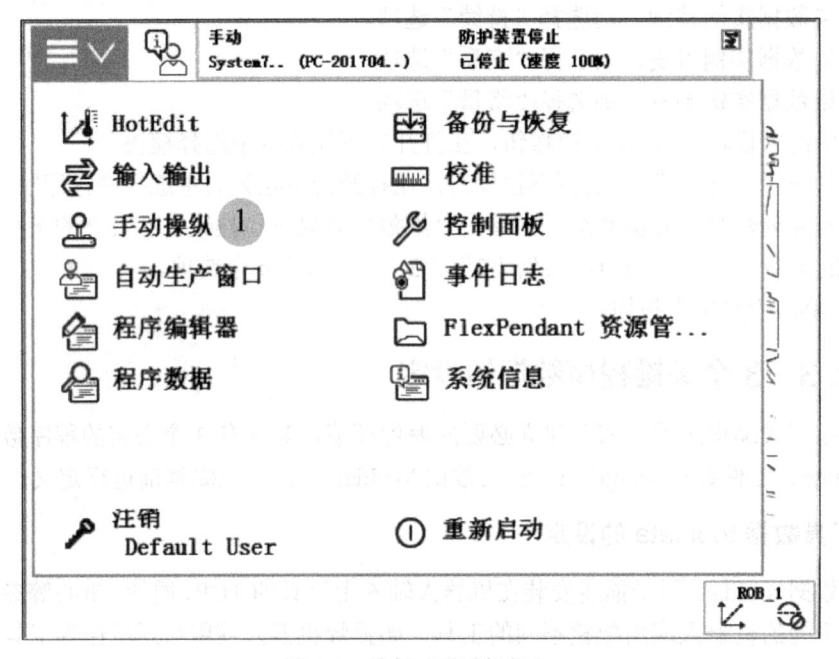

图 4-9　选择"手动操纵"

（2）在手动操纵界面中单击"工具坐标："，如图 4-10 所示。

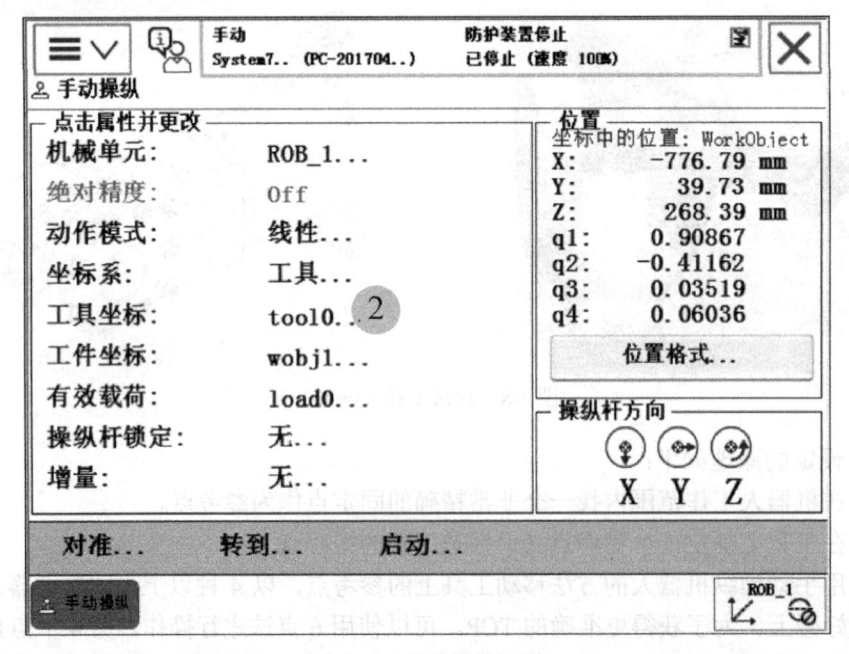

图 4-10　手动操纵界面

(3) 单击"新建..."按钮,创建工具坐标系,如图 4-11 所示。

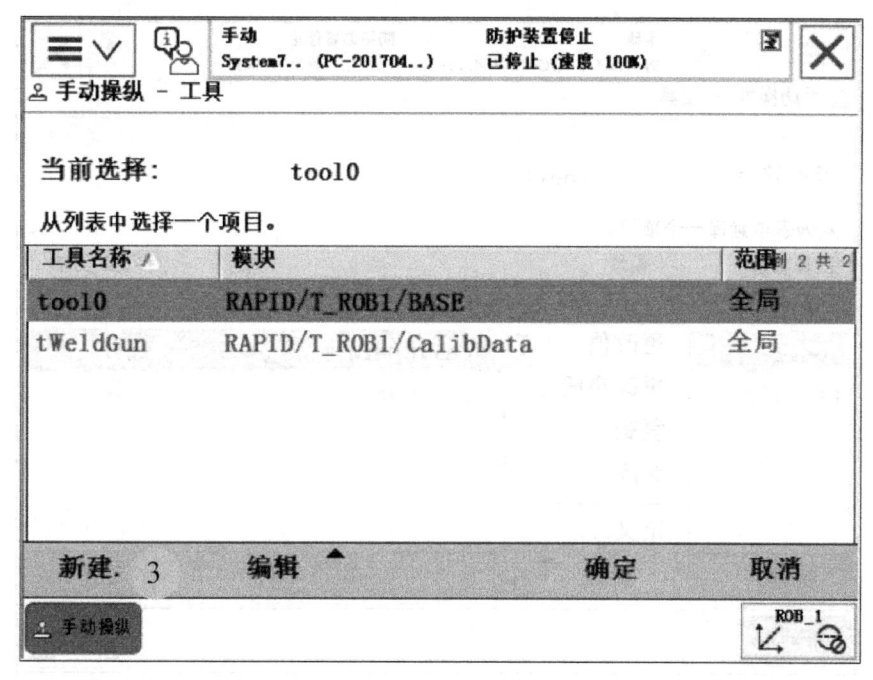

图 4-11 创建工具坐标系

(4) 单击"名称:"右侧的 "…"按钮,进行工具坐标系命名,如图 4-12 所示。

图 4-12 工具坐标系命名

(5) 单击"确定"按钮,如图 4-12 所示。
(6) 选中"tool1",单击"编辑"下拉按钮,打开如图 4-13 所示的列表。

(7)选择"更改值..."选项,如图 4-13 所示。

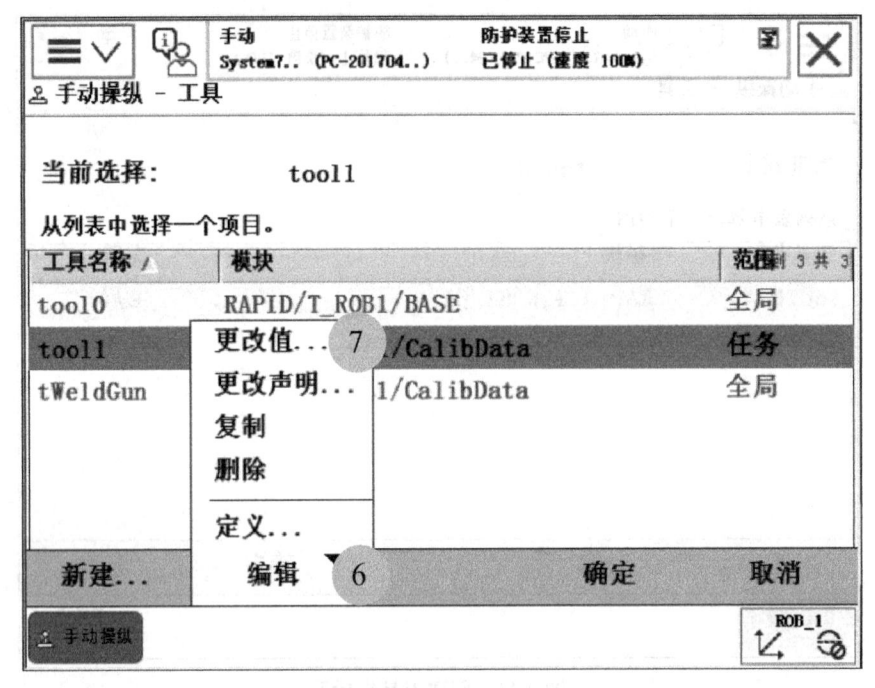

图 4-13 "编辑"列表

(8)在弹出的参数编辑界面中根据实际需要设定质量"mass"参数,如图 4-14 所示。
(9)单击"确定"按钮,如图 4-14 所示。

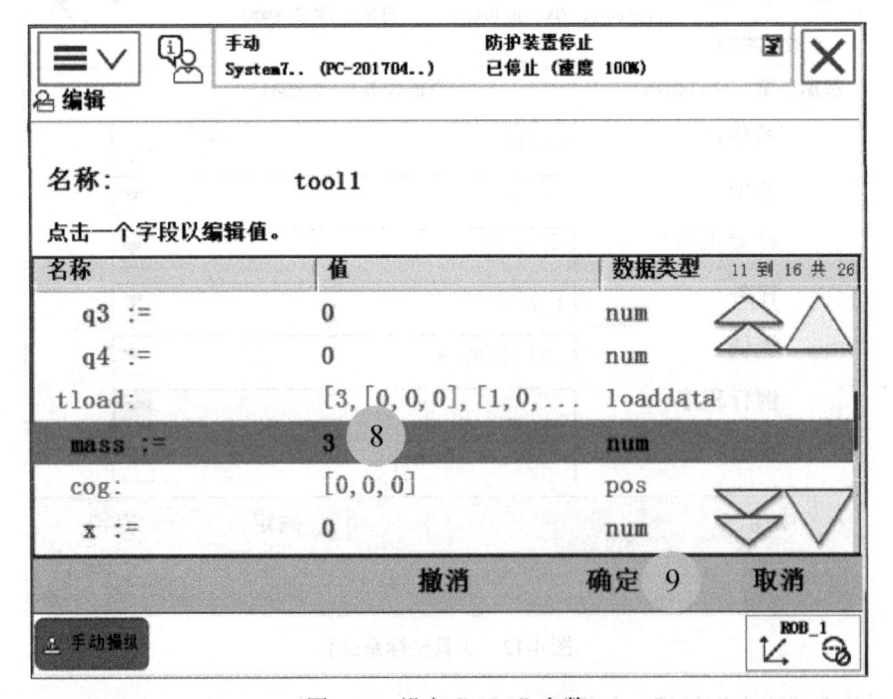

图 4-14 设定"mass"参数

（10）单击"编辑"下拉按钮，在打开的列表中选择"定义..."选项，如图4-15所示。

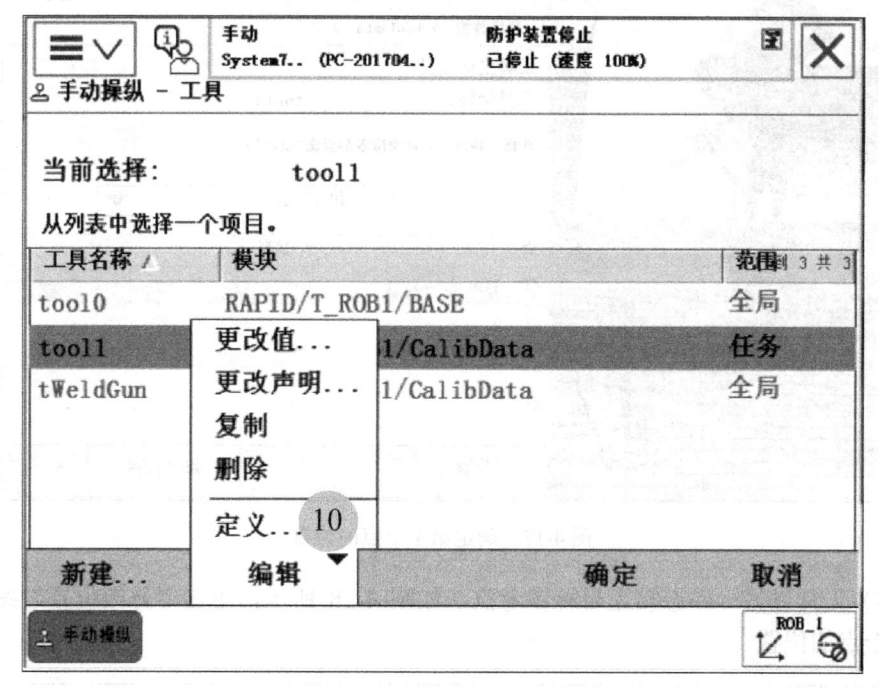

图4-15 选择"定义..."选项

（11）在弹出的工具数据定义方法列表中选择"TCP 和 Z，X"选项，如图4-16所示。

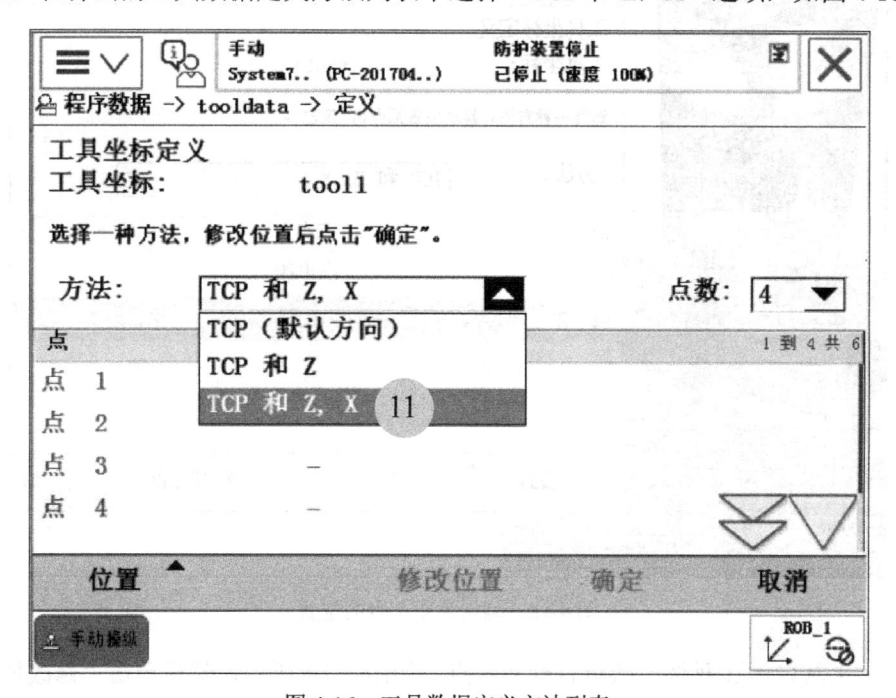

图4-16 工具数据定义方法列表

（12）工具以一种姿态接近固定参考点，如图4-17所示，单击"修改位置"按钮，确定第1个点的位置。

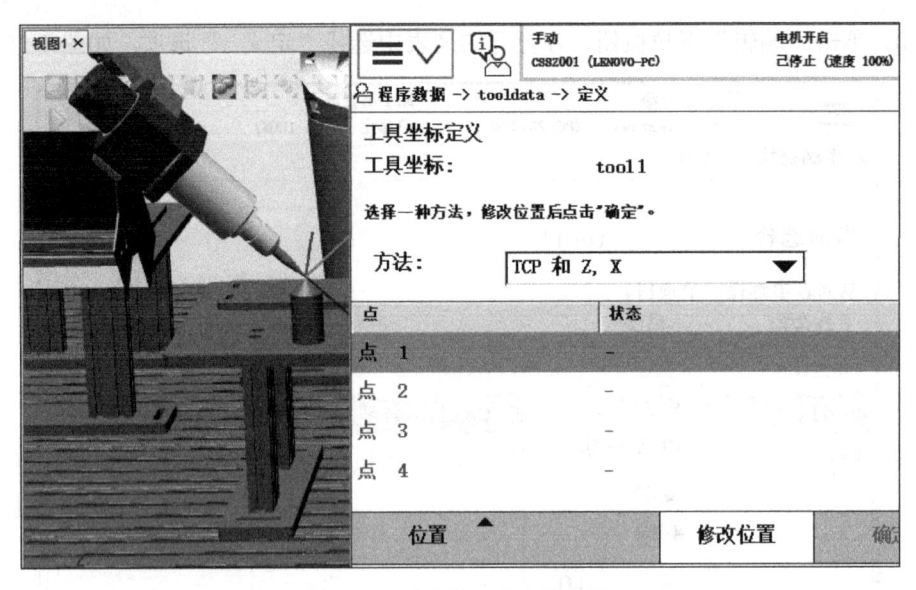

图 4-17 确定第 1 个点的位置

（13）工具以另一姿态接近目标参考点，如图 4-18 所示，单击"修改位置"按钮，确定第 2 个点的位置。

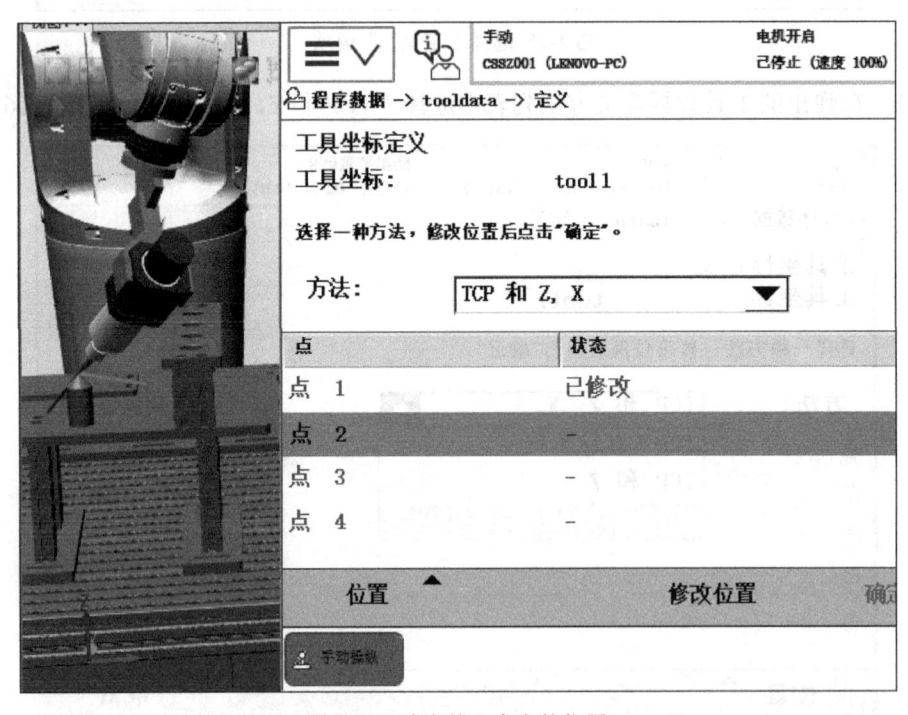

图 4-18 确定第 2 个点的位置

（14）工具以第 3 种姿态接近目标参考点，如图 4-19 所示，然后单击"修改位置"按钮，确定第 3 个点的位置。说明：第 3 个点的姿态变化尽量相差较大，这样有利于工具坐标的精确。

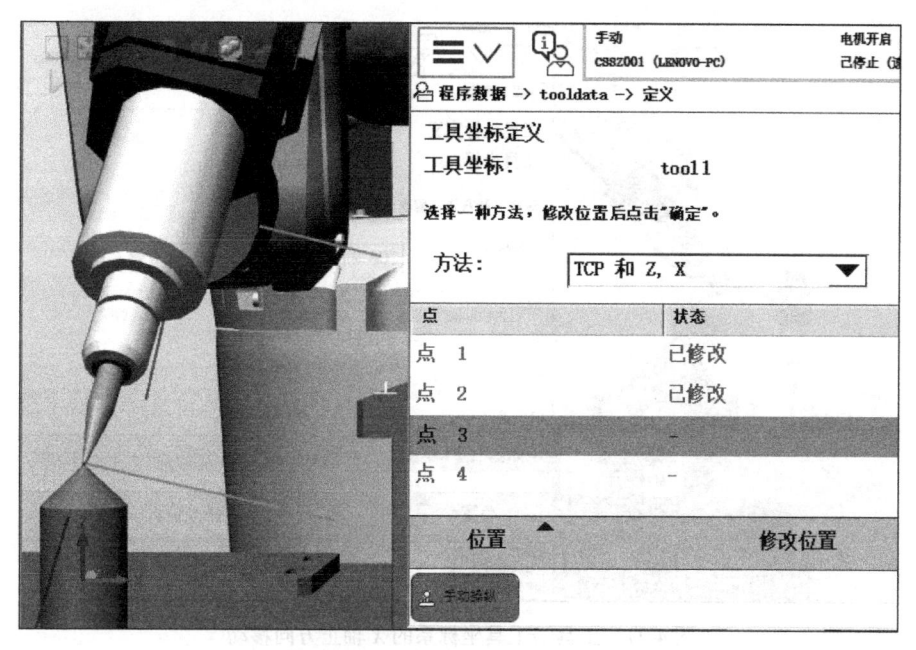

图 4-19 确定第 3 个点的位置

（15）以垂直姿态接近目标参考点，如图 4-20 所示，单击"修改位置"按钮，确定第 4 个点的位置。

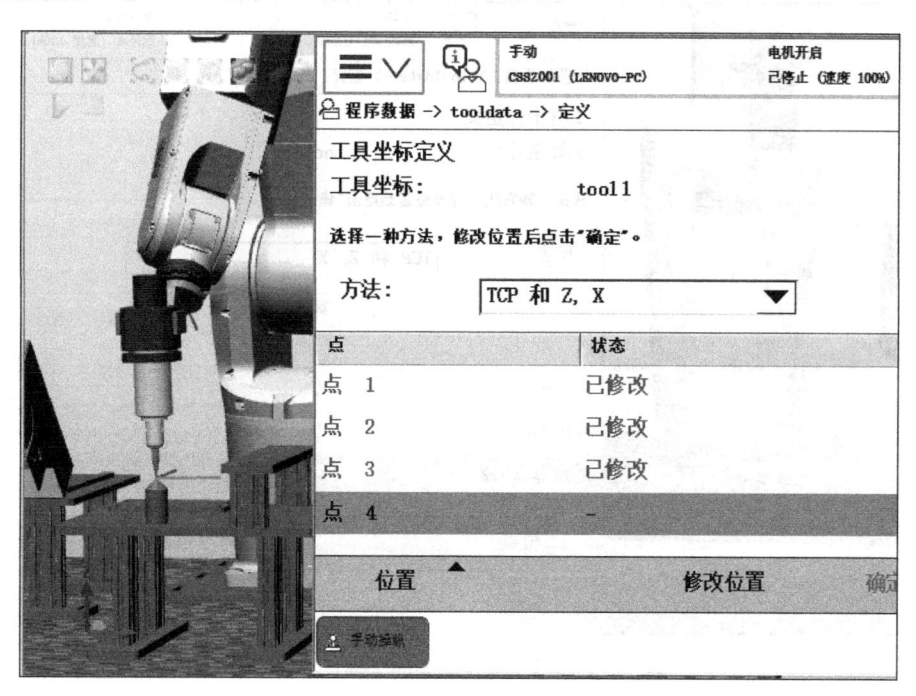

图 4-20 确定第 4 个点的位置

（16）工具以第 4 个点的位置和姿态沿着拟设定的工具坐标系的 X 轴正方向移动，如图 4-21 所示，记录该点位置。

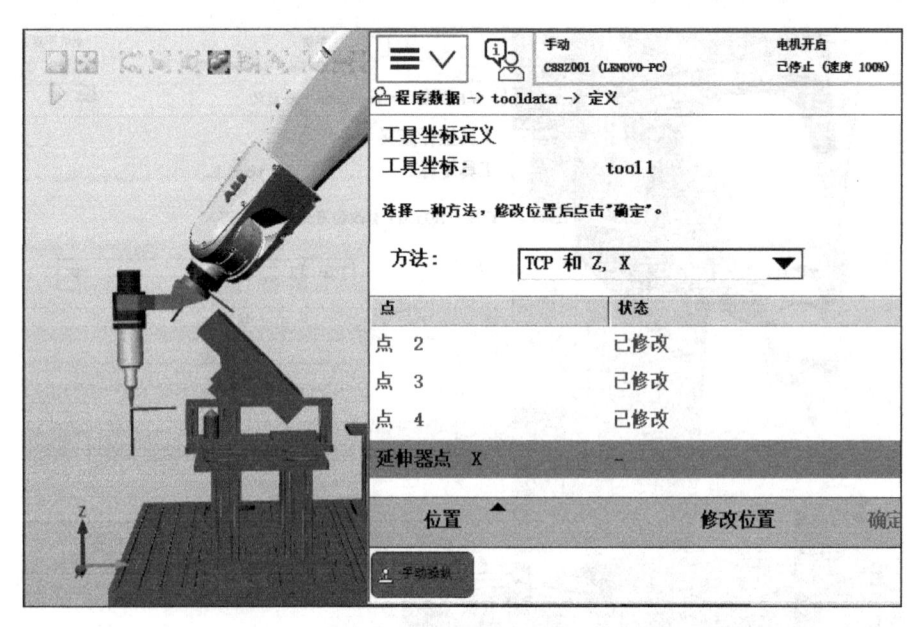

图 4-21 工具沿工具坐标系的 X 轴正方向移动

（17）机器人工具以第 4 个点的位置和姿态沿着拟设定的工具坐标系的 Z 轴正方向移动，如图 4-22 所示，记录该点位置。

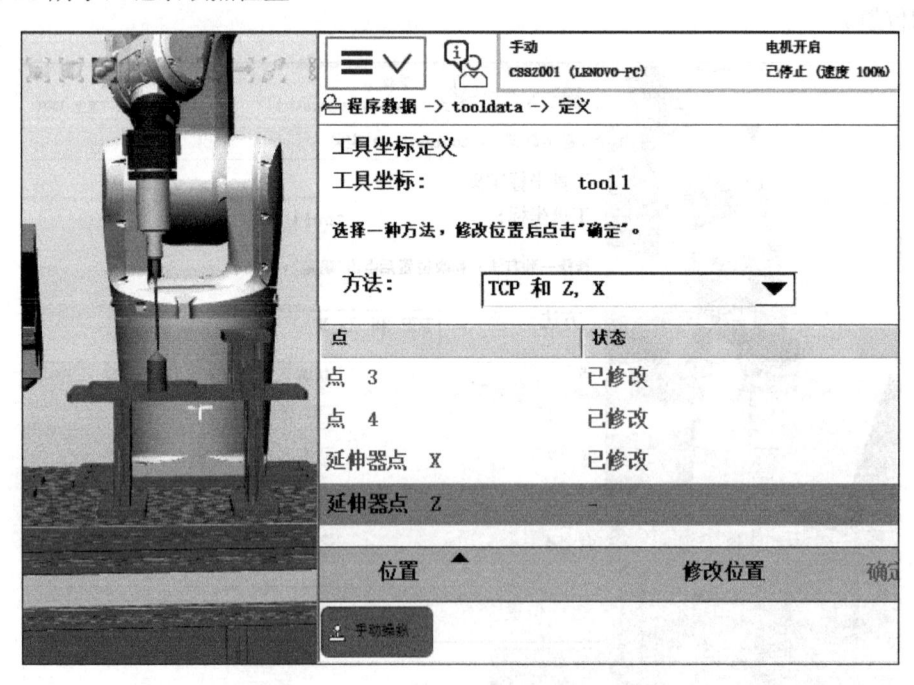

图 4-22 工具沿工具坐标系的 Z 轴正方向移动

（18）完成所有点的位置修改后，单击"确定"按钮，如图 4-23 所示。

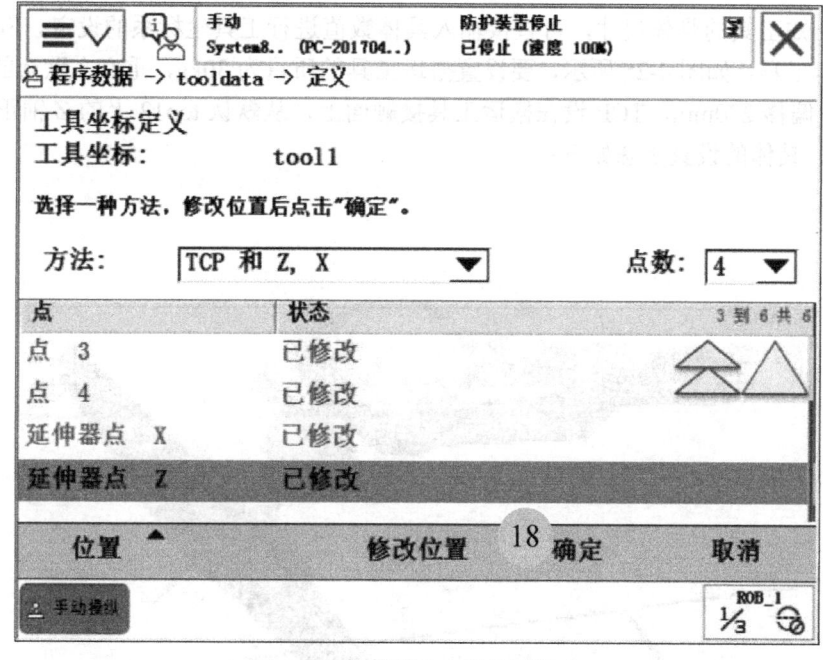

图 4-23 完成所有点的位置修改

（19）弹出的图 4-24 所示的界面显示了创建的工具坐标的误差数值，单击"确定"按钮，完成工具坐标系的设定。

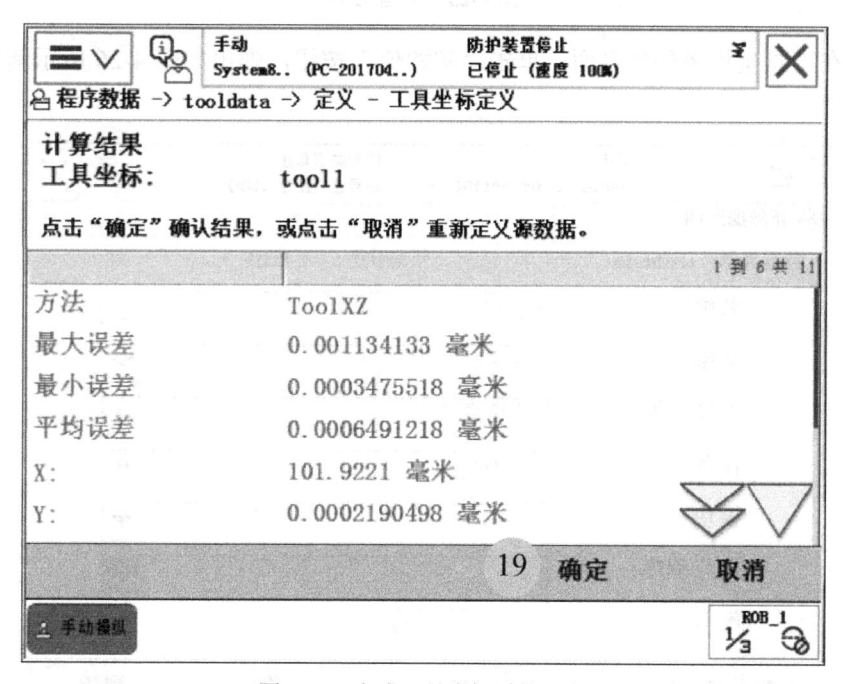

图 4-24 完成工具坐标系的设定

（20）将机器人切换至重定位模式，操纵示教器，查看机器人的 TCP 是否始终紧贴着所选定的固定点变换姿态，检验工具的 TCP 设置是否准确。通过线性运动，让机器人在设定的工具坐标系下运动，检验工具坐标系的方向设置是否正确。

如果已知工具的具体尺寸，可直接输入具体数值进行工具坐标系的设定。例如，人们常见的搬运工具，如图 4-25 所示，要设置搬运工具的质量为 30kg，重心在默认的 tool2 的 Z 轴正方向偏移 270mm，TCP 设在搬运工具接触面上，从默认 tool2 上的 Z 轴正方向偏移了 300mm。具体的设置步骤如下：

图 4-25　搬运工具

（1）在工具坐标系创建界面，单击"初始值"按钮，弹出如图 4-26 所示新数据声明界面。

图 4-26　新数据声明界面

（2）根据搬运工具数据进行参数设置，TCP 偏移值为 Z 轴正方向 300mm，如图 4-27 所示。

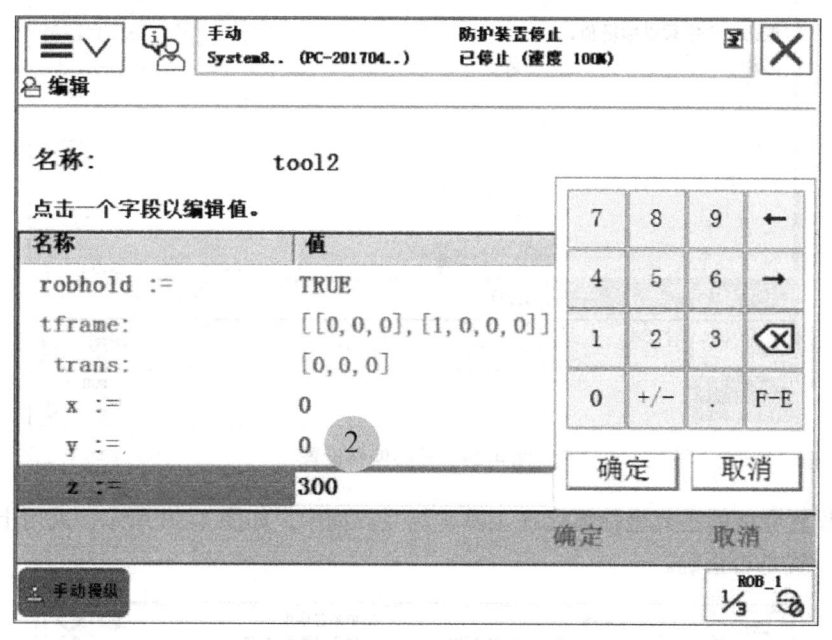

图 4-27 TCP 在 Z 轴正方向偏移值设置

（3）工具质量设置为 30kg，如图 4-28 所示。

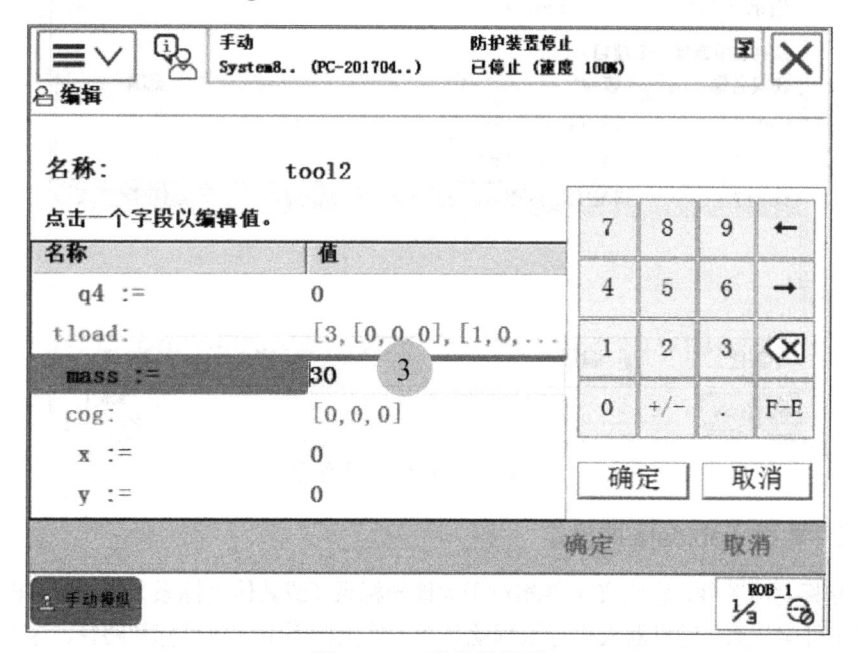

图 4-28 工具质量设置

（4）重心偏移设置为 270mm，如图 4-29 所示，设置完参数后单击"确定"按钮。

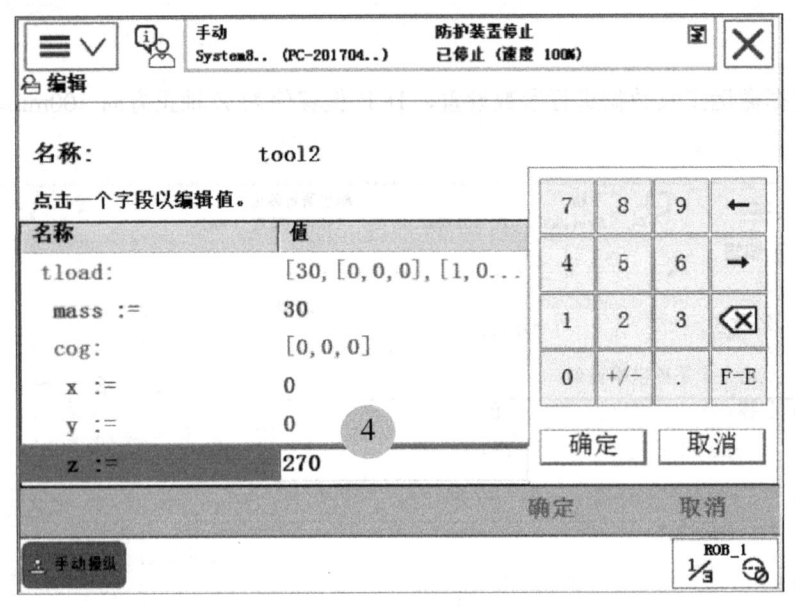

图 4-29 重心偏移设置

（5）设置完成的工具坐标显示在工具坐标系界面中，如图 4-30 所示。采用上文介绍的方法验证设置是否正确。

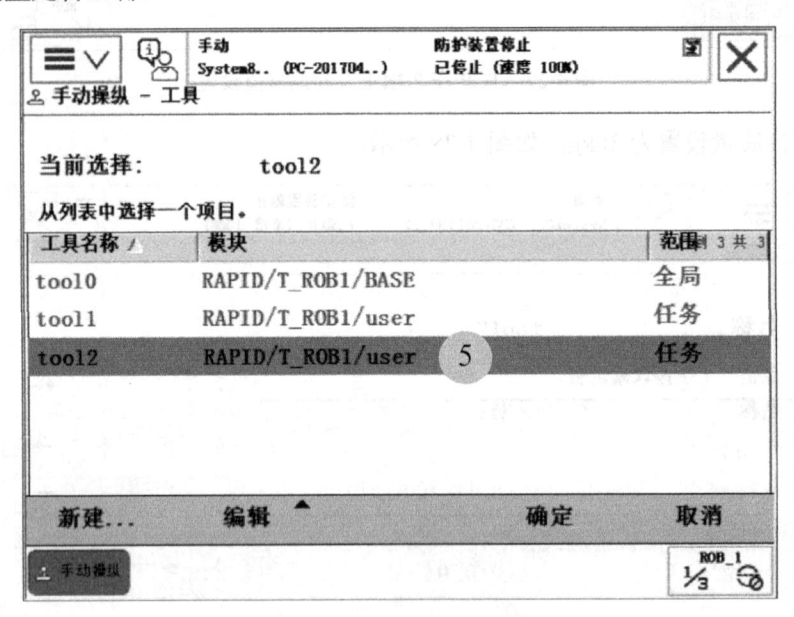

图 4-30 工具坐标设置结果

2. 工件数据 wobjdata 的设定

工件坐标对应工件，它定义工件相对于大地坐标系（或其他坐标系）的位置。机器人可以拥有若干工件坐标系，对机器人进行编程就是在工件坐标系中创建目标和路径，这种做法具有以下优点：

（1）重新定位工作站中的工件时，只需更改工件坐标的位置，所有路径即可随之更新。

（2）允许操作以外轴或传送导轨移动的工件，因为整个工件可连同其路径一起移动。

创建工件坐标系的操作方法一般为 3 点法，即首先在工件坐标系中选择 3 个点，然后按下使能键，将机器人移至要定义的第 1 个点（$X1$、$X2$ 或 $Y1$），如图 4-31 所示。

创建工件坐标系的具体操作步骤如下：

（1）在手动操纵界面中单击"工件坐标："，如图 4-32 所示。

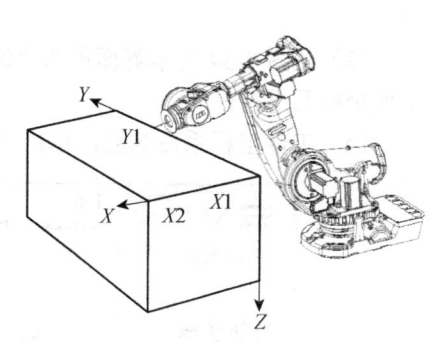

图 4-31　定义第 1 个点

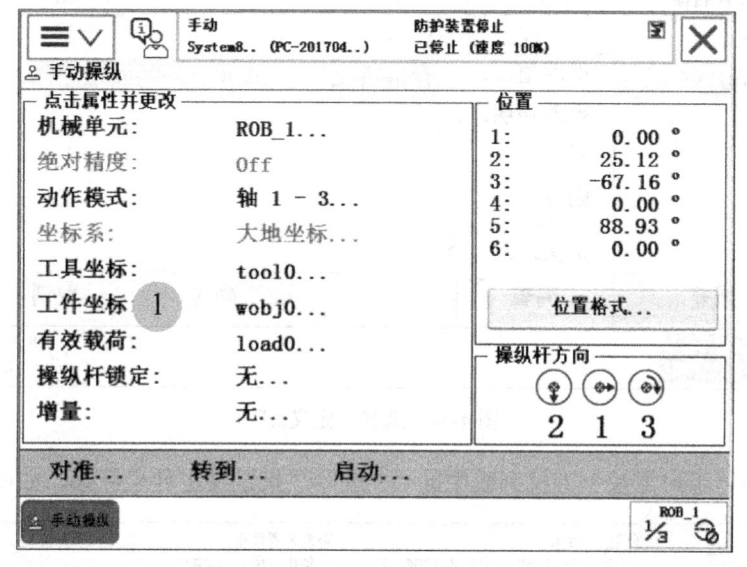

图 4-32　单击"工件坐标："

（2）在弹出的图 4-33 所示界面单击"新建..."按钮。

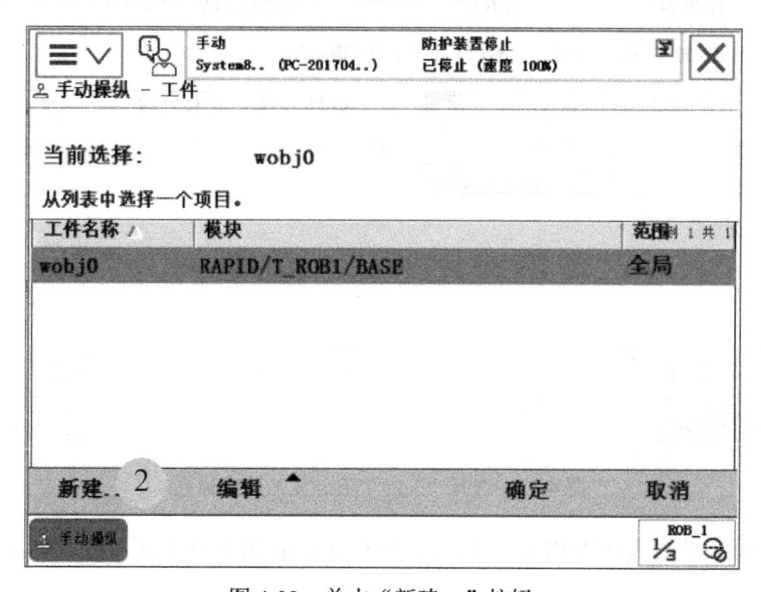

图 4-33　单击"新建..."按钮

（3）在图 4-34 所示界面单击"编辑"下拉按钮，在"编辑"列表中选择"定义..."，对工件坐标系进行命名。

（4）工件坐标系命名后，单击"确定"按钮。

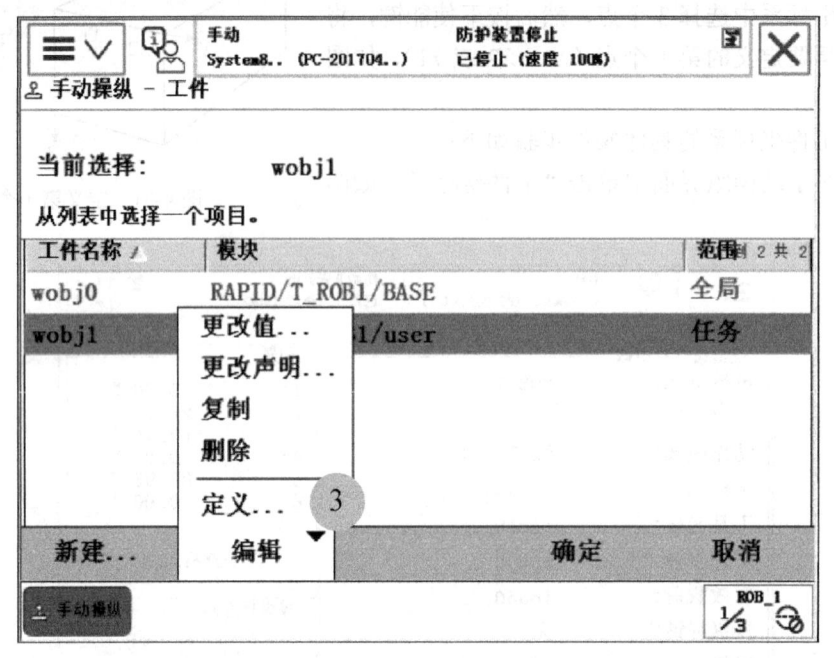

图 4-34 选择"定义..."

（5）选择"用户方法"下拉列表中的"3 点"法来定义工件坐标系，如图 4-35 所示。

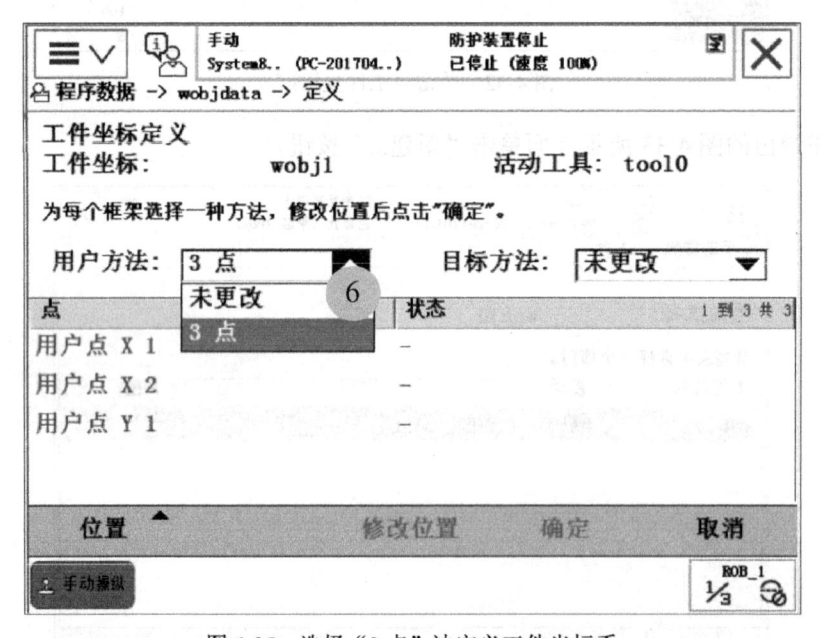

图 4-35 选择"3 点"法定义工件坐标系

（6）手动操纵机器人接近物块 A 的第 1 个点 $X1$，如图 4-36 所示，然后单击"修改位置"按钮。

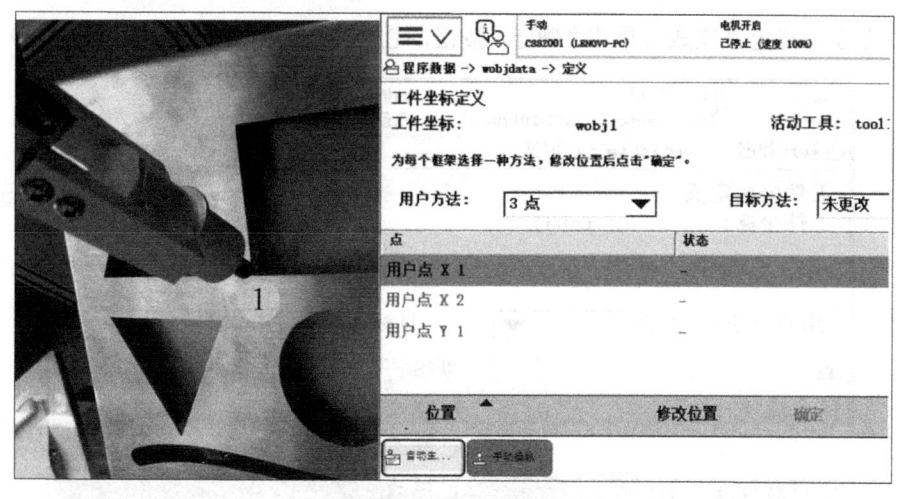

图 4-36 点 X1 的设置

（7）手动操纵机器人接近点 X2，如图 4-37 所示，然后单击"修改位置"按钮。

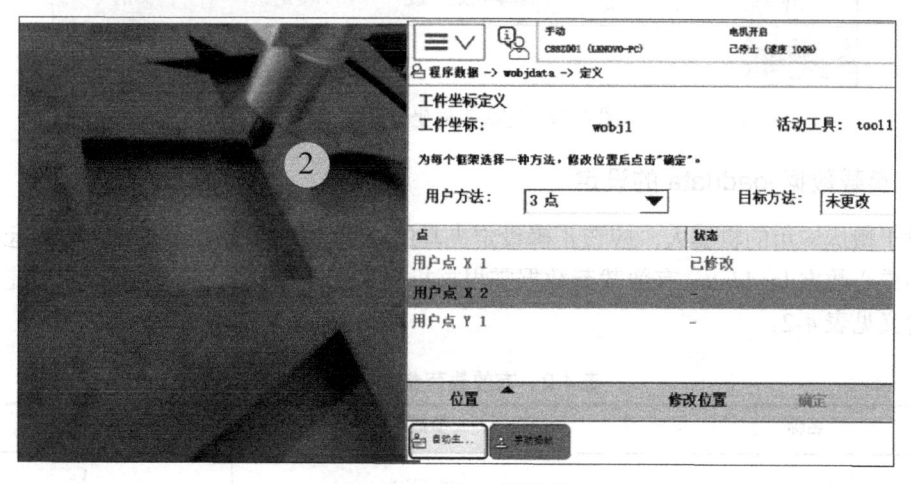

图 4-37 点 X2 的设置

（8）手动操纵机器人到点 Y1，如图 4-38 所示，单击"修改位置"按钮。

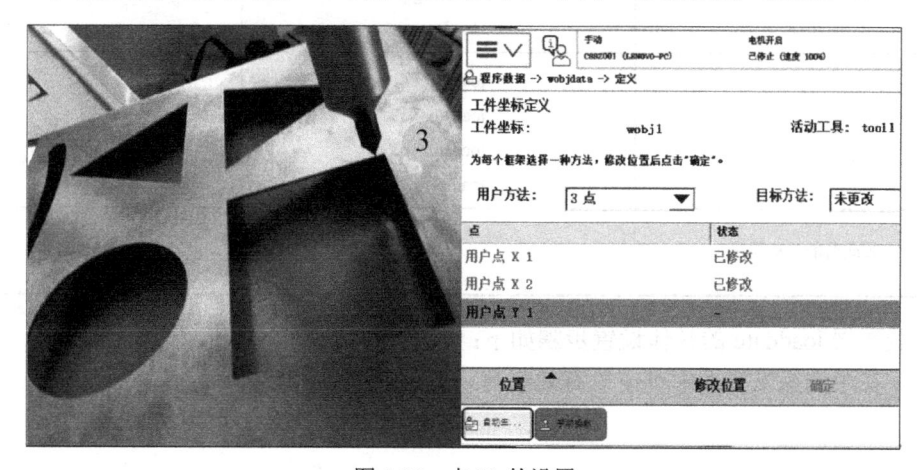

图 4-38 点 Y1 的设置

（9）在3个点定义完成后单击"确定"按钮，完成工件坐标系的设定，如图4-39所示。

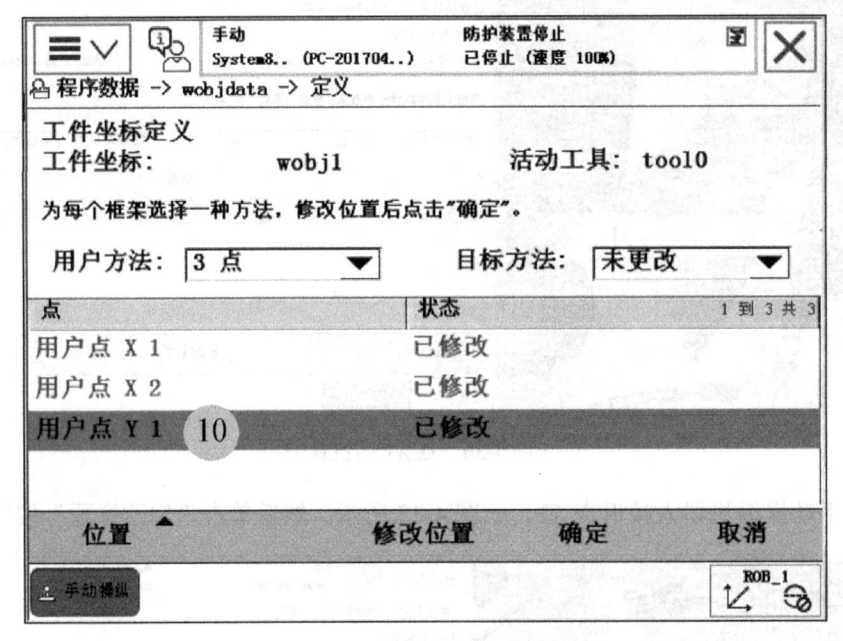

图4-39 完成工件坐标系的设定

3. 负载数据 loaddata 的设定

对于搬运应用的机器人，应该正确设定夹具的质量、重心数据 tooldata 及搬运对象的质量和重心数据 loaddata。有效载荷数据需根据机器人工作承载的实际情况进行设定，其参数及含义见表4-2。

表4-2 有效载荷参数及含义

名称	参数	单位
有效载荷质量	load.mass	kg
有效载荷重心	load.cog.x load.cog.y load.cog.z	mm
力矩轴方向	load.aom.q1 load.aom.q2 load.aom.q3 load.aom.q4	N·m
有效载荷的转动惯量	ix iy iz	kg·m²

负载数据 loaddate 的具体设置步骤如下：
（1）在手动操纵界面中单击"有效载荷…"，如图4-40所示。

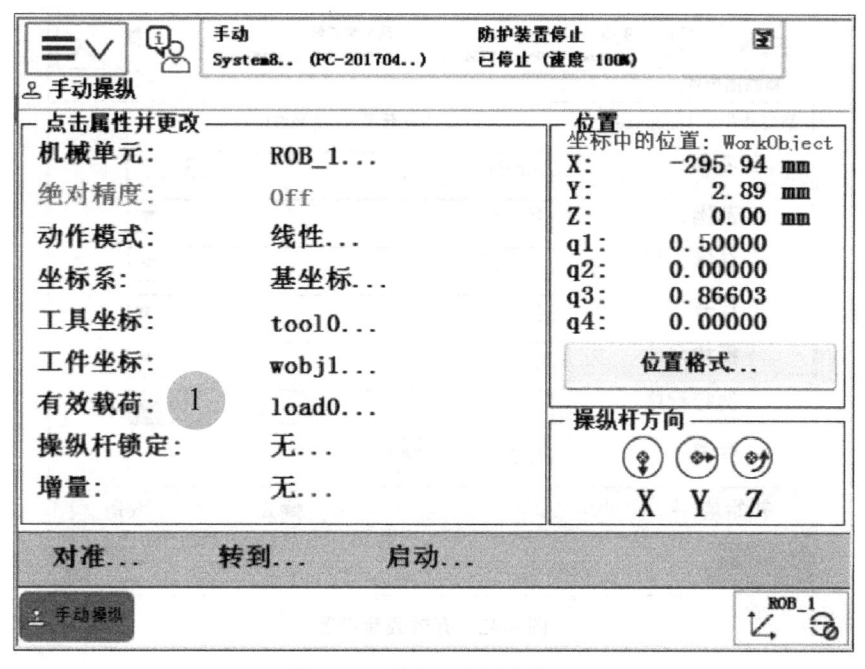

图 4-40 单击"有效载荷"

(2)系统弹出手动操纵-有效载荷界面,在该界面中单击"新建..."按钮,如图 4-41 所示。

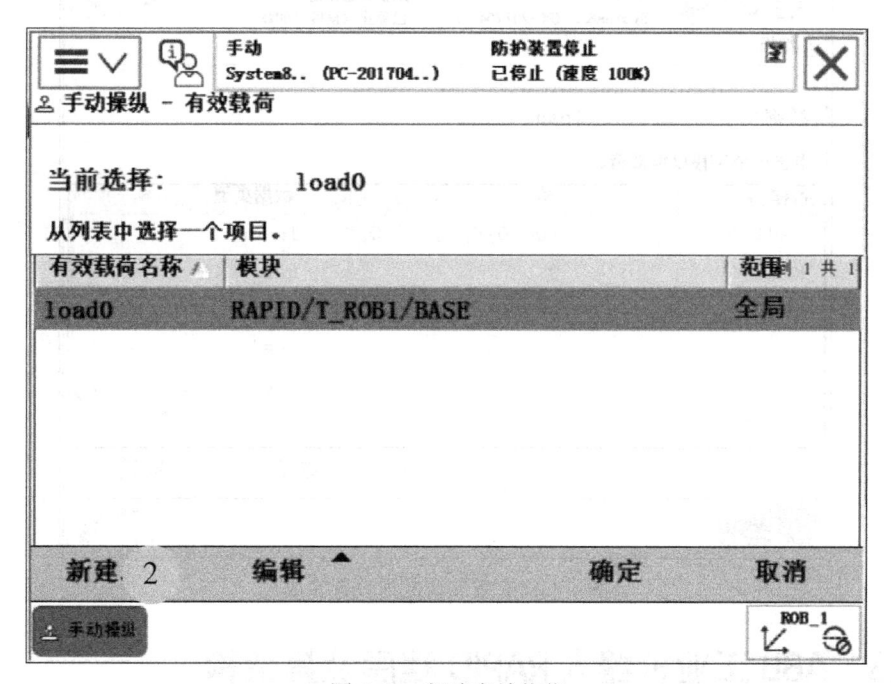

图 4-41 新建有效载荷

(3)在系统弹出的新数据声明界面中单击"名称"右侧的"..."按钮,设置名称,如图 4-42 所示。

(4)单击"初始值",进行有效载荷设置,如图 4-42 所示。

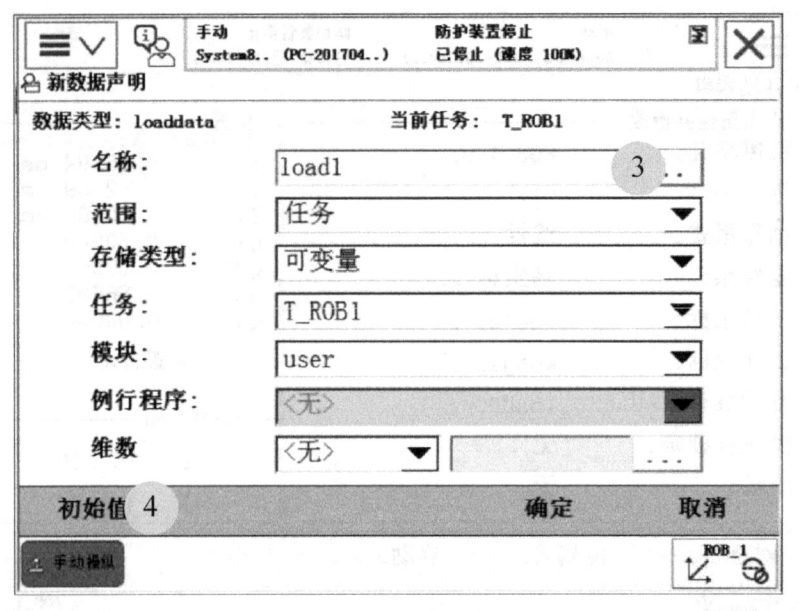

图 4-42 有效载荷设置

（5）进行各参数的设置，设置完成后单击"确定"按钮，进行保存。有效载荷数据设置完成后的界面如图 4-43 所示。

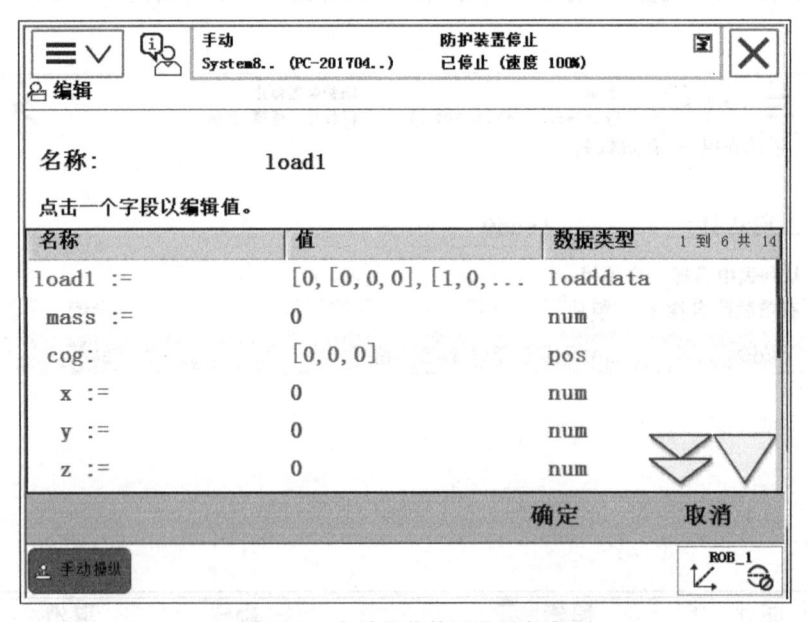

图 4-43 有效载荷数据设置完成

4.3　ABB 工业机器人 RAPID 程序及其架构

RAPID 程序包含了一连串控制机器人的指令，执行这些指令可以实现对机器人的控制操作。机器人的应用程序是使用 RAPID 编程语言的特定词汇和语法编写而成的。RAPID 是一种编程语言，所包含的指令可以实现移动机器人、设置输出、读取输入，还能实现决策、重复其他指令、构造程序、与系统操作员交流等功能。RAPID 程序的基本架构如图 4-44 所示。

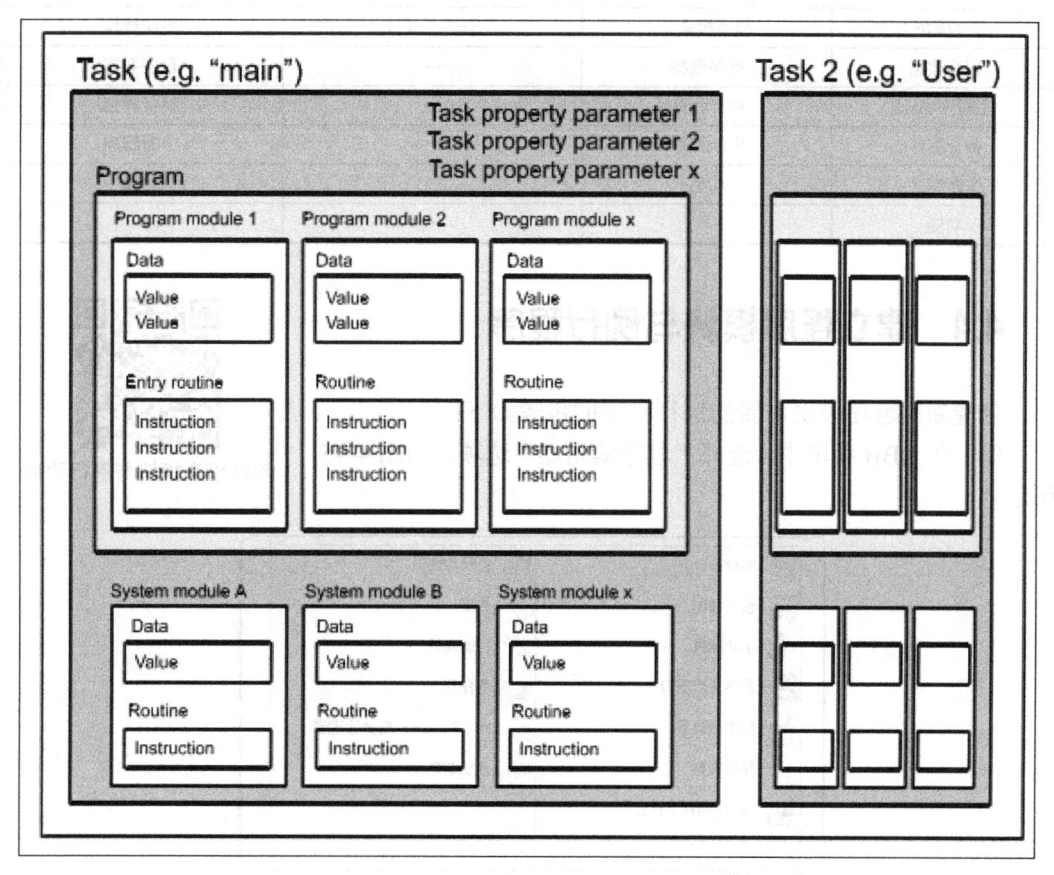

图 4-44 RAPID 程序的基本架构

RAPID 程序的架构说明见表 4-3，说明如下：

（1）RAPID 程序是由程序模块与系统模块组成的，一般只通过新建程序模块来构建机器人的程序，而系统模块多用于系统方面的控制；

（2）可以根据不同的用途创建多个程序模块，如专门用于主控制的程序模块、用于计算位置的程序模块、用于存放数据的程序模块，这样便于归类管理不同用途的例行程序与数据；

（3）每个程序模块包含了程序数据、例行程序、中断程序和功能 4 种对象，但不一定在一个模块中都有这 4 种对象，程序模块之间的数据、例行程序、中断程序和功能是可以相互调用的；

（4）在 RAPID 程序中，只有一个主程序 main，可存在于任意一个程序模块中，并且是作为整个 RAPID 程序执行的起点。

表 4-3 RAPID 程序的架构说明

RAPID 程序			
程序模块 1	程序模块 2	程序模块 3	系统模块
程序数据	程序数据	…	程序数据
主程序 main	例行程序	…	例行程序
例行程序	中断程序	…	中断程序
中断程序	功能	…	功能
功能		…	

4.4　建立程序模块与例行程序

创建新的程序模块与新的例行程序的步骤如下:

(1) 在 ABB 菜单中,选择"程序编辑器"选项,如图 4-45 所示。

创建程序模块与例行程序

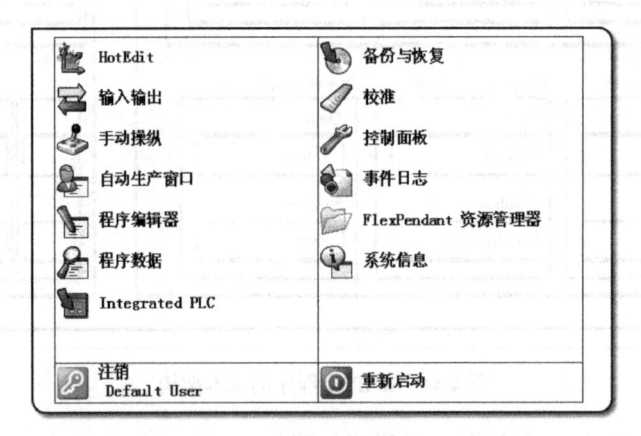

图 4-45　选择"程序编辑器"选项

(2) 系统弹出如图 4-46 所示的无程序警告对话框,单击"取消"按钮,进入模块界面。

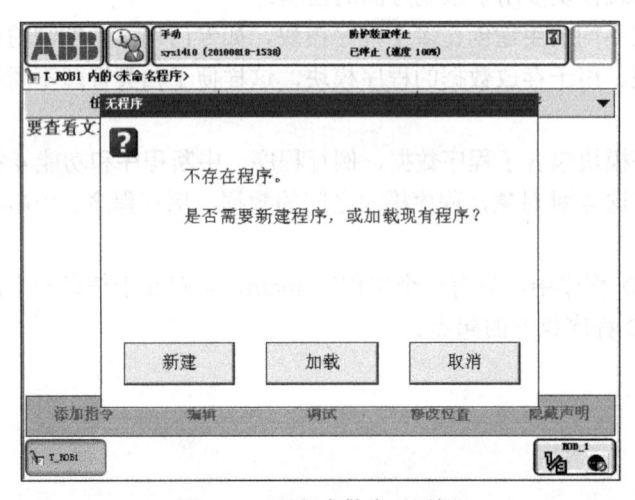

图 4-46　无程序警告对话框

(3) 单击"文件"按钮,如图4-47所示。

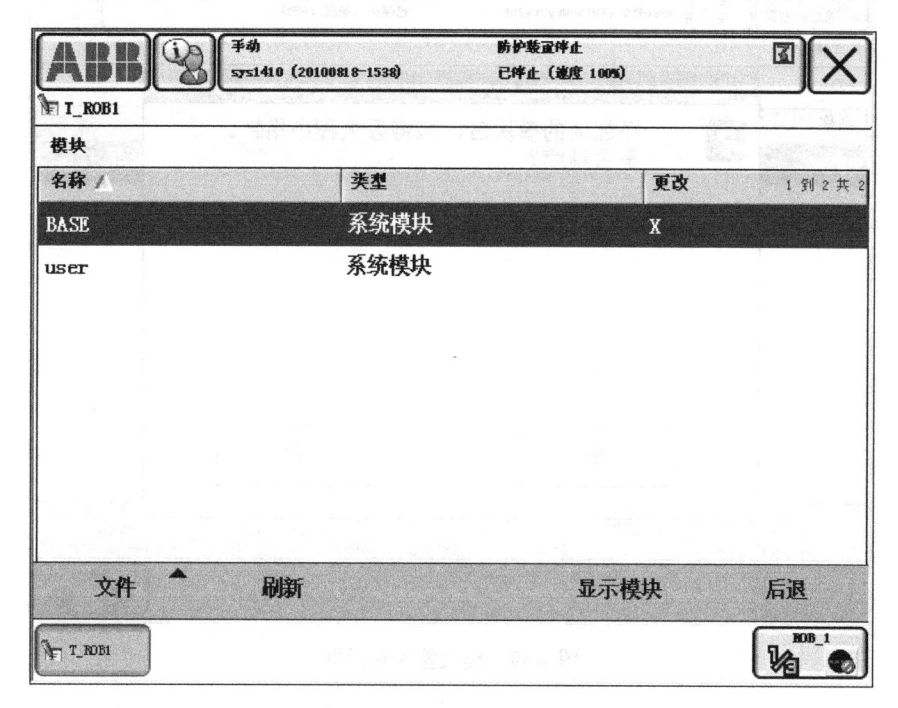

图4-47 单击"文件"按钮

(4) 在打开的"文件"列表中选择"新建模块..."选项,如图4-48所示。

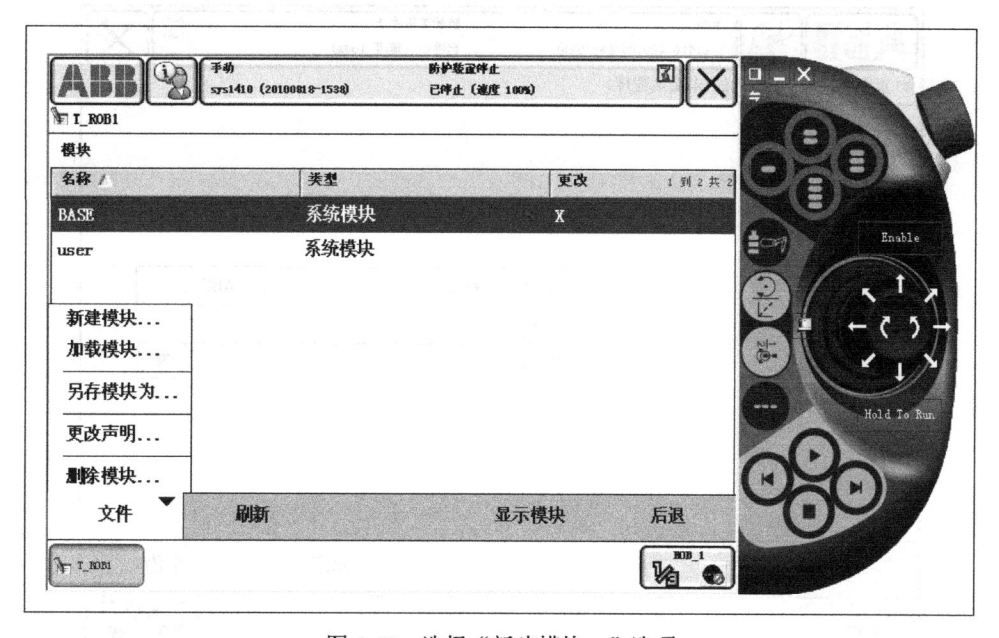

图4-48 选择"新建模块..."选项

(5) 在系统弹出的如图4-49所示的模块警告对话框中单击"是"按钮。

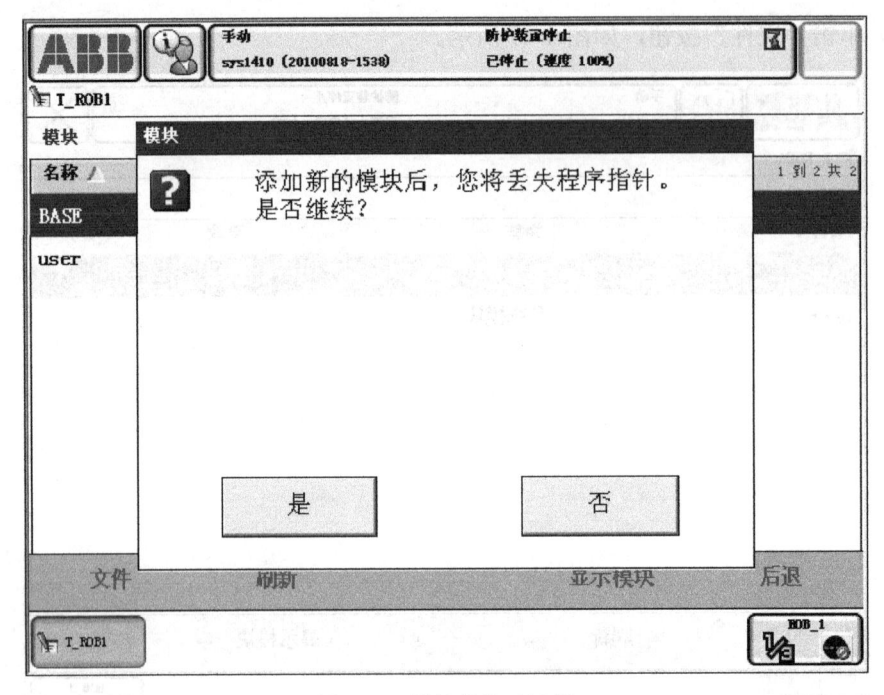

图 4-49　模块警告对话框

(6) 在如图 4-50 所示界面中,单击"ABC..."按钮可进行模块名称的设定,单击"确定"按钮完成模块的创建。

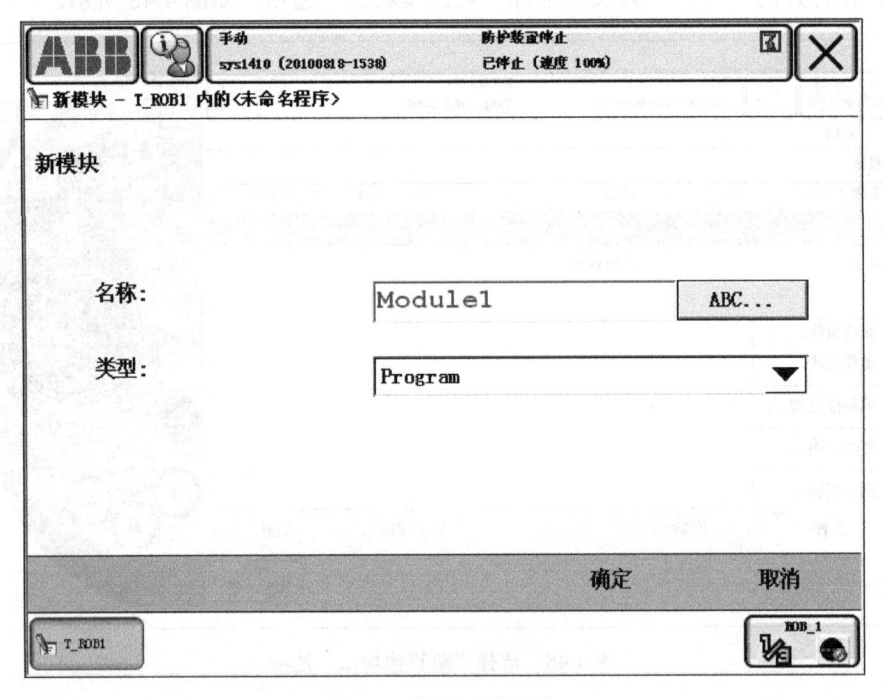

图 4-50　模块名称设定

(7) 在如图 4-51 所示界面,选中新建的模块 Module1,单击"显示模块"按钮可进入新建模块的编程界面。

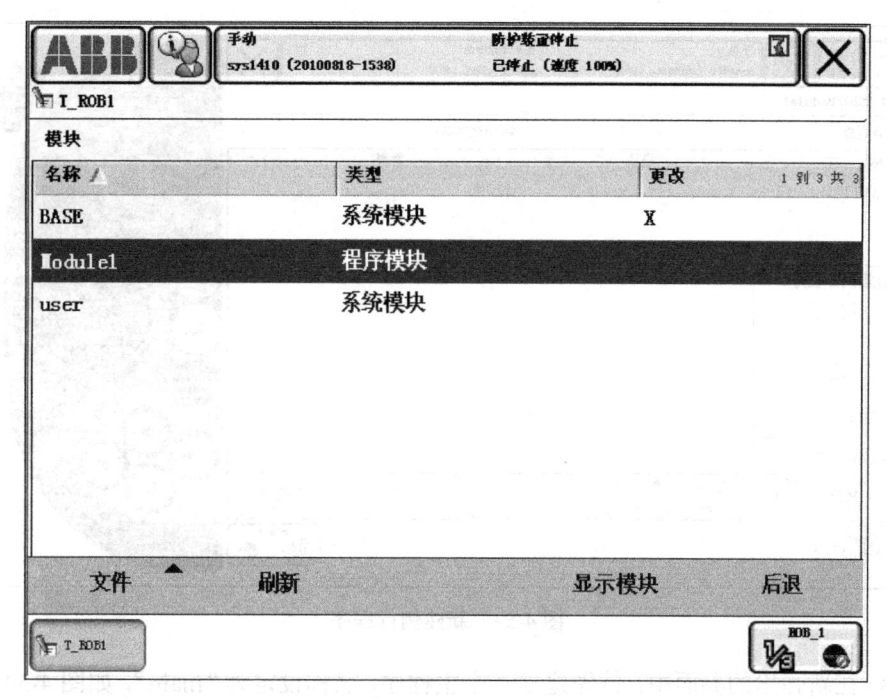

图 4-51　选中新建的模块 Module1

（8）如图 4-52 所示，在新建模块编程界面中，单击"例行程序"进行例行程序的创建。

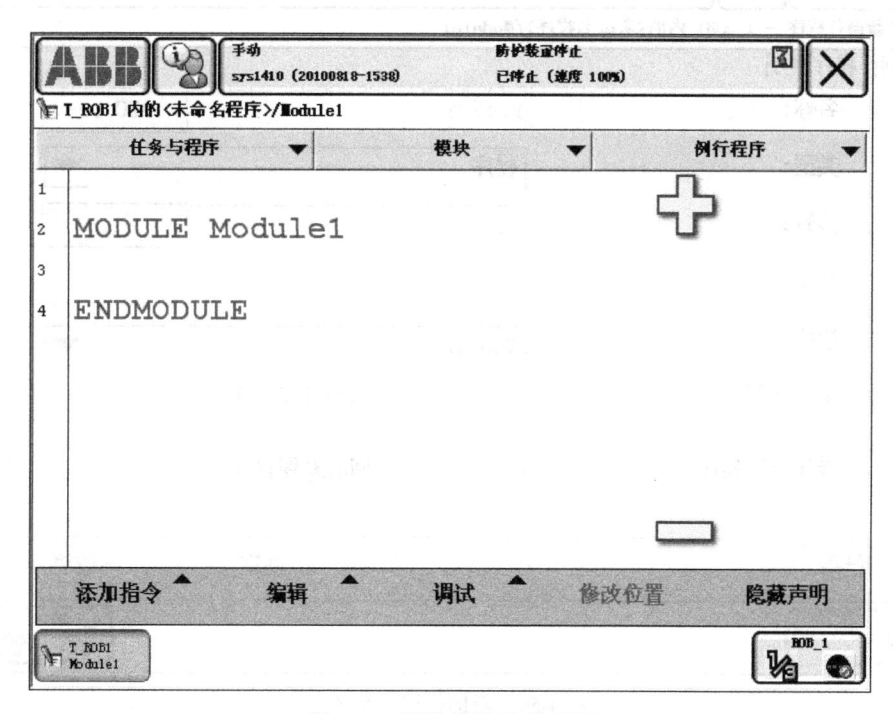

图 4-52　新建模块编程界面

（9）在"例行程序"界面中，单击"文件"→"新建例行程序…"选项，如图 4-53 所示。

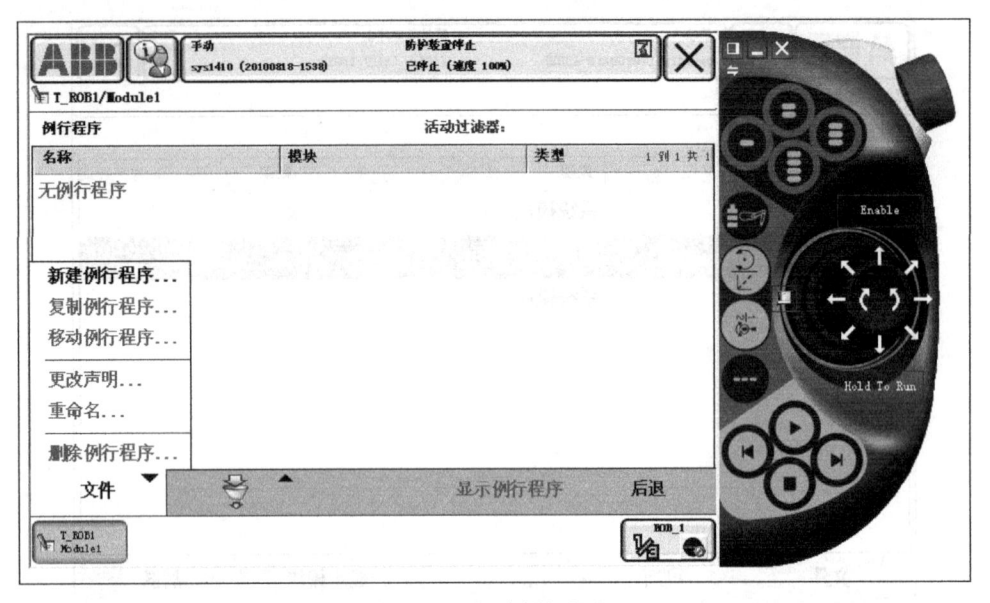

图 4-53 新建例行程序

（10）在新弹出的界面中，首先建立一个主程序，名称设定为"main"，如图 4-54 所示，设置完成后单击"确定"按钮。

图 4-54 新例行程序命名 1

（11）单击"文件"→"新建例行程序…"选项，如图 4-55 所示，可再创建一个例行程序。

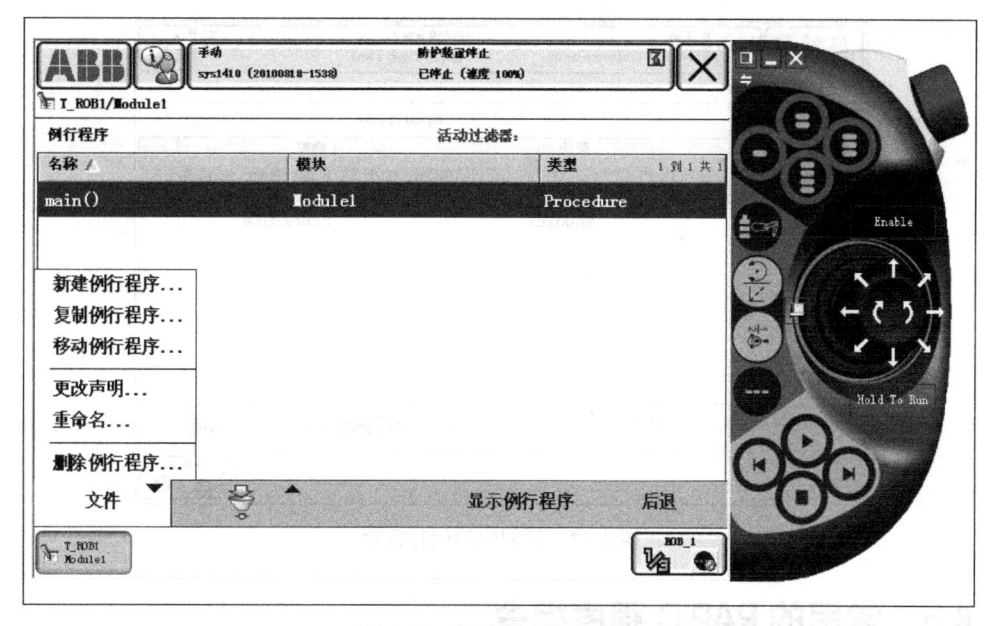

图 4-55 新建另一例行程序

（12）在新弹出的界面中，可对新例行程序进行命名，如图 4-56 所示，单击"确定"按钮完成新例行程序的创建。

图 4-56 新例行程序命名 2

（13）在例行程序界面中，可以看到所创建的所有例行程序，如图 4-57 所示。单击"显示例行程序"按钮即可对例行程序进行编程。

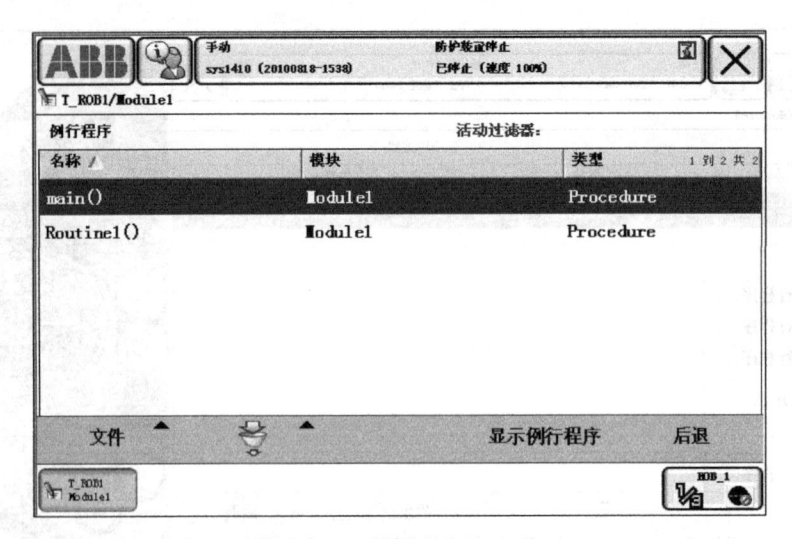

图 4-57　已创建的例行程序

4.5　常用的 RAPID 程序指令

ABB 工业机器人的 RAPID 程序提供了丰富的指令来完成各种简单与复杂的应用。下面从最常用的指令开始来学习 RAPID 编程。

1. 赋值指令

":=" 赋值指令用于对程序数据进行赋值，赋值可以是一个常量或数学表达式。

常量赋值：reg1:=10。

数学表达式赋值：reg2:=reg1+10。

1）添加常量

（1）在编程界面中，单击"添加指令"，在对应的指令列表中选中":="，如图 4-58 所示。

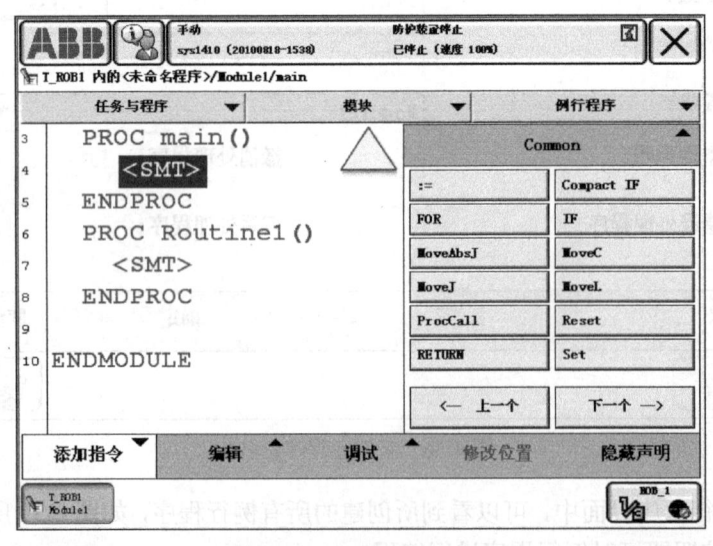

图 4-58　选中赋值指令

（2）在系统弹出的"插入表达式"界面中，单击"更改数据类型…"，如图 4-59 所示。

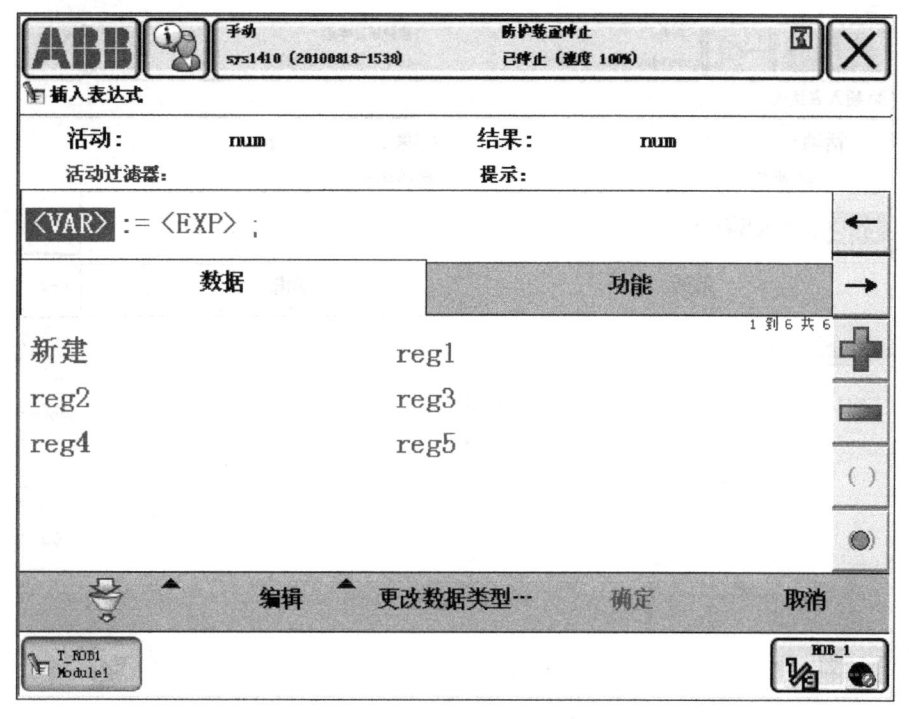

图 4-59 "插入表达式"界面

（3）在新弹出的"插入表达式-更改数据类型"界面中，选择"num"，并单击"确定"按钮，如图 4-60 所示。

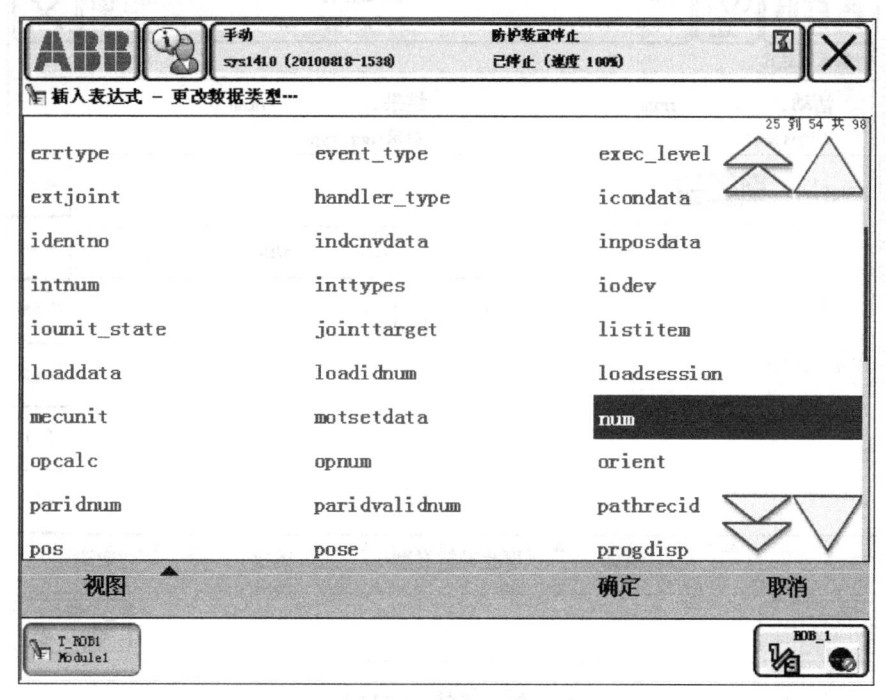

图 4-60 "插入表达式-更改数据类型"界面

（4）选择变量"reg1"，如图4-61所示。

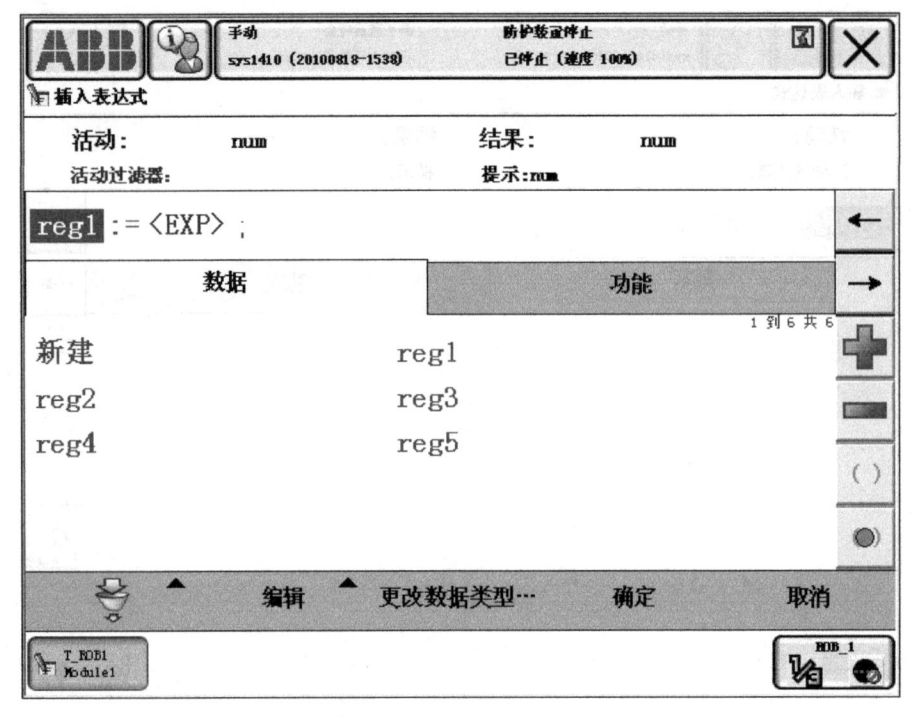

图4-61 选择变量"reg1"

（5）选择"<EXP>"，确保其蓝色高亮显示，如图4-62所示。

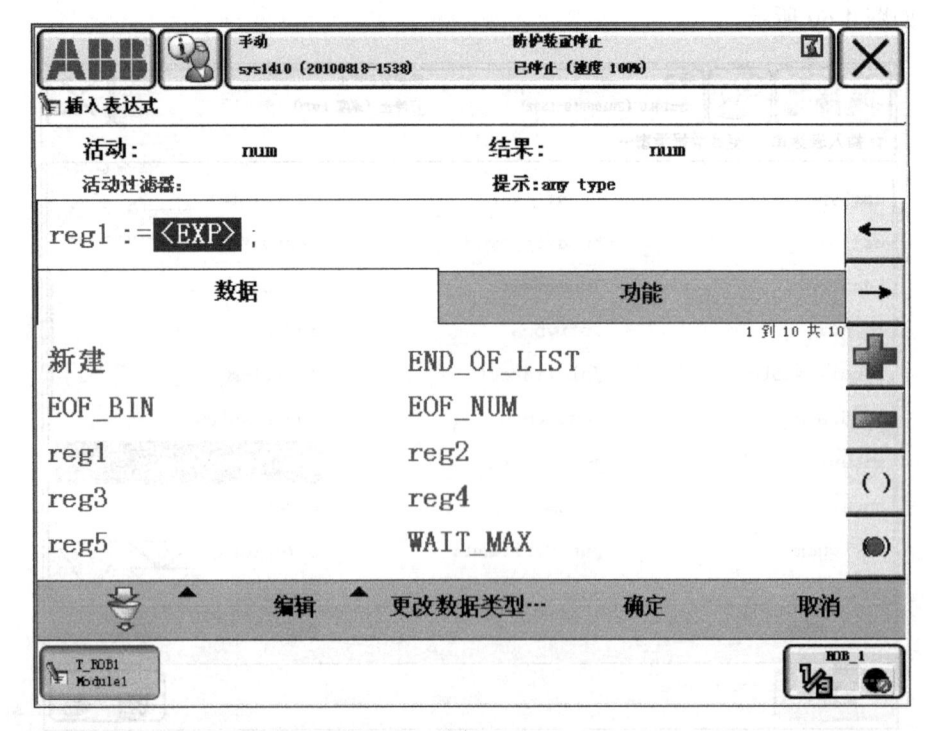

图4-62 选择"<EXP>"

(6)选择"编辑"→"仅限选定内容",如图 4-63 所示。

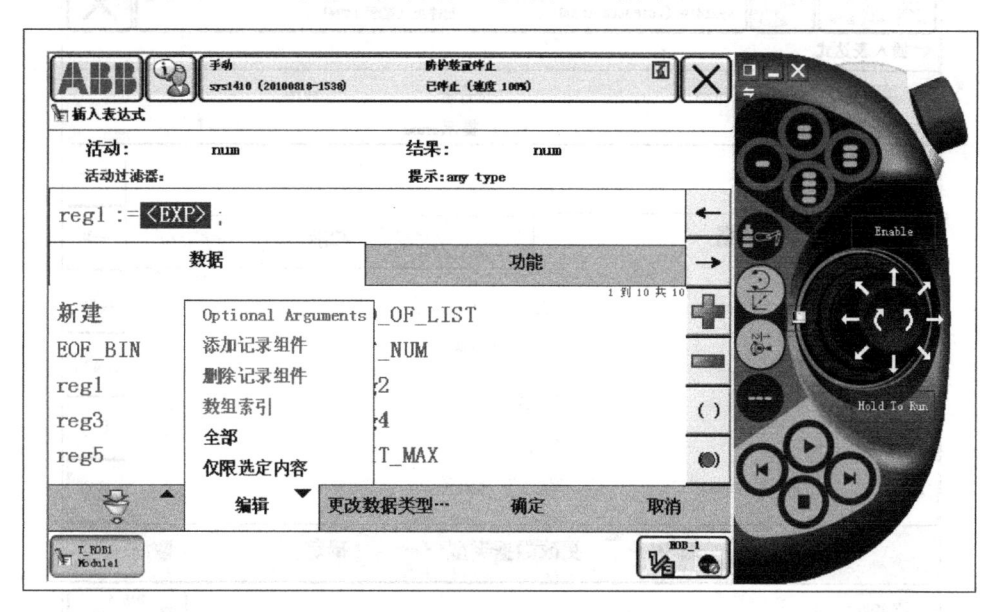

图 4-63　选择"仅限选定内容"选项

(7)利用出现的软键盘输入对应数值,如图 4-64 所示,单击"确定"按钮。

图 4-64　输入数值

(8)在弹出的"插入表达式"界面中单击"确定"按钮,如图 4-65 所示。

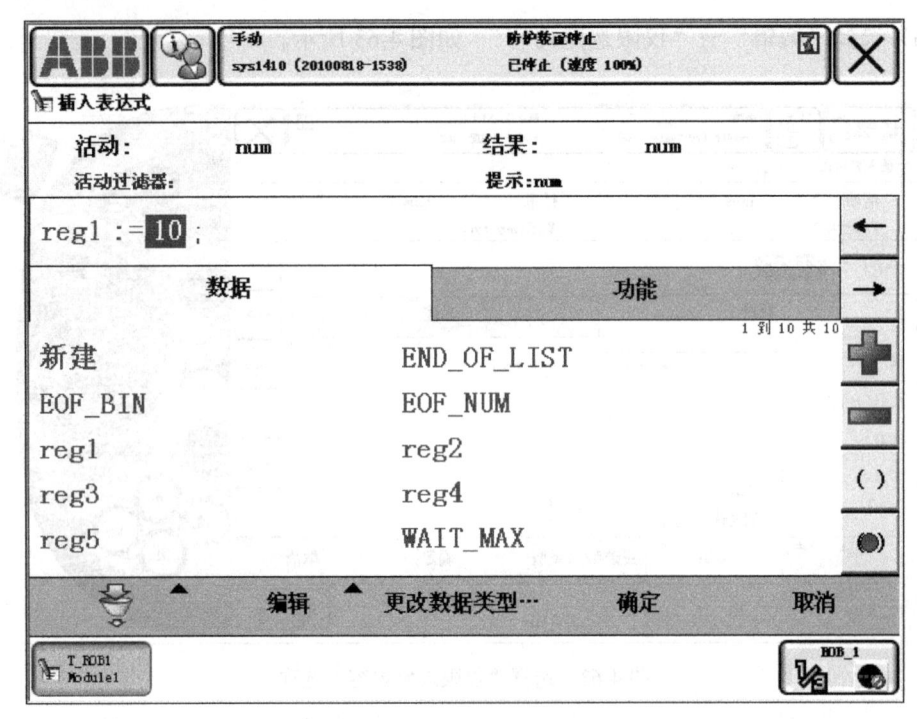

图 4-65 确认输入的数值

（9）在 main 主程序的编辑界面中，可看到新添加的赋值指令，如图 4-66 所示。

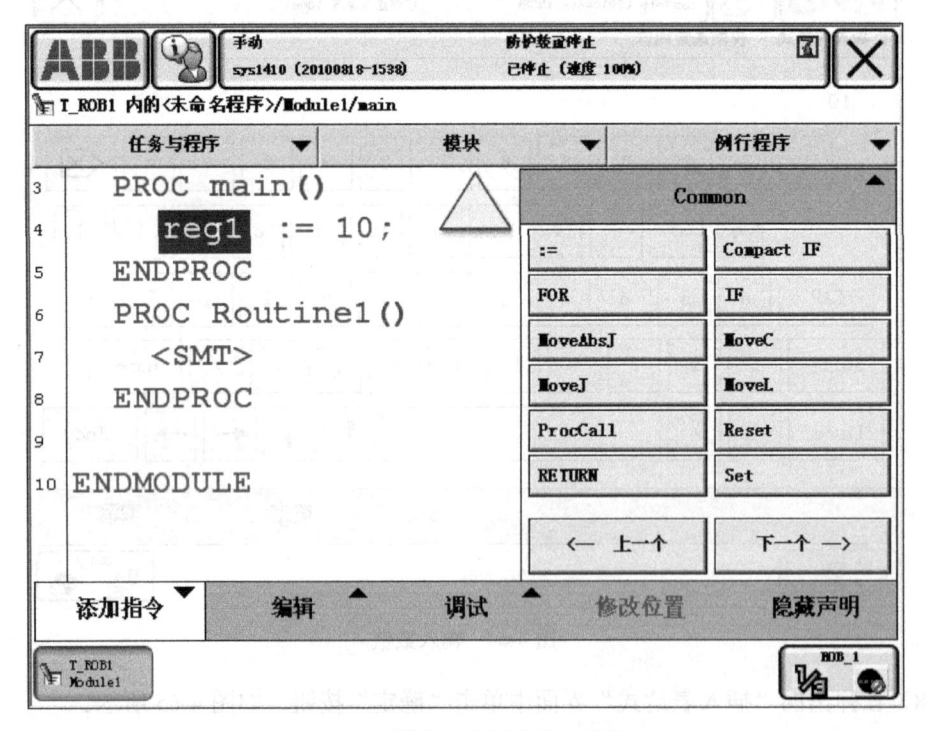

图 4-66 新添加的赋值指令呈现

2）添加变量表达式

（1）在编程界面中，在对应的指令列表中选择":="，如图 4-67 所示。

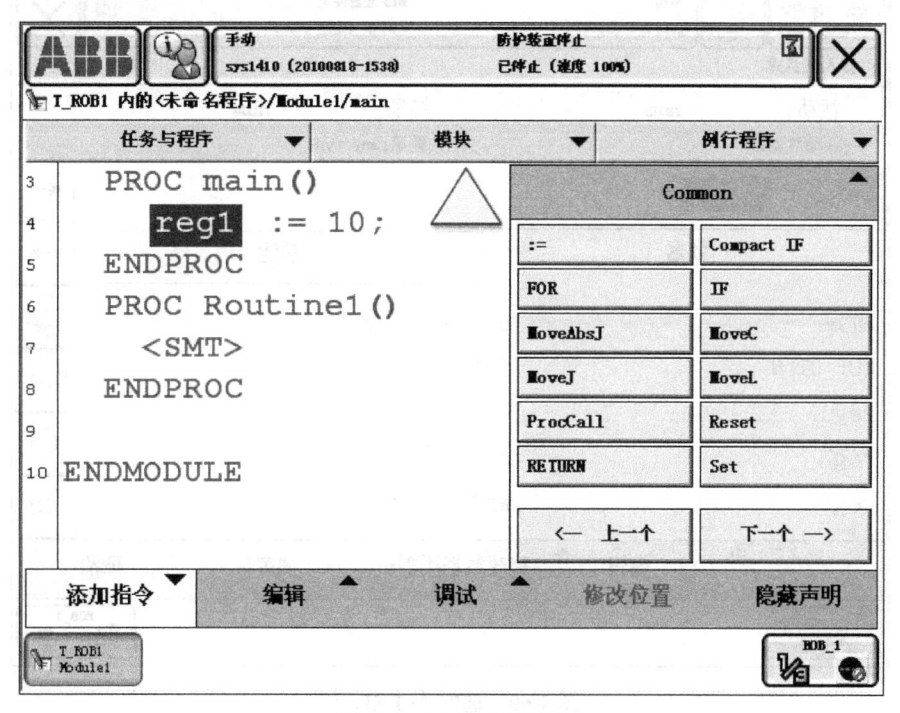

图 4-67　选择赋值指令

（2）在弹出的插入表达式界面中，选中变量"reg2"，如图 4-68 所示。

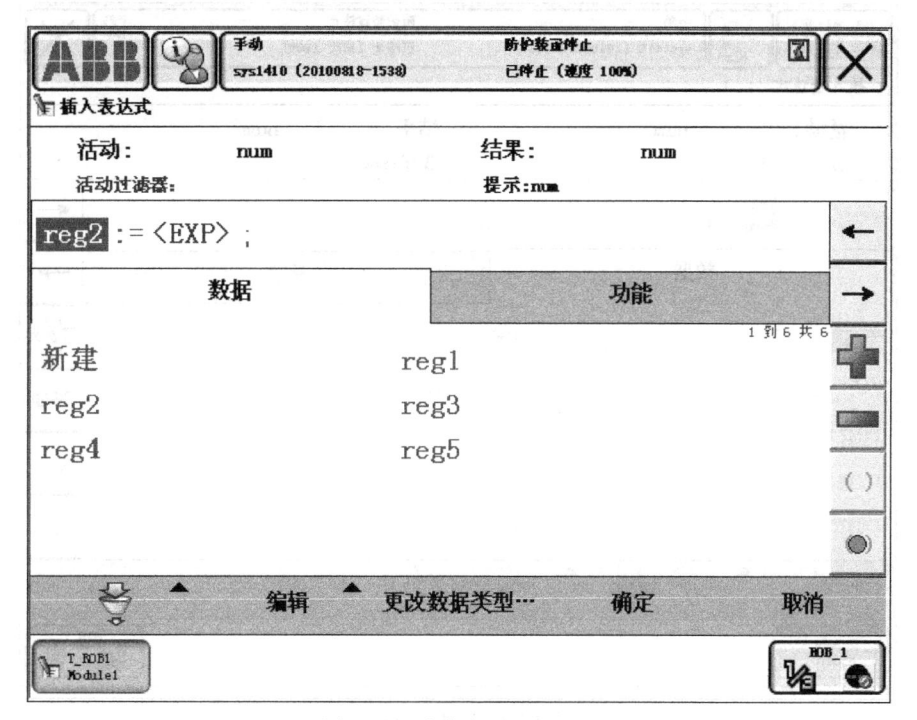

图 4-68　选中变量"reg2"

（3）选中"<EXP>"，确保其蓝色高亮显示，如图 4-69 所示。

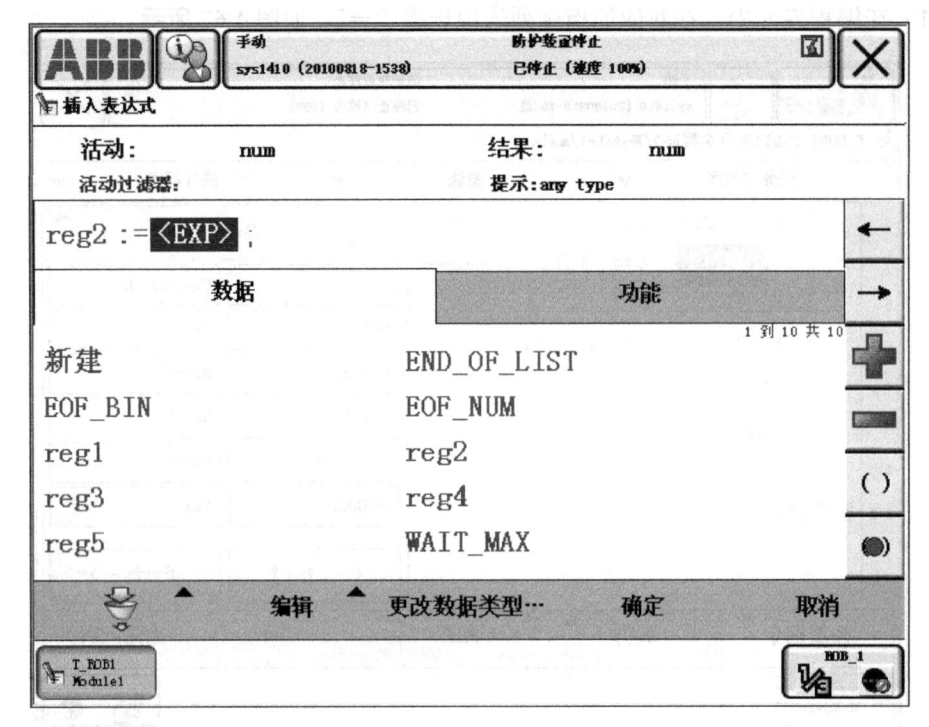

图 4-69　选中"<EXP>"

（4）选中"reg1"，如图 4-70 所示。

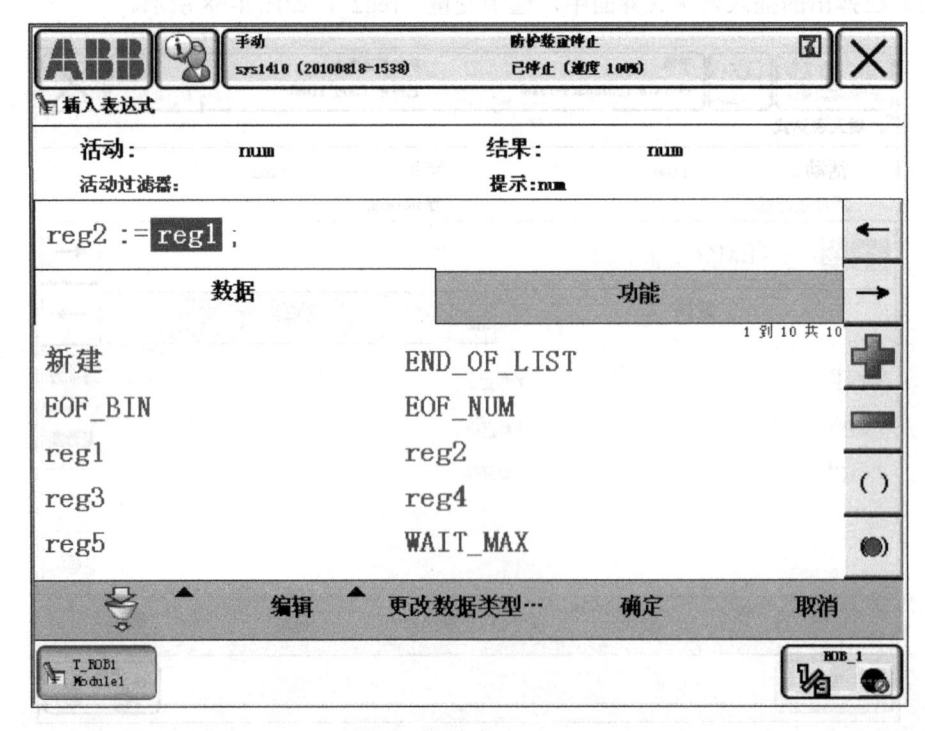

图 4-70　选中"reg1"

(5) 单击 "+" 按钮，选择对应的运算符，如图 4-71 所示。

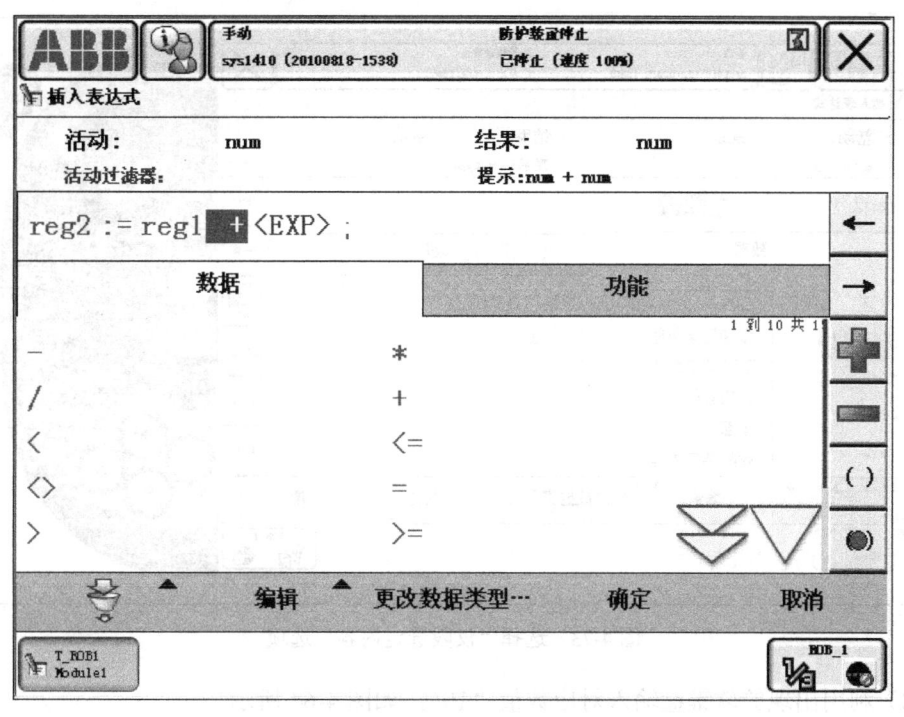

图 4-71 选择运算符

(6) 选中 "<EXP>"，确保其蓝色高亮显示，如图 4-72 所示。

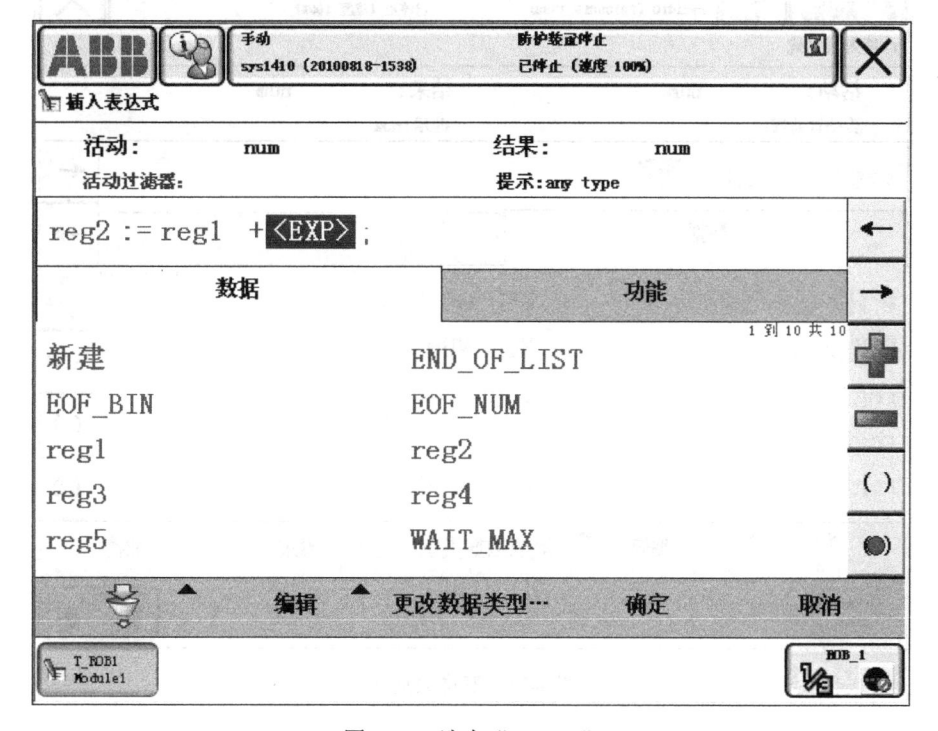

图 4-72 选中 "<EXP>"

(7) 选择 "编辑"→"仅限选定内容"选项，如图 4-73 所示。

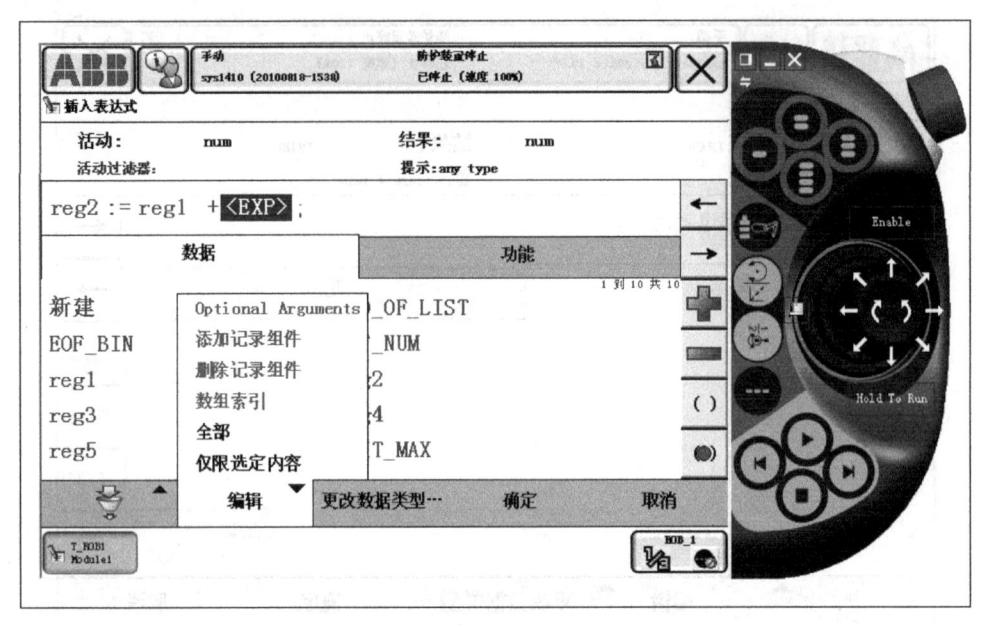

图 4-73 选择"仅限选定内容"选项

(8) 利用出现的软键盘输入对应数值"10"，如图 4-64 所示。

(9) 单击"确定"按钮，如图 4-74 所示。

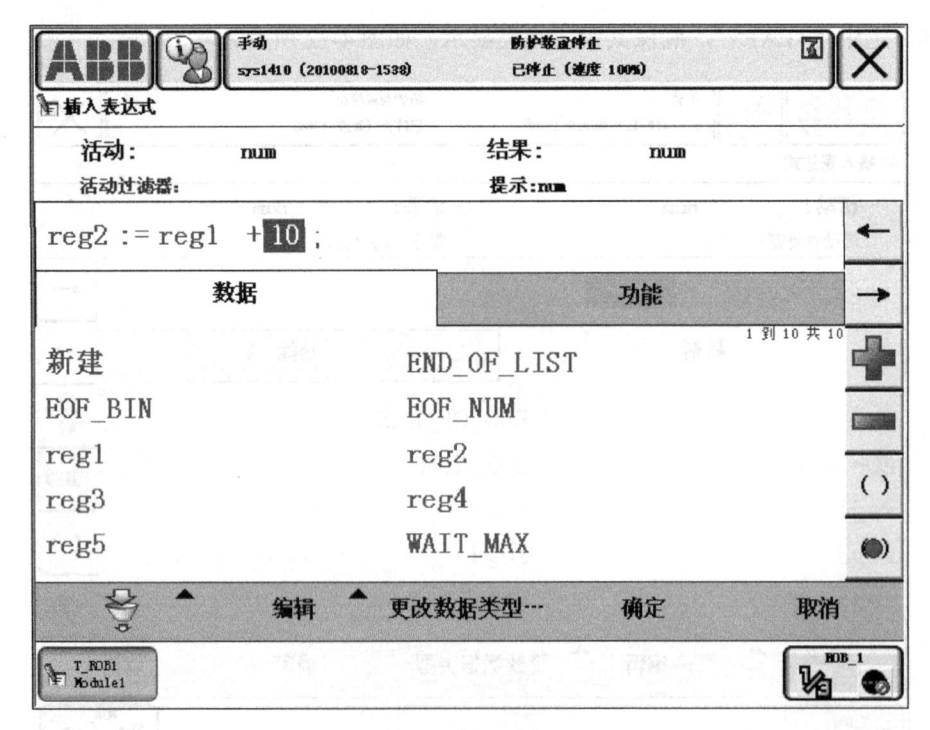

图 4-74 变量表达式

(10) 在弹出的图 4-75 所示的"添加指令"对话框中单击"下方"按钮。

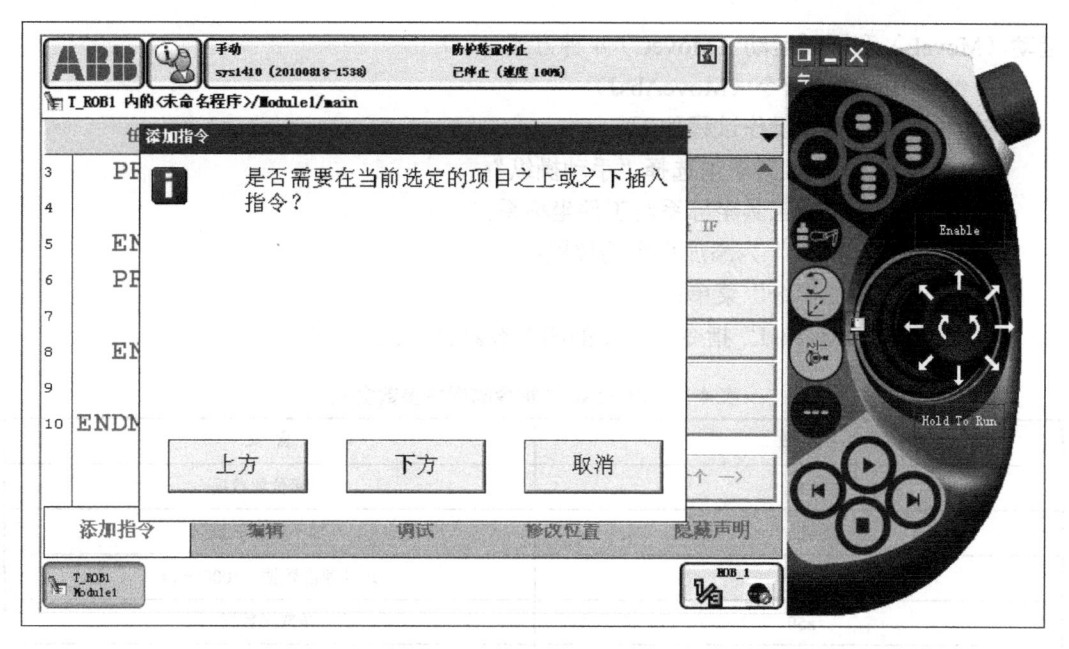

图 4-75 "添加指令"对话框

（11）在 main 主程序的编辑界面中，可看到新添加的赋值指令，如图 4-76 所示。

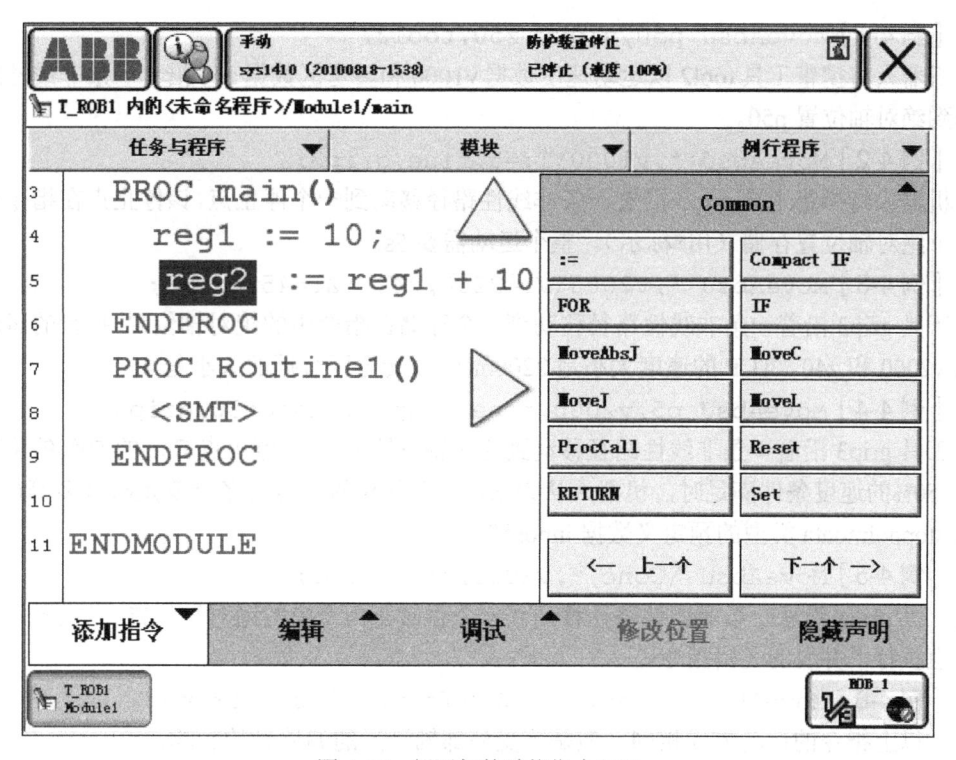

图 4-76 新添加的赋值指令呈现

2. 机器人运动指令

机器人在空间中的运动主要有绝对位置运动（MoveAbsJ）、关节运动（MoveJ）、线性运动（MoveL）和圆弧运动（MoveC）4种方式。

1）绝对位置运动指令（MoveAbsJ）

绝对位置运动指令操作过程如下：

（1）在打开的ABB菜单中选择"手动操纵"；

（2）确认已选定的工具坐标系与工件坐标系；

（3）选中"<SMT>"为添加指令的位置；

（4）打开"添加指令"菜单；

（5）选择"MoveAbsJ"指令，指令的相关参数含义见表4-4。

表4-4 MoveAbsJ指令的相关参数含义

参　数	含　　义
*	目标位置数据
\NoEoffs	外轴不带偏移数据
v1000	运动速度数据，1000mm/s
z50	转弯区数据
tool1	工具坐标数据
wobj1	工件坐标数据

[例4-1] `MoveAbsJ p50,v1000,z50,tool2;`

机器人将携带工具tool2以运动速度数据v1000和转弯区数据z50沿着一条非线性路径移动到绝对轴位置p50。

[例4-2] `MoveAbsJ *,v1000\T:=5,fine,grip3;`

机器人将携带工具grip3沿着一条非线性路径移动到一个停止点，该停止点在指令中作为一个绝对轴位置存储（用*标示）。整个运动需要5s。

[例4-3] `MoveAbsJ *,v2000\V:=2200,z40 \Z:=45,grip3;`

工具grip3沿着一条非线性路径移动到一个存储在指令中的绝对轴位置。执行的运动数据为v2000和z40。TCP的速度大小是2200mm/s，转弯区数据的大小是45mm。

[例4-4] `MoveAbsJ p5,v2000,fine \Inpos:=inpos50,grip3;`

工具grip3沿着一条非线性路径移动到绝对轴位置p5。当停止点fine的50%的位置条件和50%的速度条件满足时，机器人认为它已经到达位置。等待条件满足时最多等待2s，参见stoppointdata类型的预定义数据inpos50。

[例4-5] `MoveAbsJ \Conc,*,v2000,z40,grip3;`

工具grip3沿着一条非线性路径移动到一个存储在指令中的绝对轴位置。当机器人运动时，也执行了并发的逻辑指令。

[例4-6] `MoveAbsJ \Conc,* \NoEOffs,v2000,z40,grip3;`

和以上指令的运动方式相同，但是不受外部轴激活的偏移量的影响。

[例4-7] `GripLoad obj_mass;`
　　　　`MoveAbsJ start, v2000, z40, grip3 \Wobj: =obj;`

机器人把和固定工具grip3相关的工作对象obj沿着一条非线性路径移动到绝对轴位置start。

2）关节运动指令（MoveJ）

关节运动是在对路径精度要求不高的情况下，机器人的 TCP 从一个位置移动到另一个位置，两个位置之间的路径不一定是直线。关节运动指令相关参数的含义见表 4-5。

表 4-5 MoveJ 相关参数的含义

参 数	含 义
p10、p20	目标点位置数据
v1000	运动速度数据

[例 4-8] MoveJ p1,v_max,z30,tool2;

工具 tool2 的 TCP 以速度数据 v_{max} 和转弯区数据 z30 沿着一条非线性路径移动到位置 p1。

[例 4-9] MoveJ *,v_max \T:=5,fine,grip3;

工具 grip3 的 TCP 沿着一条非线性路径移动到存储在指令中的停止点（用*标记）。整个运动需要 5s。

[例 4-10] MoveJ *,v2000\V:=2200,z40 \Z:=45,grip3;

工具 grip3 的 TCP 沿着一条非线性路径移动到存储在指令中的位置。运动执行数据被设定为 v2000 和 z40；TCP 的速度大小和转弯区数据的大小分别是 2200mm/s 和 45mm。

[例 4-11] MoveJ p5,v2000,fine \Inpos:= inpos50,grip3;

工具 grip3 的 TCP 沿非线性路径移动到停止点 p5。当停止点 fine 的 50%的位置条件和 50%的速度条件满足时，机器人认为它已经到达该点。等待条件满足时最多等待 2s，参考 stoppointdata 类型的预定义数据 inpos50。

[例 4-12] MoveJ \Conc,*,v2000,z40,grip3;

工具 grip3 的 TCP 沿着一条非线性路径移动到指令中的存储位置。当机器人移动时，后续逻辑指令开始执行。

[例 4-13] MoveJ start,v2000,z40,grip3 \WObj:=fixture;

工具 grip3 的 TCP 沿着一条非线性路径移动到位置 start。该位置在 fixture 的对象坐标系中指定。

3）线性运动指令（MoveL）

线性运动是机器人的 TCP 从起点到终点之间的运动，路径始终保持为直线。一般在焊接、涂胶等对路径要求高的场合使用此指令。

[例 4-14] MoveL p1,v1000,z30,tool2;

工具 tool2 的 TCP 沿直线运动到位置 p1，速度数据为 v1000，转弯区数据为 z30。

[例 4-15] MoveL *,v1000\T:=5,fine,grip3;

工具 grip3 的 TCP 沿直线运动到存储在指令中的停止点（用*标记）。整个运动过程需要 5s。

[例 4-16] MoveL *,v2000 \V:=2200,z40 \Z:=45,grip3;

工具 grip3 的 TCP 线性移动到存储在指令中的位置。该运动执行时的数据为 v2000 和 z40。TCP 的速度大小和转弯区数据大小分别是 2200mm/s 和 45mm。

[例 4-17] MoveL p5,v2000,fine \Inpos:= inpos50,grip3;

工具 grip3 的 TCP 沿直线运动到停止点 p5。当停止点 fine 的 50%的位置条件和 50%的速度条件满足时,机器人认为它到达了目标点。等条件满足时最多等待 2s,参考 stoppointdata 数据类型的预定义数据 inpos50。

[**例 4-18**] MoveL \Conc,*,v2000,z40,grip3;

工具 grip3 的 TCP 直线运动到存储在指令中的位置。当机器人移动的时候,后续的逻辑指令开始执行。

[**例 4-19**] MoveL start,v2000,z40,grip3 \WObj:=fixture;

工具 grip3 的 TCP 直线运动到位置 start,位置在 fixture 的对象坐标系统中指定。

4)圆弧运动指令(MoveC)

圆弧路径是在机器人可到达的空间范围内定义 3 个位置点,第 1 个点表示圆弧的起点,第 2 个点表示圆弧的曲率,第 3 个点表示圆弧的终点。MoveC 相关参数的含义见表 4-6。

表 4-6 MoveC 相关参数的含义

参　数	含　义
p10	圆弧的第 1 个点
p30	圆弧的第 2 个点
p40	圆弧的第 3 个点
fine\z1	转弯区数据

[**例 4-20**] Move p1,p2,v500,z30,tool2;

工具 tool2 的 TCP 圆周运动到 p2,速度数据为 v500,转弯区数据为 z30。圆由开始点、中间点 p1 和目标点 p2 确定。

[**例 4-21**] MoveC *,*,v500 \T:=5,fine,grip3;

工具 grip3 的 TCP 沿圆周运动到存储在指令中的 fine 点(第 2 个*标记)。中间点也存储在指令中(第 1 个*标记)。整个运动需要 5s。

[**例 4-22**] MoveL p1,v500,fine,tool1;
　　　　　MoveC p2, p3, v500, z20, tool1;
　　　　　MoveC p4, p1, v500, fine, tool1;

例 4-22 的运动示意图如图 4-77 所示。

[**例 4-23**] MoveC *,*,v500 \V:=550,z40 \Z:=45, grip3;

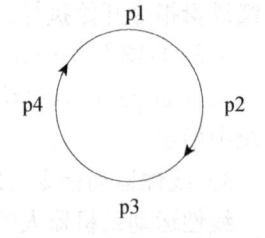

图 4-77　例 4-22 的运动示意图

工具 grip3 的 TCP 圆周运动到存储在指令中的位置。运动中把数据设定为 v500 和 z40;TCP 的速度大小是 550mm/s,转弯区数据的大小是 45mm。

[**例 4-24**] MoveC p5,p6,v2000,fine \Inpos:= inpos50,grip3;

工具 grip3 的 TCP 圆周运动到停止点 p6。当停止点 fine 的 50%的位置条件和 50%的速度条件满足时,机器人认为它到达该点。等待条件满足时最多等待 2s,参考 stoppointdata 数据类型的预定义数据 inpos50。

[**例 4-25**] MoveC \Conc,*,*,v500,z40,grip3;

工具 grip3 的 TCP 圆周运动到指令中存储的位置。圆周点也存储在指令中。当机器人移动的时候,执行后续逻辑指令。

[**例 4-26**] MoveC cir1,p15,v500,z40,grip3 \Wobj:=fixture;

工具 grip3 的 TCP 经过圆周点 cir1 圆周运动到位置 p15。这些位置在 fixture 的对象并列系统中指定。

3. I/O 控制指令

I/O 控制指令用于控制 I/O 信号，以达到与机器人周边设备进行通信的目的。

1）Set 数字信号置位指令

Set 数字信号置位指令用于将数字输出置位为"1"。例如：

```
Set do1
```

2）Reset 数字信号复位指令

Reset 数字信号复位指令用于将数字输出（Digital Output）置位为"0"。例如：

```
Reset do1
```

3）WaitDI 数字输入信号判断指令

WaitDI 数字输入信号判断指令用于判断数字输入信号的值是否与目标一致。例如：

```
WaitDI di1, 1
```

4）WaitDO 数字输出信号判断指令

WaitDO 数字输出信号判断指令用于判断数字输出信号的值是否与目标一致。例如：

```
WaitDO do1, 1
```

5）WaitUntil 信号判断指令

WaitUntil 信号判断指令可用于布尔量、数字量和 I/O 信号置位的判断。如果条件满足指令中的设定值，程序继续往下执行；否则就一直等待，除非设定了最大等待时间。

4. 条件逻辑判断指令

条件逻辑判断指令用于对条件进行判断后执行相应的操作，是 RAPID 程序中重要的组成部分。

1）Compact IF 紧凑型条件判断指令

Compact IF 紧凑型条件判断指令用于当一个条件满足了以后，就执行一句指令。例如：

```
IF flag1=TRUE Set do1
```

2）IF 条件判断指令

IF 条件判断指令将根据不同的条件去执行不同的指令。例如：

```
IF num1=1 THEN
   Flag1:=TRUE;
ELSEIF num1=2 THEN
   Flag1:=FALSE;
ELSE
   Set do1;
ENDIF
```

3）FOR 重复执行判断指令

FOR 重复执行判断指令用于一个或多个指令需要充分执行数次的情况。例如：

```
FOR I FROM 1 TO 10 DO
  Routine1;
ENDFOR
```

4）WHILE 条件判断指令

WHILE 条件判断指令用于在给定条件满足的情况下，一直重复执行对应的指令。例如：

```
WHILE num1>num2 DO
  Num1:=num1-1;
ENDWHILE
```

5. 功能指令

ABB 提供了丰富的功能指令，可以有效提高编程和程序执行效率。

1）取绝对值指令 Abs

[例 4-27] 添加指令"reg1:= Abs（reg2）;"，操作步骤如下：

（1）在程序编辑界面单击"添加指令"，选择"：="赋值指令，如图 4-78 所示。

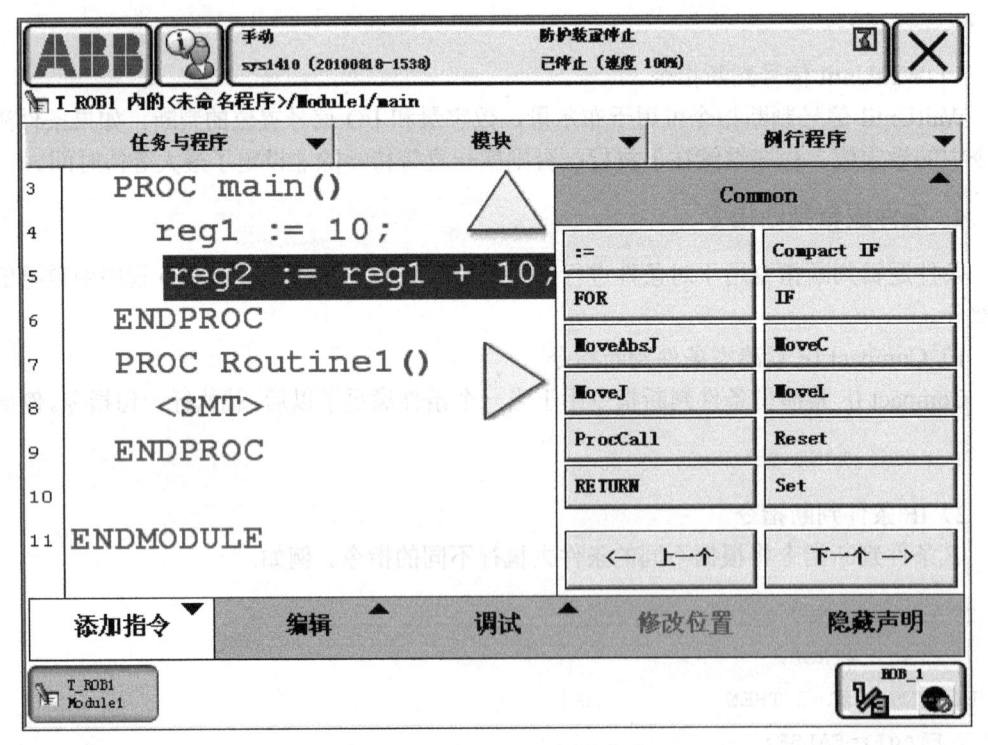

图 4-78　选择"：="赋值指令

（2）在弹出的插入表达式界面单击"更改数据类型..."，如图 4-79 所示。

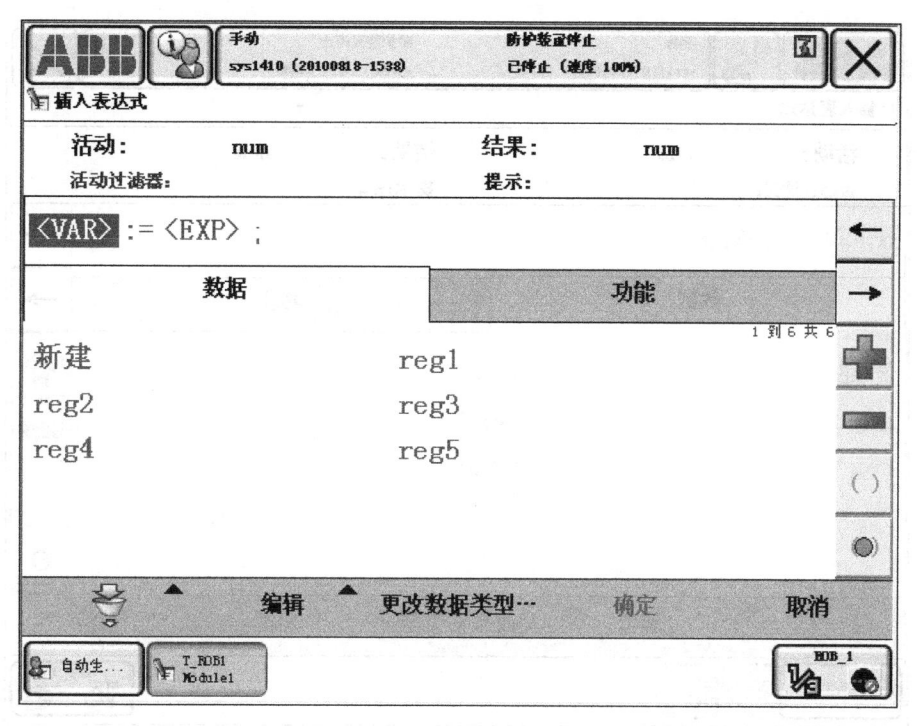

图 4-79 插入表达式界面

（3）在插入表达式-更改数据类型界面中选择"num"数据类型，单击"确定"按钮，如图 4-80 所示。

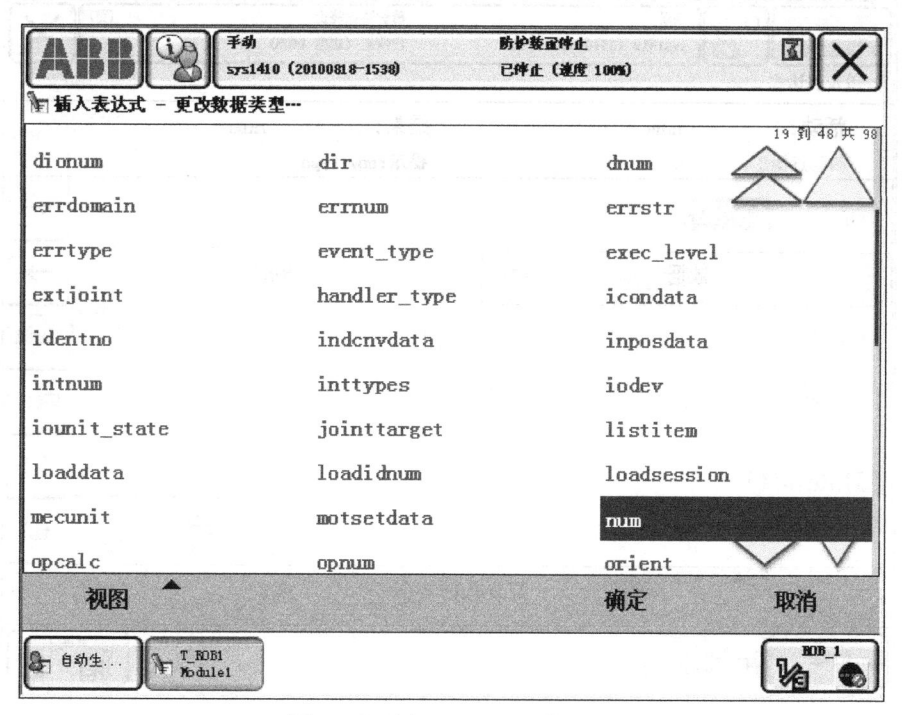

图 4-80 选择"num"数据类型

（4）选中"reg1"，单击"确定"按钮，如图 4-81 所示。

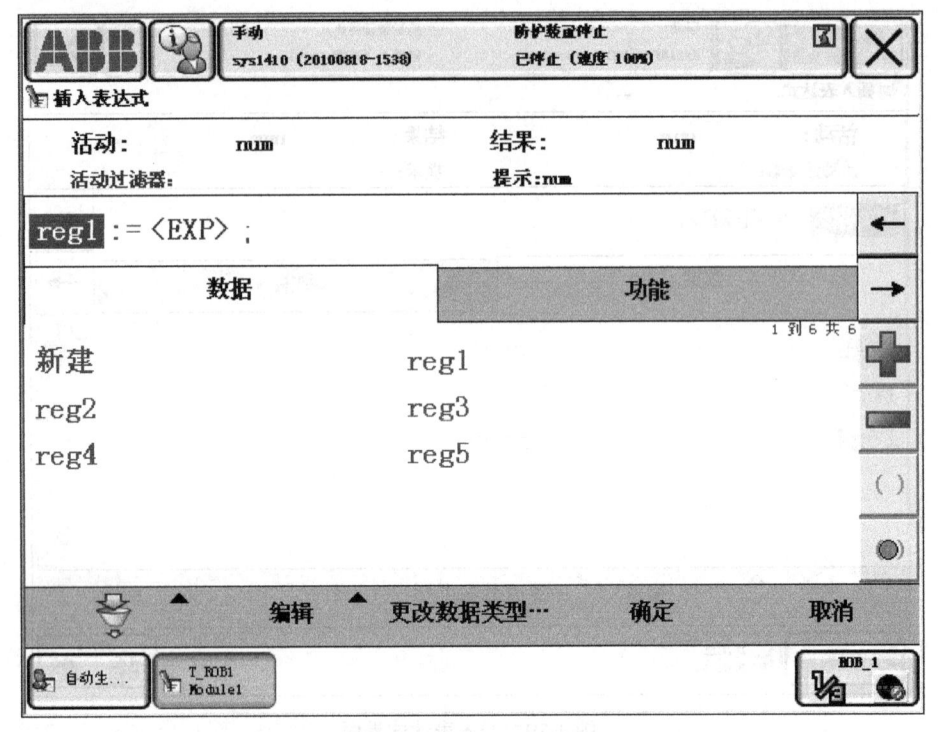

图 4-81 选中"reg1"

（5）选择"功能"，如图 4-82 所示。

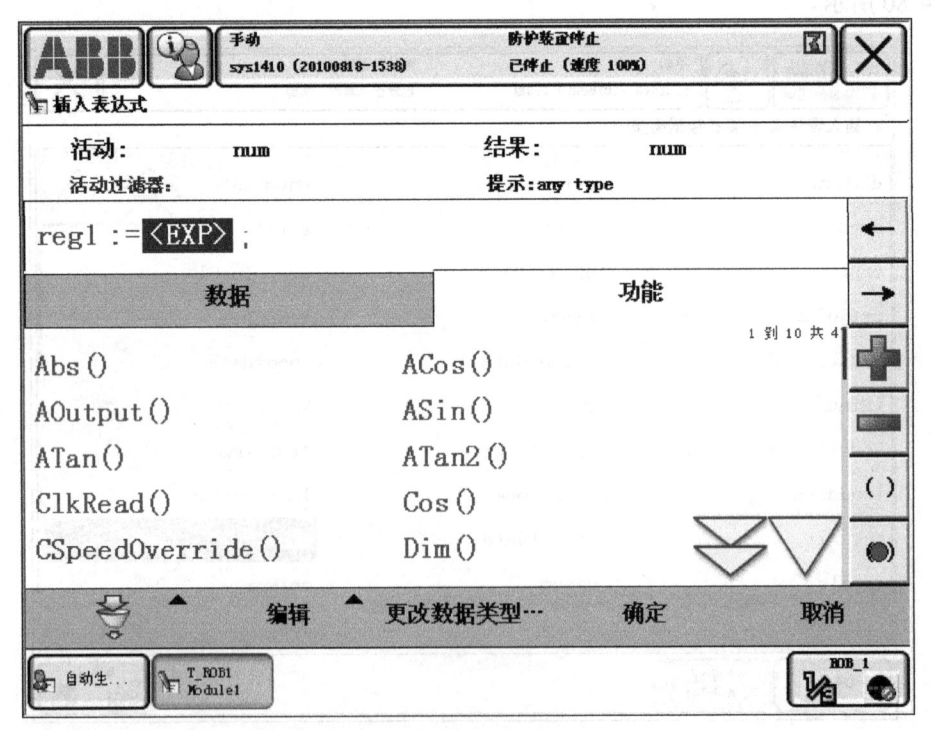

图 4-82 选择"功能"

（6）选中"Abs()"，如图 4-83 所示。

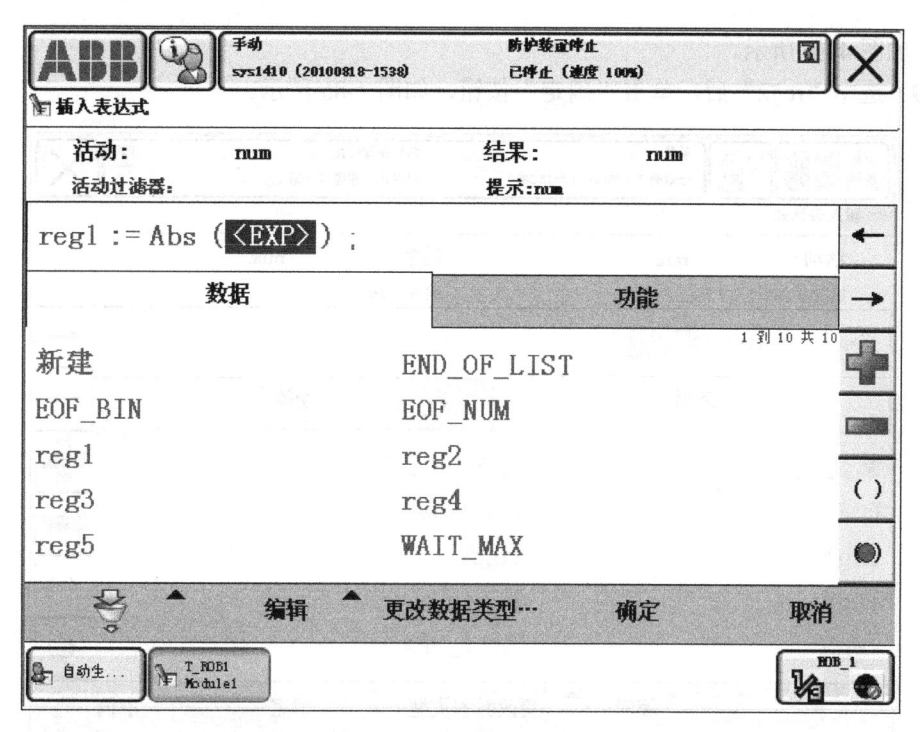

图 4-83 选中"Abs()"

(7) 单击"更改数据类型..."按钮,如图 4-84 所示。

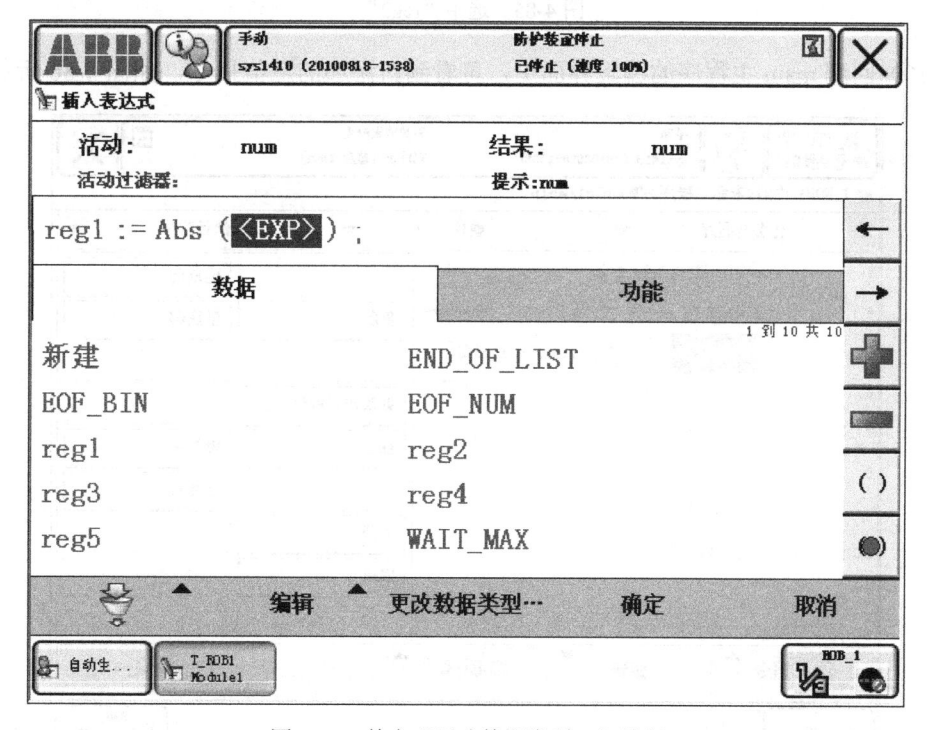

图 4-84 单击"更改数据类型..."按钮

(8) 在弹出的插入表达式-更改数据类型界面中选择"num"数据类型,单击"确定"

按钮,如图 4-80 所示。

(9)选中"reg2"后,单击"确定"按钮,如图 4-85 所示。

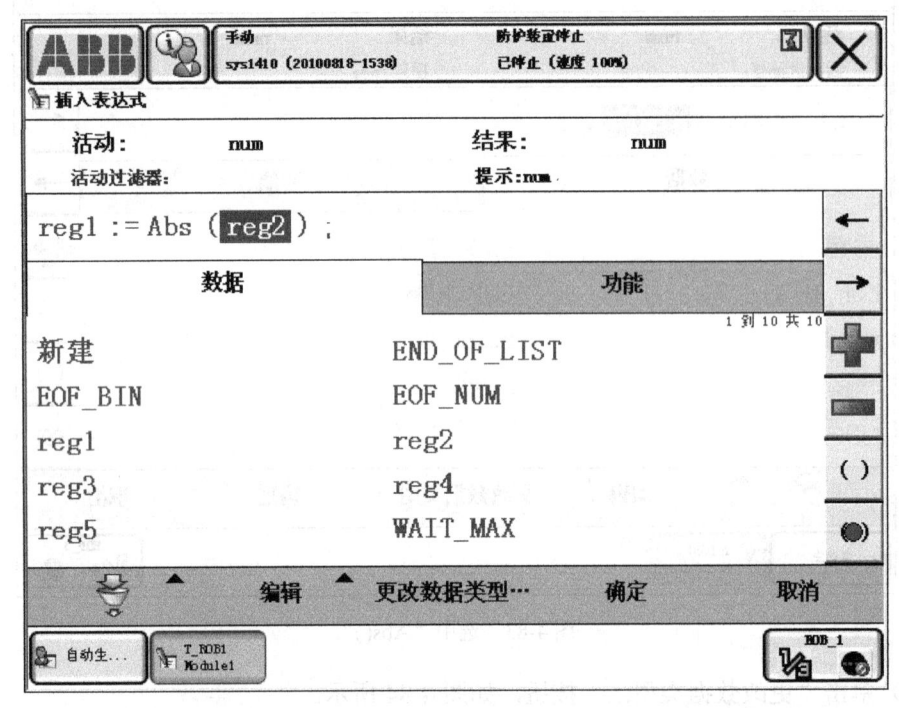

图 4-85 选中"reg2"

(10)回到 main 主程序的编辑界面中,可看到新添加的赋值指令,如图 4-86 所示。

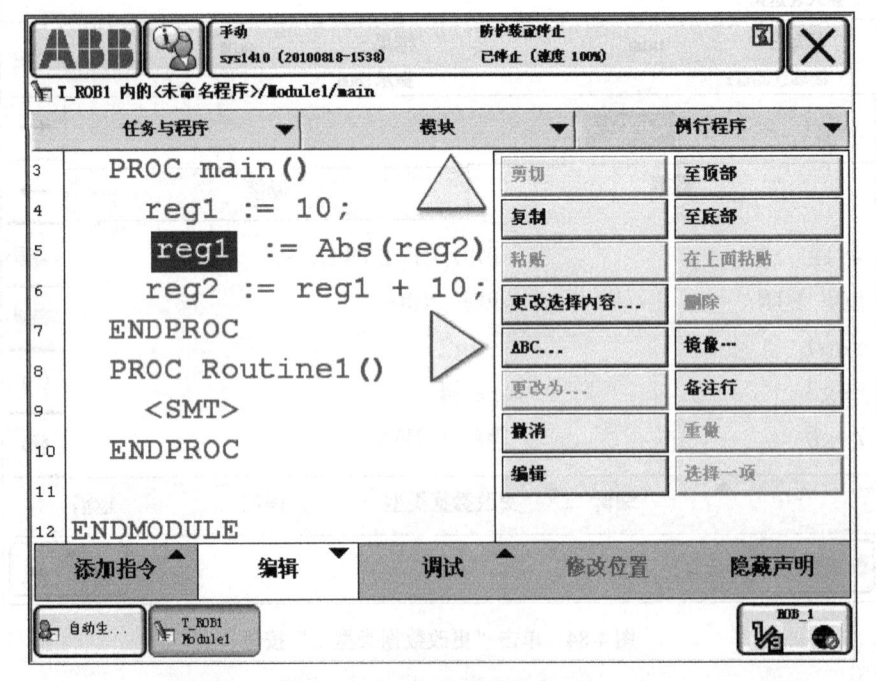

图 4-86 新添加的赋值指令呈现

2）偏置指令 Offs()

[**例 4-28**] 实现点 p10 分别往 X 方向偏移 100mm，Y 方向偏移 200mm，Z 方向偏移 300mm，即 p20：=Offs（p10，100，200，300），具体操作步骤如下：

（1）在程序编辑界面单击"添加指令"，选中"：="赋值指令，如图 4-87 所示。

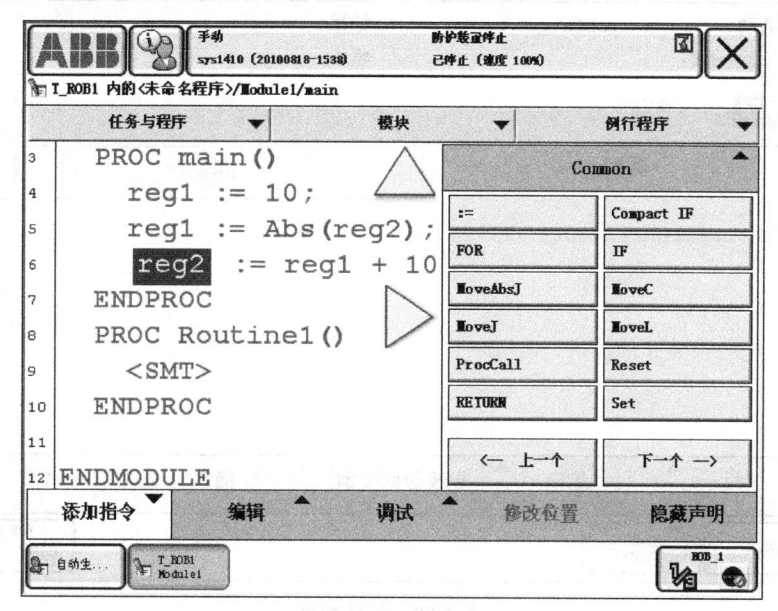

图 4-87　选中赋值指令

（2）在弹出的界面中单击"更改数据类型…"按钮，如图 4-88 所示。

（3）在弹出的插入表达式-更改数据类型界面中选择"robtarget"数据类型，单击"确定"按钮，如图 4-88 所示。

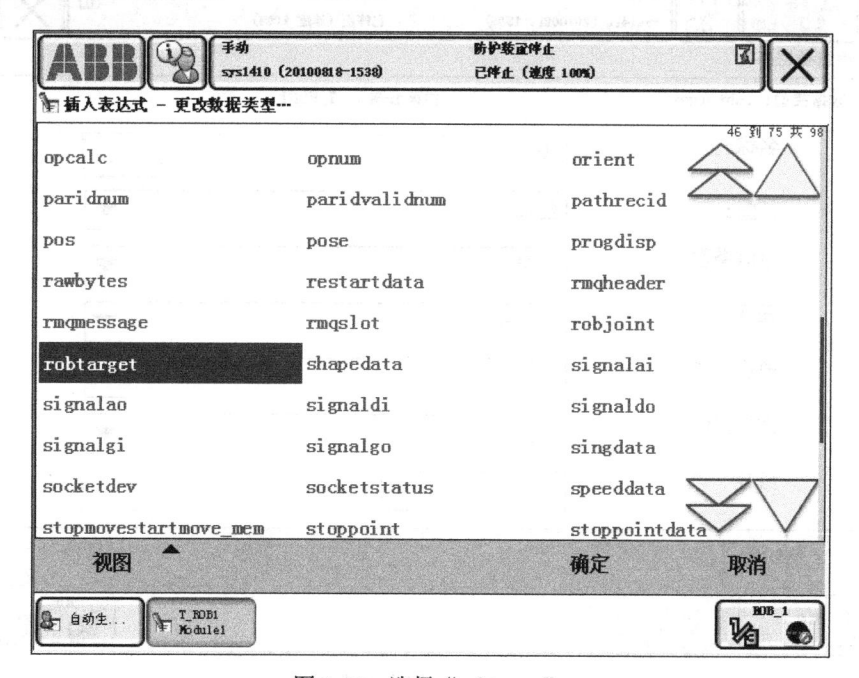

图 4-88　选择"robtarget"

（4）在弹出的插入表达式界面中，单击"新建…"按钮，如图4-89所示。

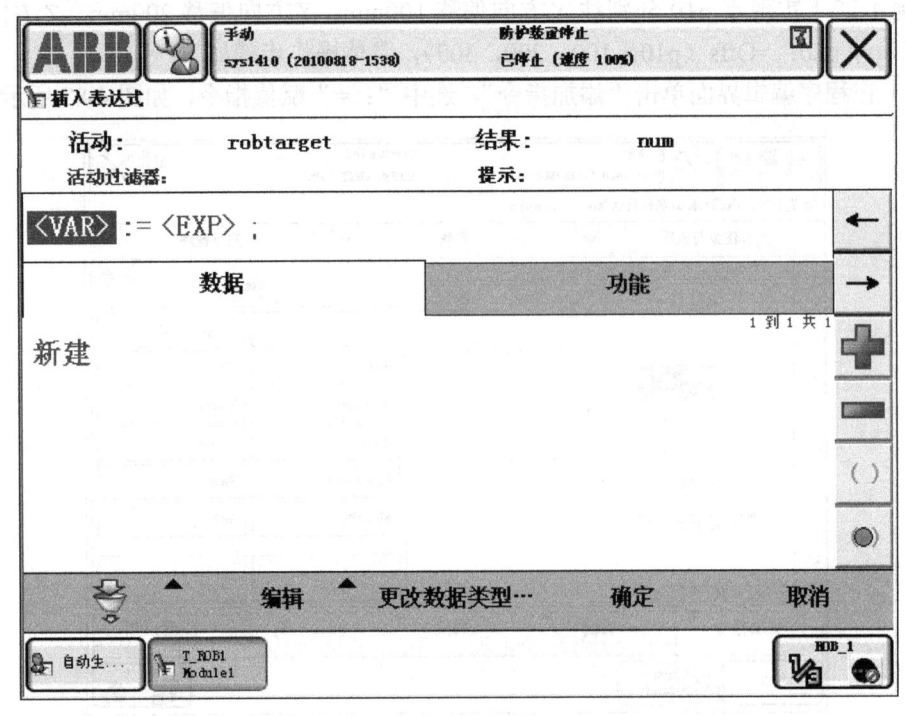

图4-89 新建数据

（5）在弹出的新数据声明界面中，设置"存储类型"为"变量"或"可变量"，然后单击"确定"按钮，如图4-90所示。

图4-90 存储类型设置

（6）在插入表达式界面中选择"功能"，如图 4-91 所示。

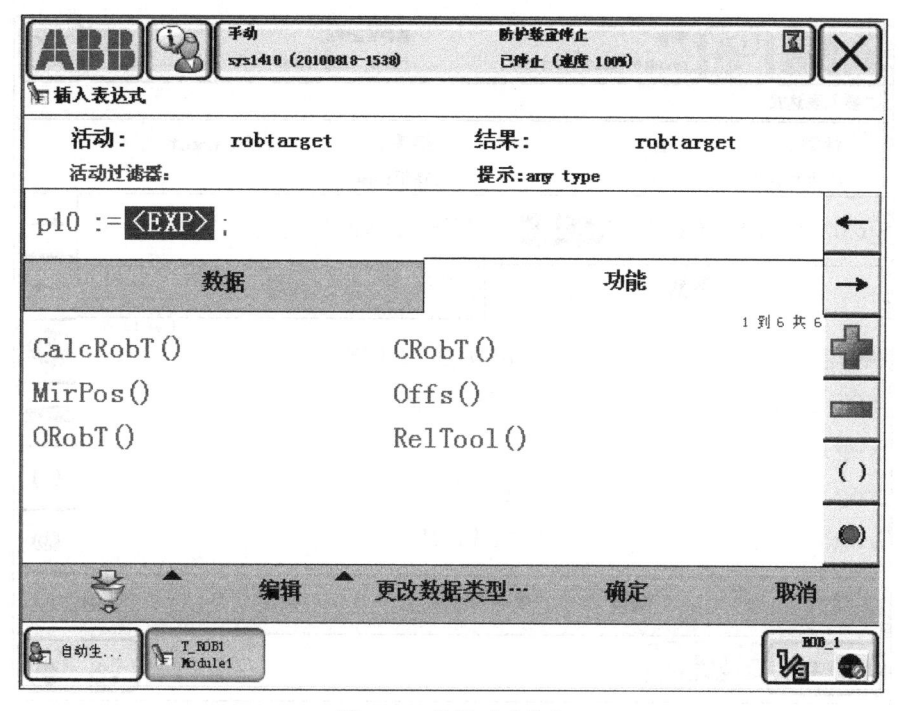

图 4-91　选择"功能"

（7）在图 4-92 所示的界面中选择"Offs()"。

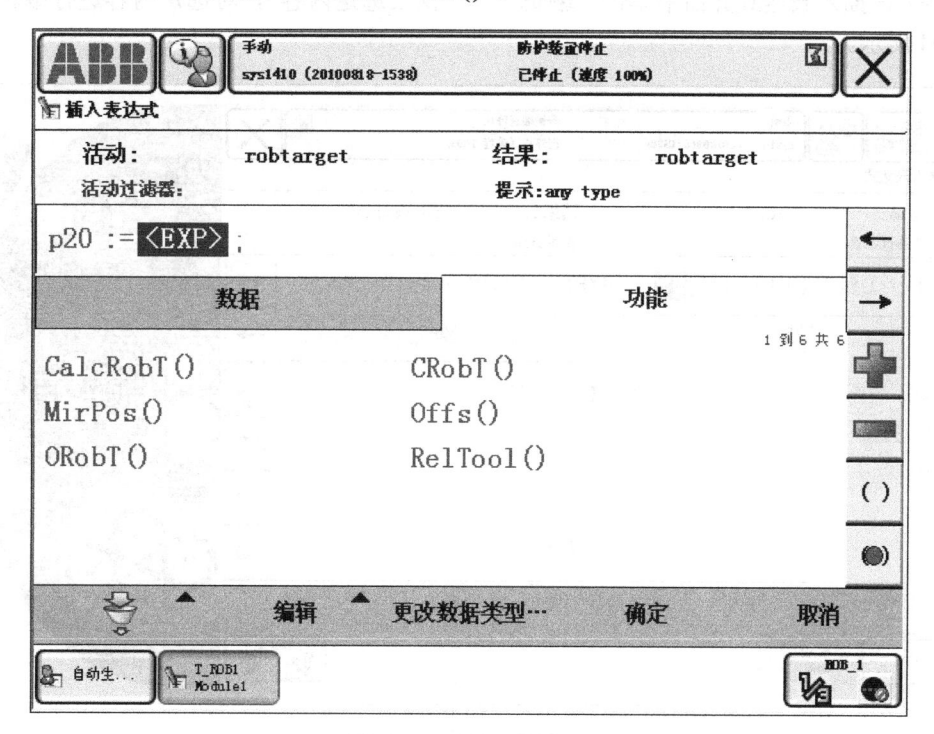

图 4-92　选择"Offs()"

（8）在图 4-93 所示的界面中选中"p10"。

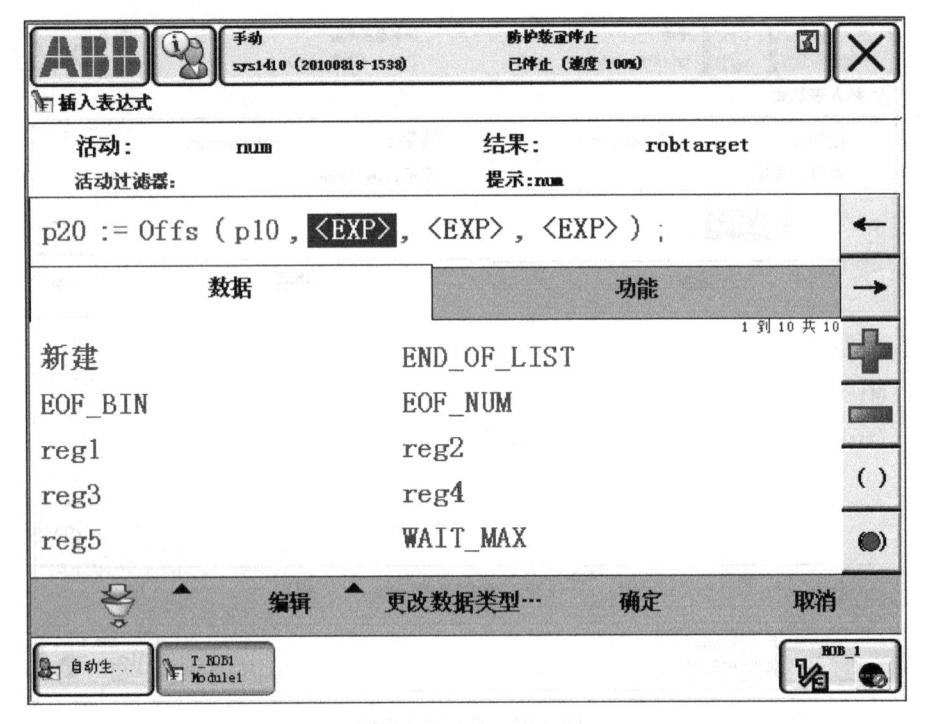

图 4-93　选中"p10"

（9）在插入表达式界面中单击"编辑"→"仅限选定内容"，对选定内容进行编辑，如图 4-94 所示。

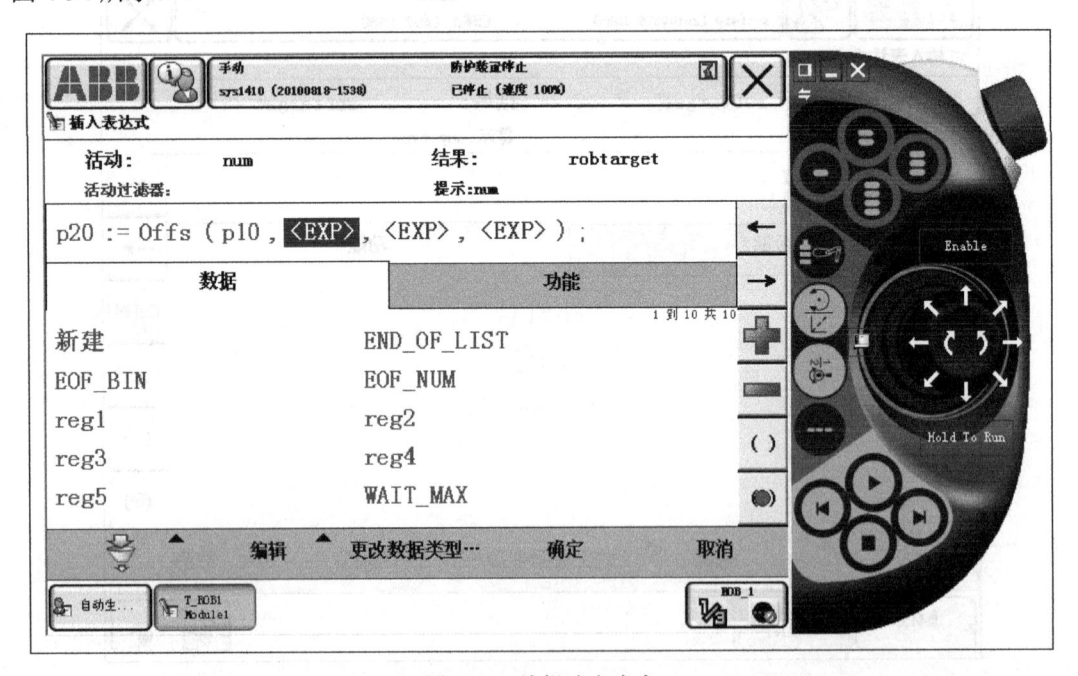

图 4-94　编辑选定内容

（10）在弹出的图 4-95 所示的插入表达式-仅限选定内容界面中输入 p10 点的 X 方向偏移距离为"100"，然后单击"确定"按钮。

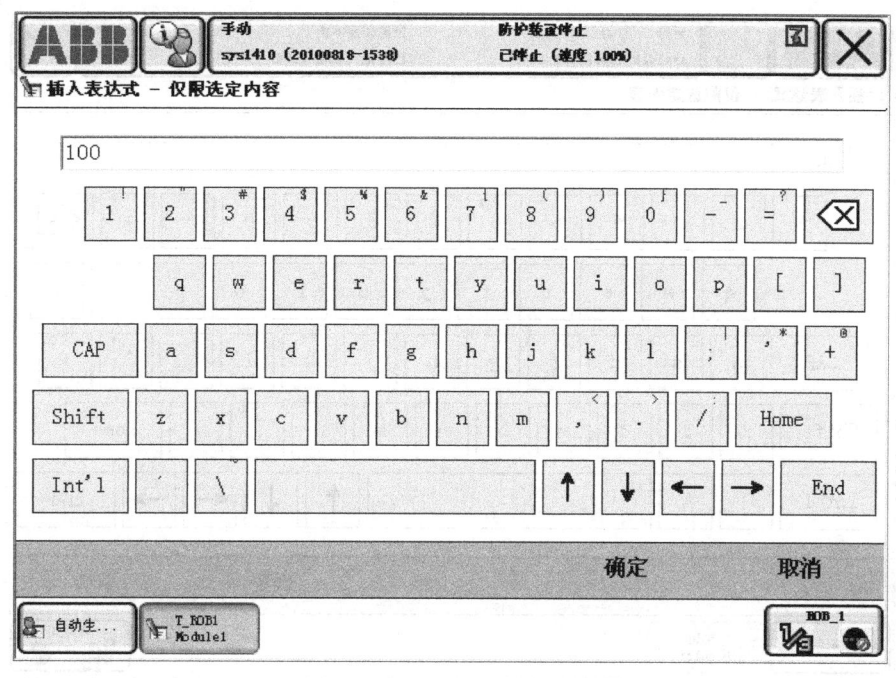

图 4-95　p10 点的 X 方向偏移距离设定

（11）在插入表达式界面中单击"编辑"→"仅限选定内容"，对选定内容进行编辑，如图 4-96 所示。

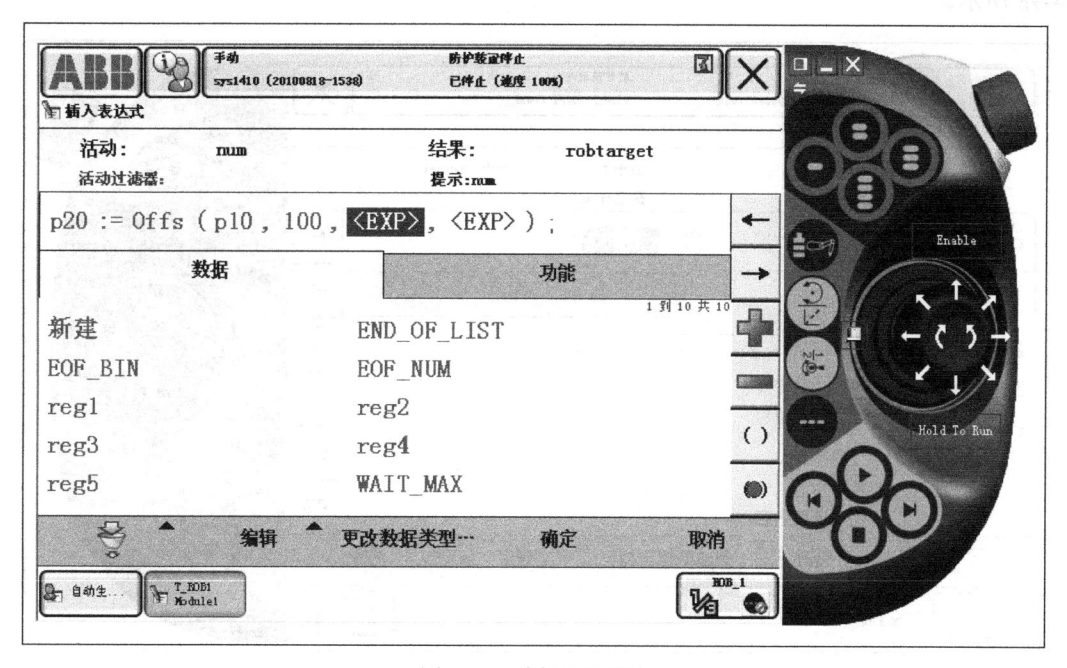

图 4-96　编辑选定内容

(12) 在弹出的图 4-97 所示的界面中输入 p10 点的 Y 方向偏移距离为 "200",然后单击 "确定" 按钮。

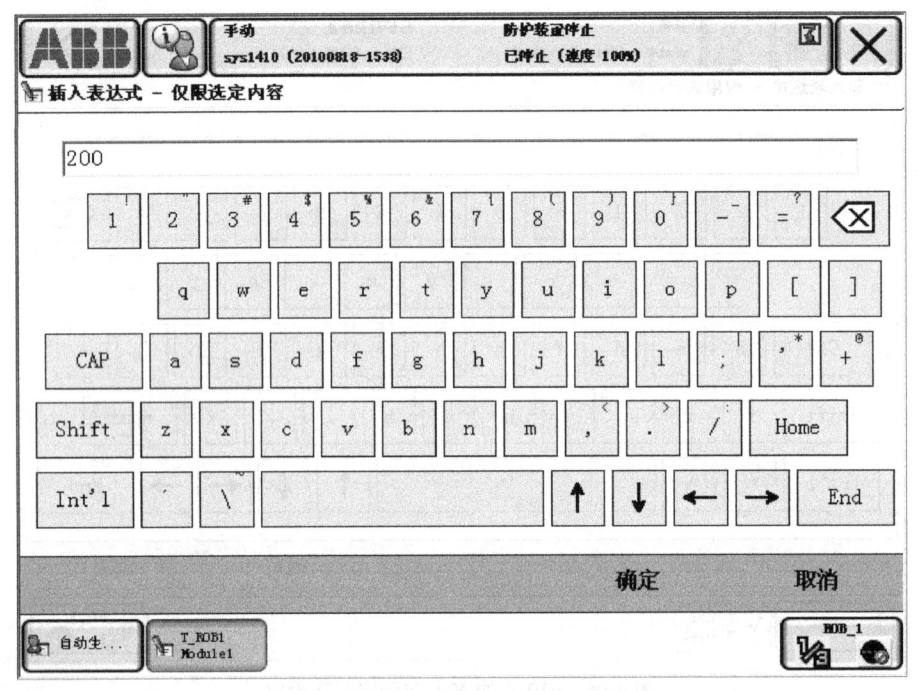

图 4-97　p10 点的 Y 方向偏移距离设定

(13) 在插入表达式界面中单击 "编辑" → "仅限选定内容",编辑选定的内容,如图 4-98 所示。

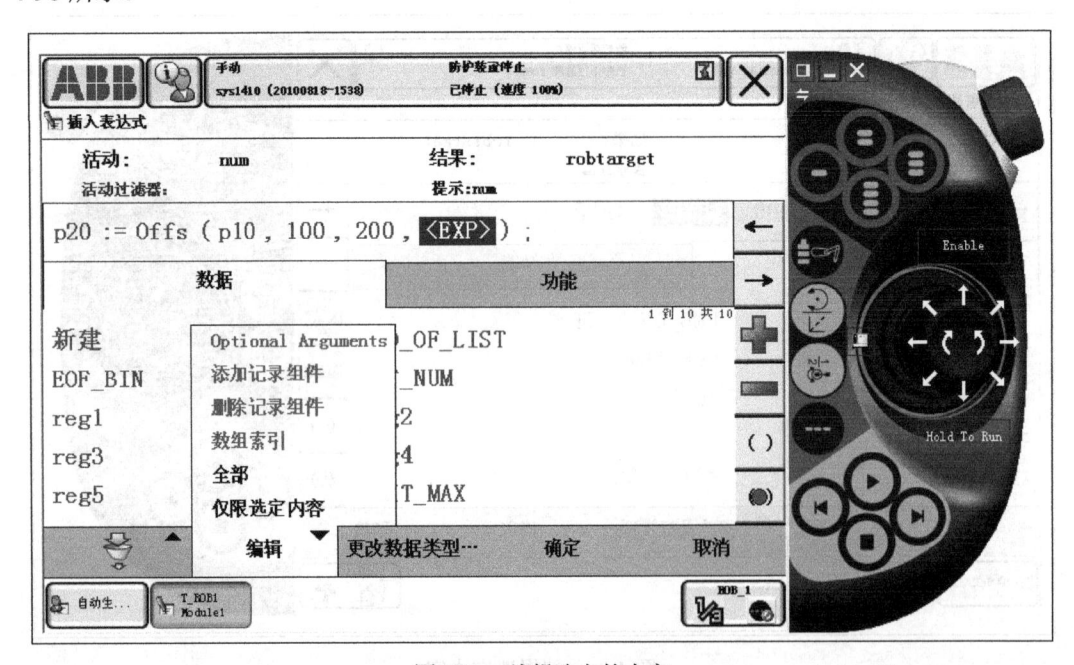

图 4-98　编辑选定的内容

(14) 在弹出的图 4-99 所示的插入表达式-仅限选定内容界面中输入 p10 点的 Z 方向偏移距离为 "300",然后单击 "确定" 按钮。

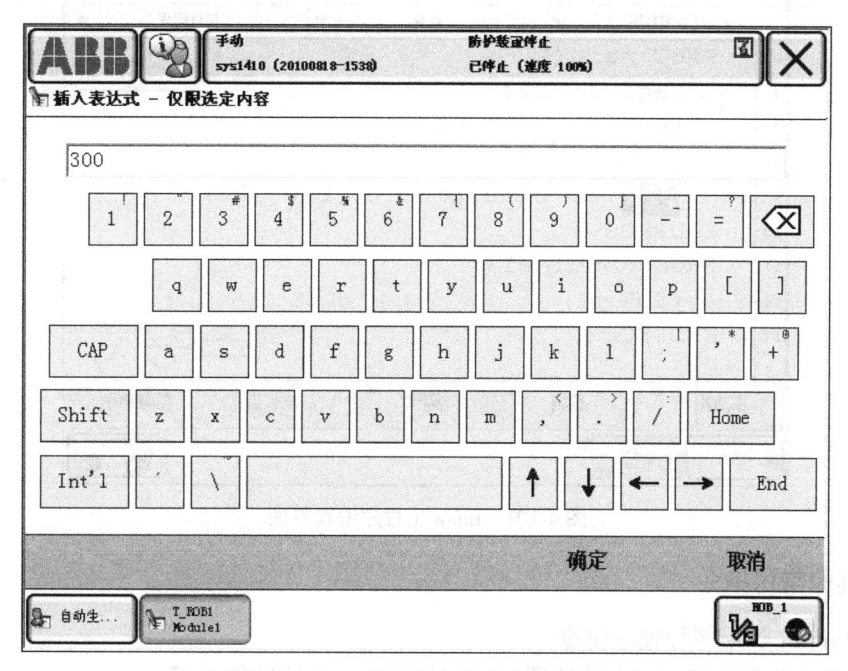

图 4-99 p10 点的 Z 方向偏移距离设定

(15) 在图 4-100 所示的插入表达式界面中单击 "确定" 按钮。

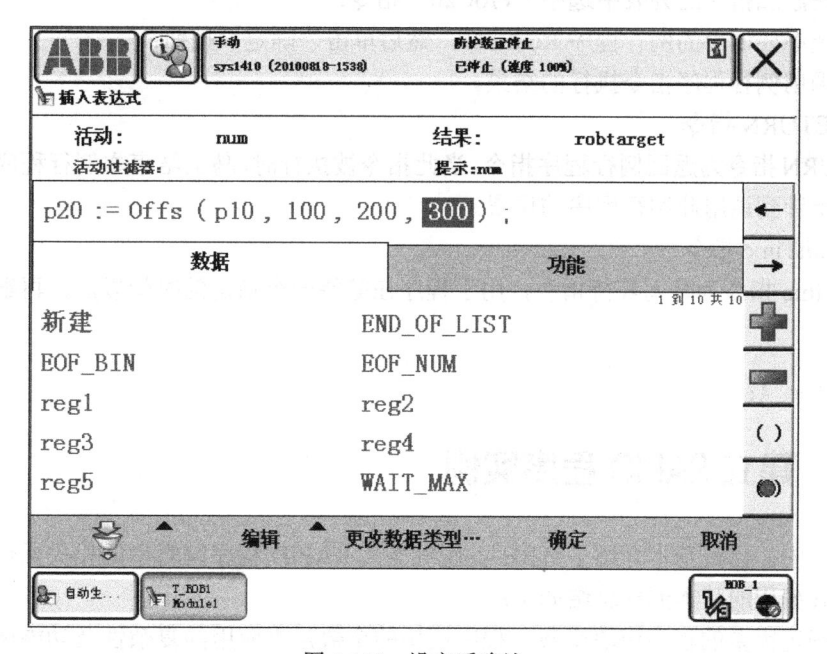

图 4-100 设定后确认

(16) 回到图 4-101 所示的 main 主程序编辑界面中,可看到新添加的赋值指令。

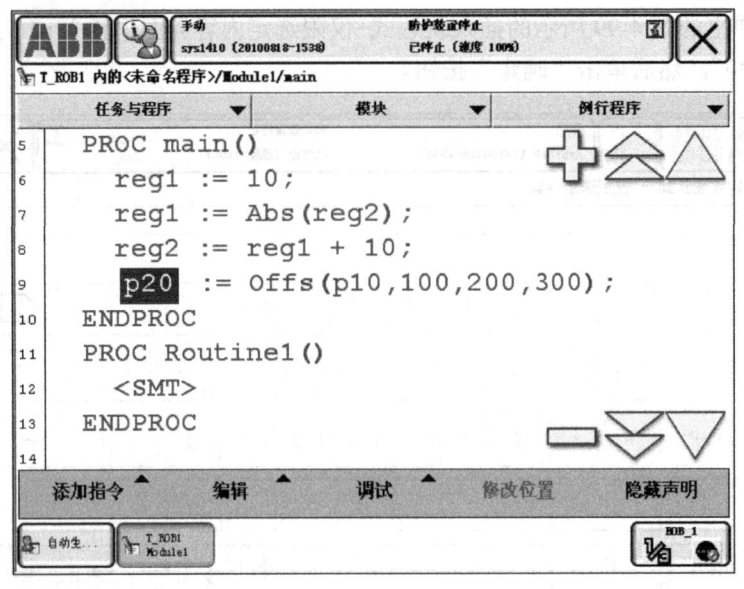

图 4-101　main 主程序编辑界面

6. 其他常用指令

1）ProCall 调用例行程序指令

通过使用此指令可在指定的位置调用例行程序，具体过程如下：

（1）选中"<SMT>"为要调用例行程序的位置；

（2）在添加指令的列表中选中"ProCall"指令；

（3）选中要调用的例行程序 Routine1，然后单击"确定"按钮；

（4）调用例行程序指令执行的结果。

2）RETURN 指令

RETURN 指令为返回例行程序指令，当此指令被执行时，马上结束本例行程序的执行，返回程序指针到调用此例行程序的位置。

3）WaitTime 指令

WaitTime 指令为时间等待指令，用于程序在等待一个指定的时间以后，再继续往下执行。例如：

```
WaitTime 4;
```

4.6　建立 RAPID 程序实例

在上文中，已经基本介绍了 ABB 工业机器人 RAPID 程序编辑中的相关操作及基本指令，现将其编程的基本流程总结如下：

（1）确定需要的程序模块个数。程序模块的个数是由应用的复杂性及功能所决定的，如可将位置计算、程序数据、逻辑控制等分配到不同的程序模块，以方便管理。

（2）确定各个程序模块中要建立的例行程序，不同的功能放在不同的程序模块中。如夹具打开、夹具关闭这样的功能就可分别建立不同的例行程序，以方便调用与管理。

4.6.1 练习实例

实例工作要求如下:
(1) 机器人空闲时,在位置点 pHome 等待;
(2) 当外部信号 di1 输入为 1 时,机器人沿着方桌的边缘运动一周,结束后回到 pHome 点。
具体操作步骤如下:
(1) 单击"基本/导入模型库",选择合适的工具并将其安装到机器人末端法兰盘,如图 4-102 所示。

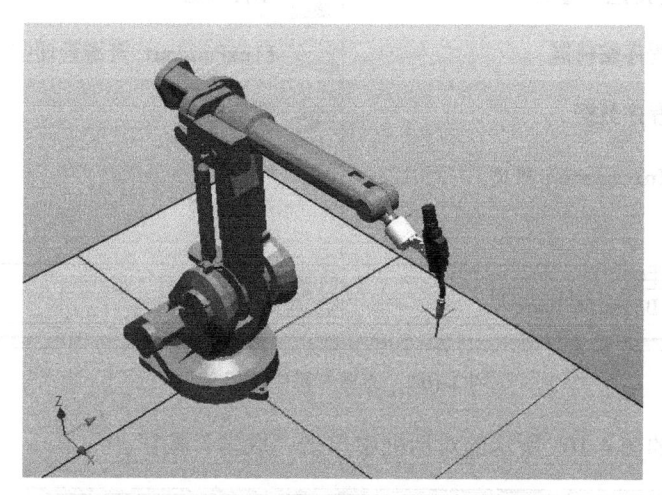

图 4-102　选择工具并安装到机器人末端法兰盘

(2) 单击"基本/导入模型库",选择合适的方桌并将其放置到工作站合适的位置,如图 4-103 所示。

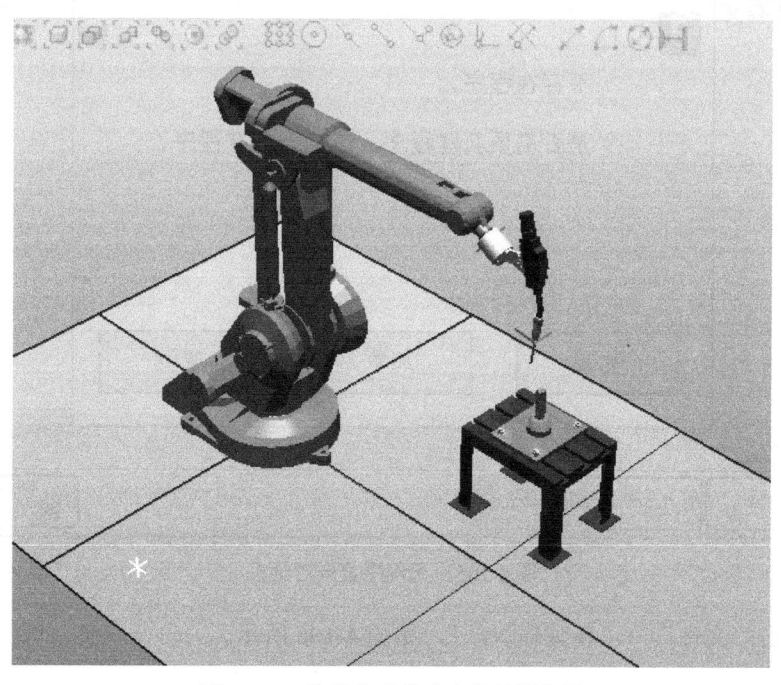

图 4-103　选择方桌并确定其放置位置

（3）在示教器主菜单中选择"程序编辑器"，如图 4-104 所示。

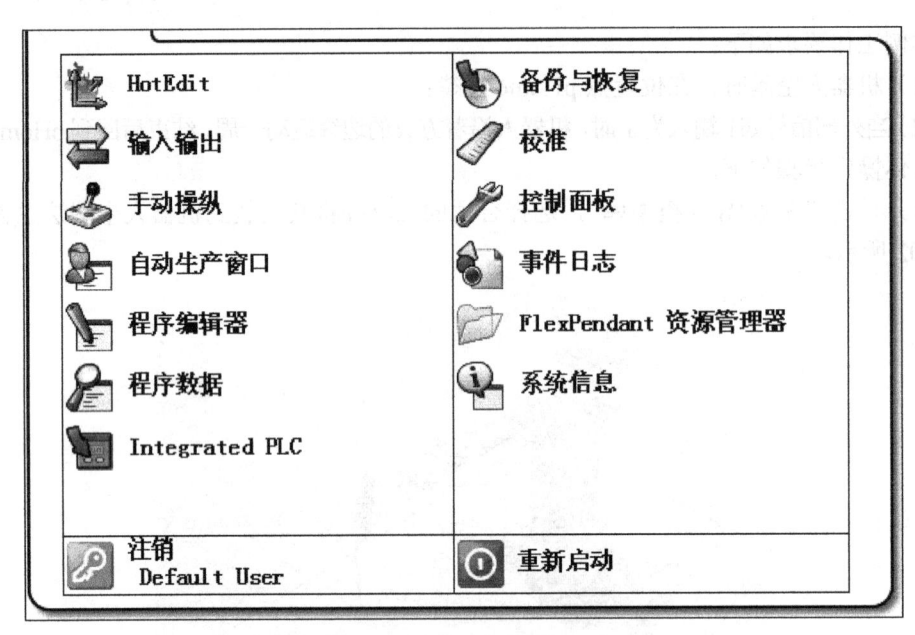

图 4-104　选择"程序编辑器"

（4）在弹出的图 4-105 所示的对话框中单击"取消"按钮。

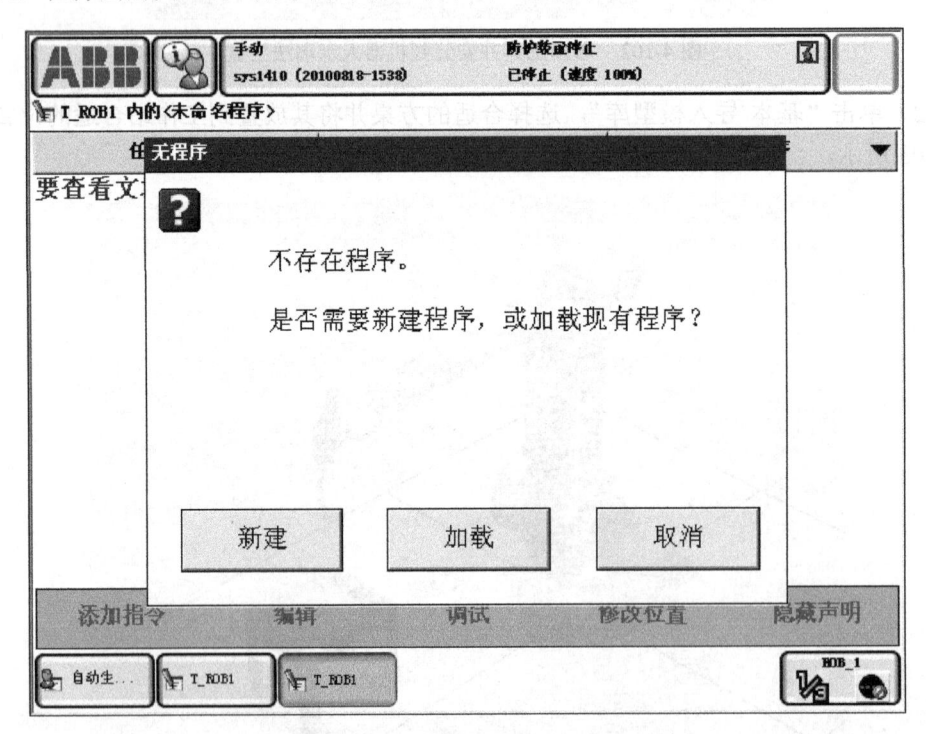

图 4-105　无程序警告对话框

（5）单击"文件"→"新建模块..."，如图 4-106 所示。

图 4-106 单击"新建模块…"

(6) 在弹出的图 4-107 所示的模块警告对话框中单击"是"按钮进行确定。

图 4-107 模块警告对话框

(7) 在图 4-108 所示新模块界面中定义程序模块的名称后,单击"确定"按钮。

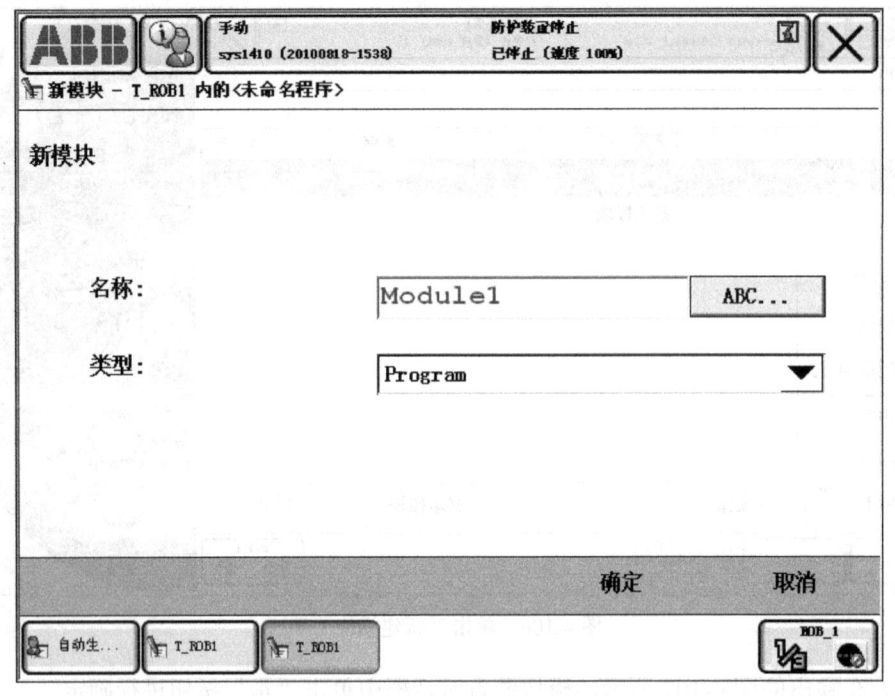

图 4-108　新模块界面

（8）在如图 4-109 所示界面可看到新建的模块。

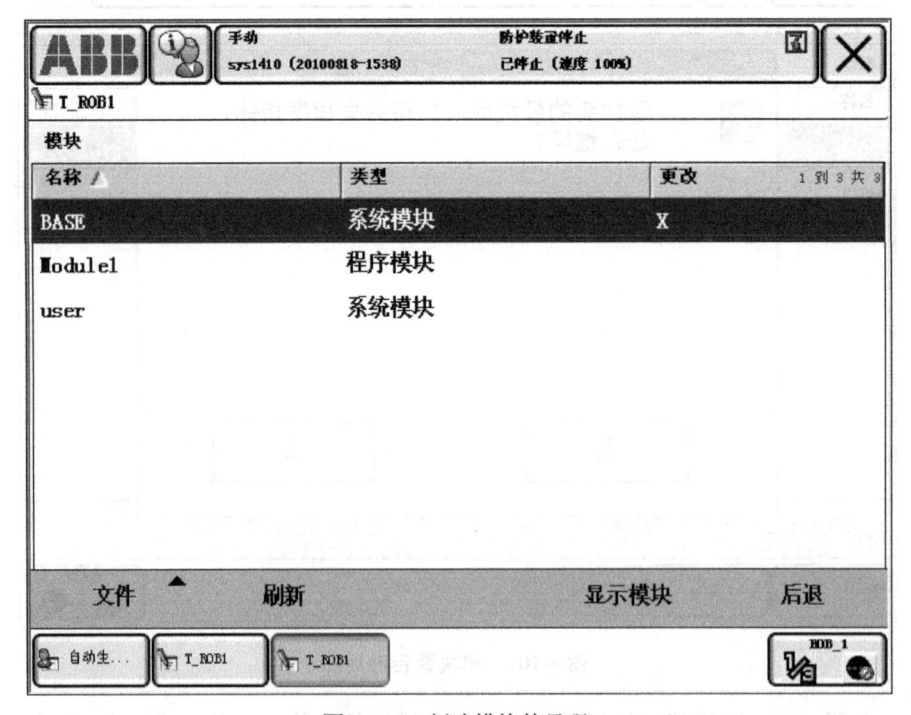

图 4-109　新建模块的呈现

（9）单击图 4-109 所示界面中的"显示模块"按钮，系统弹出图 4-110 所示的 Module1 界面。

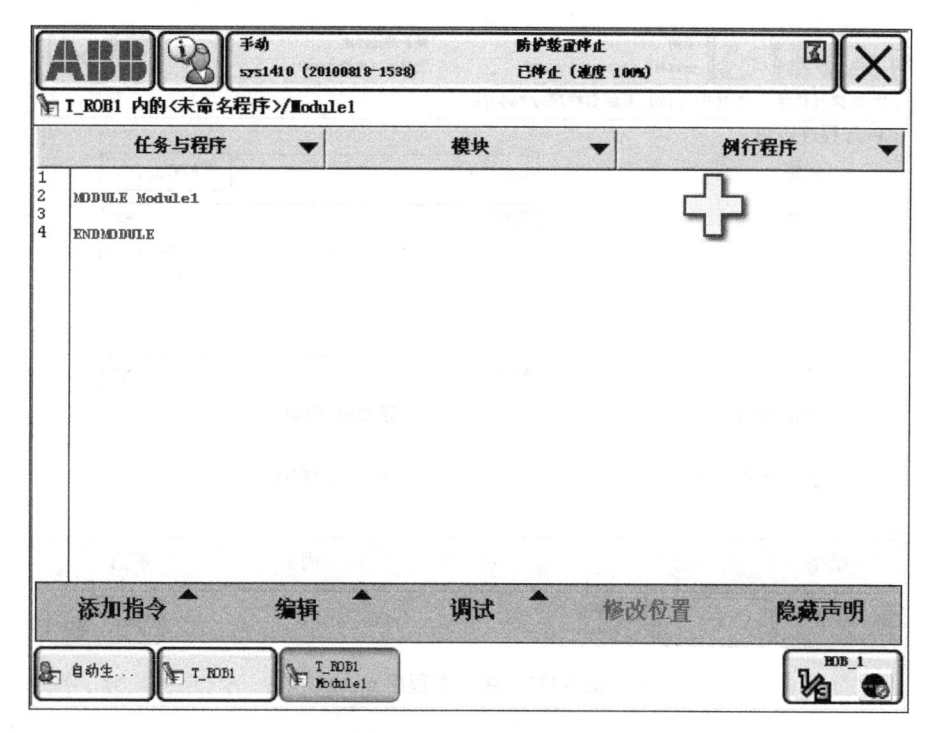

图 4-110 Module1 界面

（10）单击图 4-110 所示界面中的"例行程序"，在系统弹出的图 4-111 所示界面中选择"文件"→"新建例行程序…"。

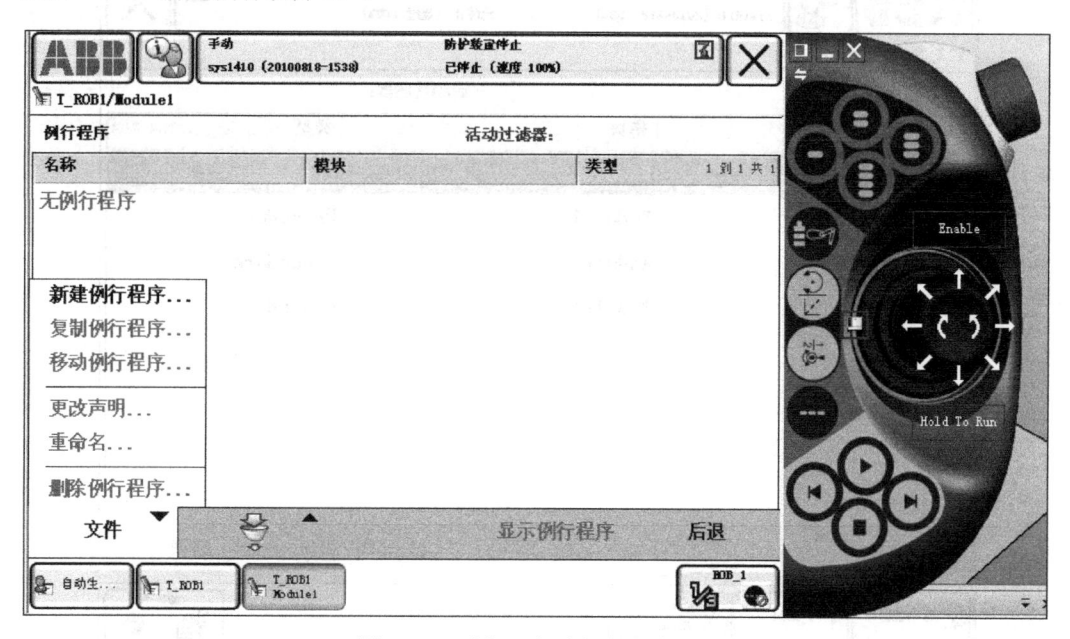

图 4-111 选择"新建例行程序…"

（11）在弹出的图 4-112 所示的实例程序声明界面中，建立一个主程序 main，单击"确定"按钮。

图 4-112　建立主程序 main

（12）重复步骤（11）的操作，分别建立 rHome()、rInitAll() 和 rMoveRoutine() 3 个程序，如图 4-113 所示。

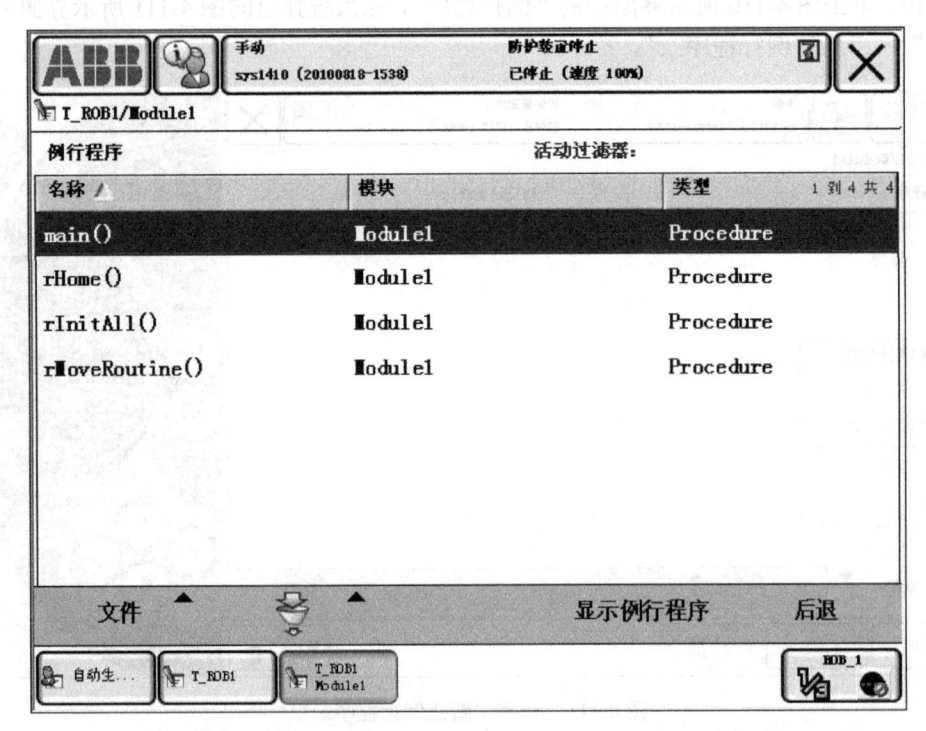

图 4-113　建立 rHome()、rInitAll() 和 rMoveRoutine() 3 个程序

（13）选择"rHome()"程序，单击"显示例行程序"按钮，进入 rHome() 子程序编辑界面，如图 4-114 所示。

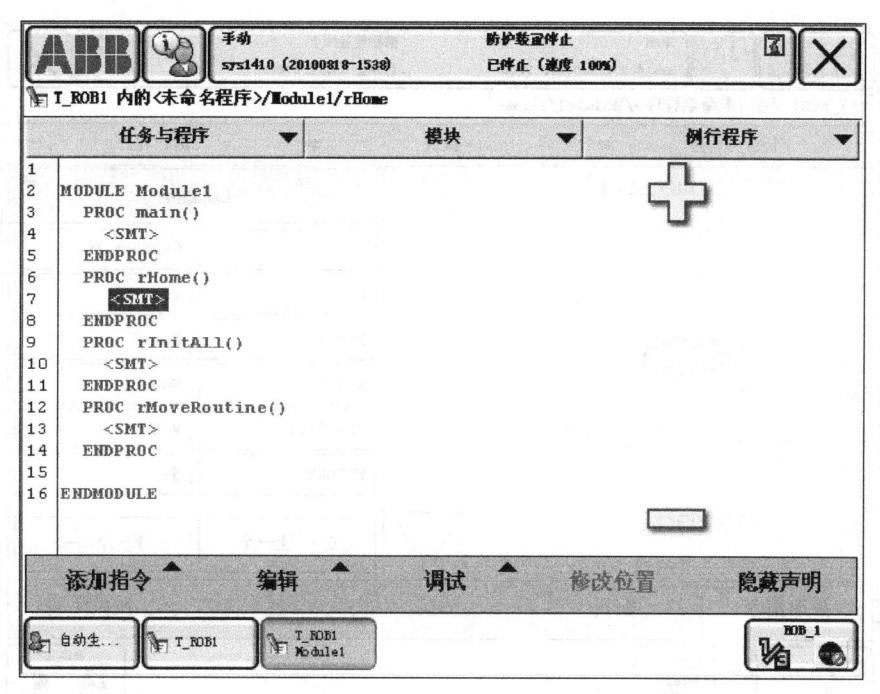

图 4-114　rHome()子程序编程界面

（14）在图 4-115 所示的手动操纵界面中，选择要使用的工具坐标与工件坐标。

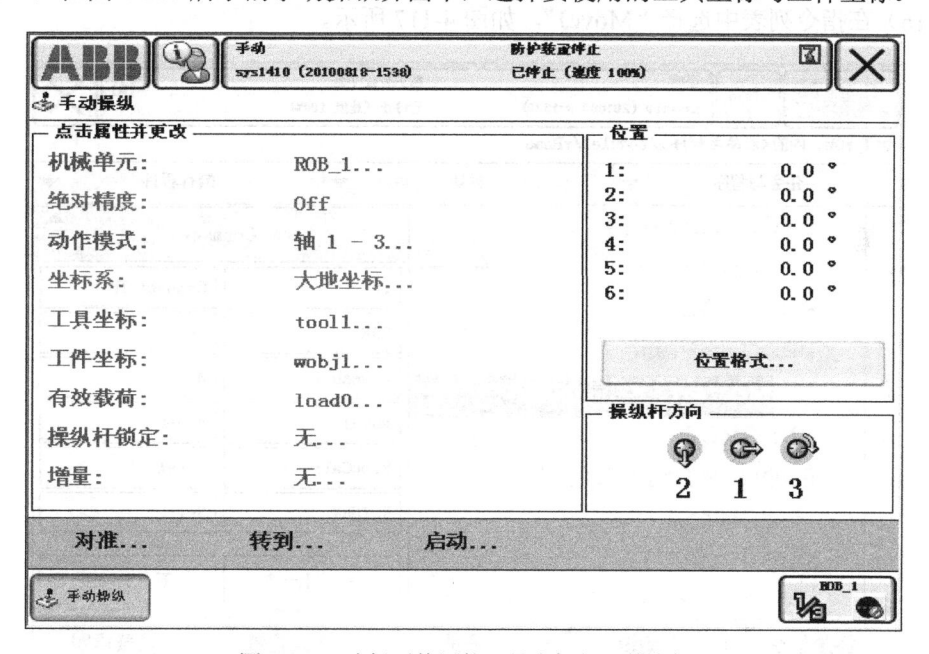

图 4-115　选择要使用的工具坐标与工件坐标

（15）回到程序编辑器界面，单击"添加指令"，打开指令列表，选中"<SMT>"为插入指令的位置，如图 4-116 所示。

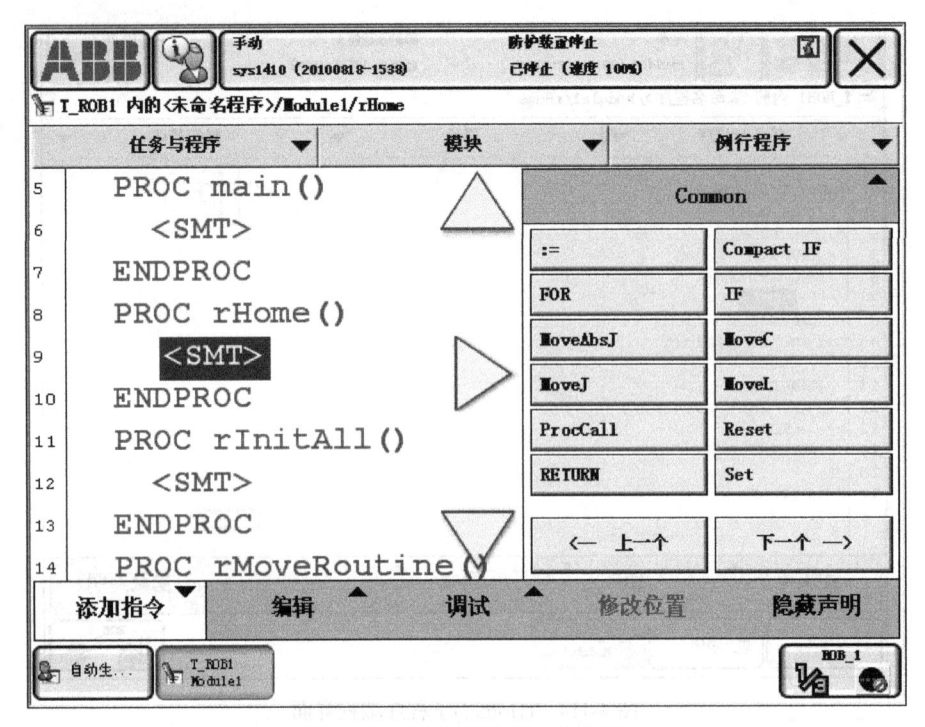

图 4-116 选择插入指令的位置

(16) 在指令列表中选择"MoveJ",如图 4-117 所示。

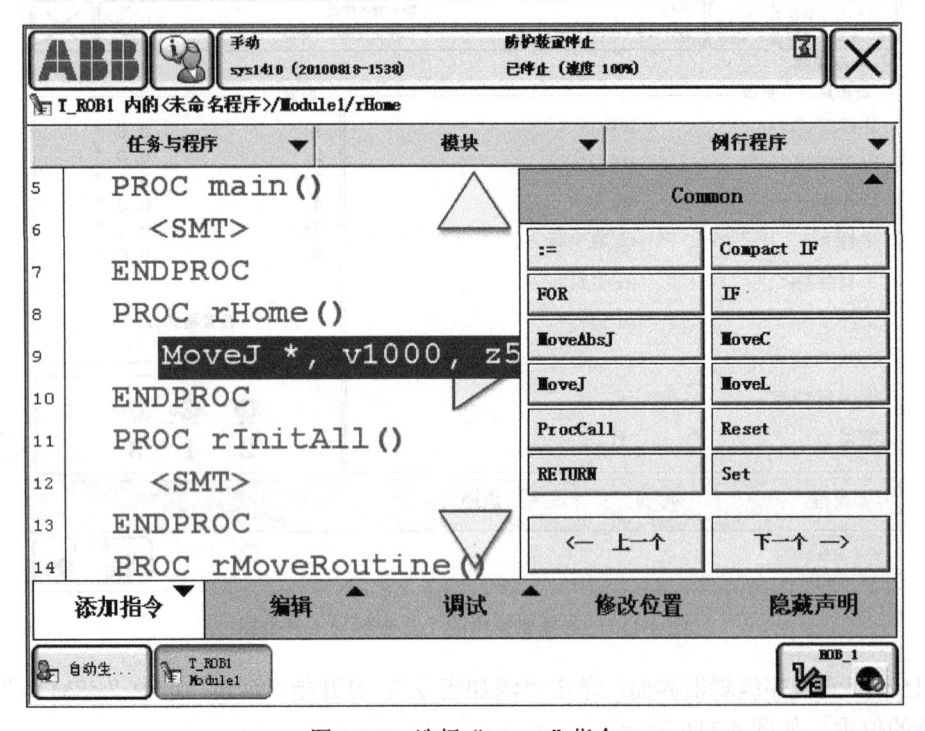

图 4-117 选择"MoveJ"指令

(17) 双击"*",进入指令参数修改界面,新建 pHome 点,如图 4-118 所示。

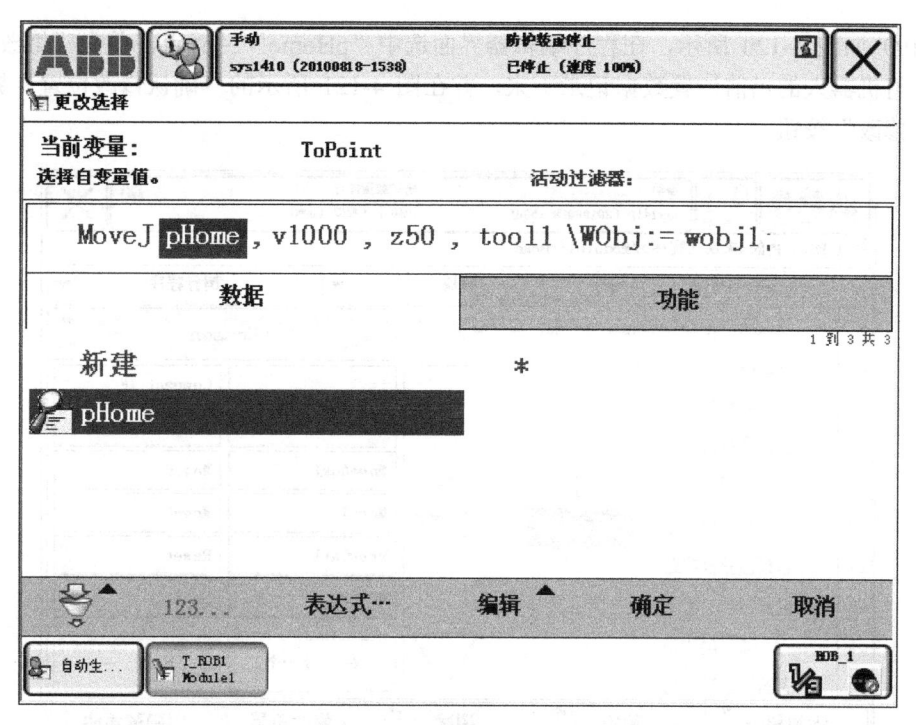

图 4-118 新建 pHome 点

（18）选择合适的动作模式，使用操纵杆将机器人运动到图 4-119 所示的位置，作为机器人的等待位置。

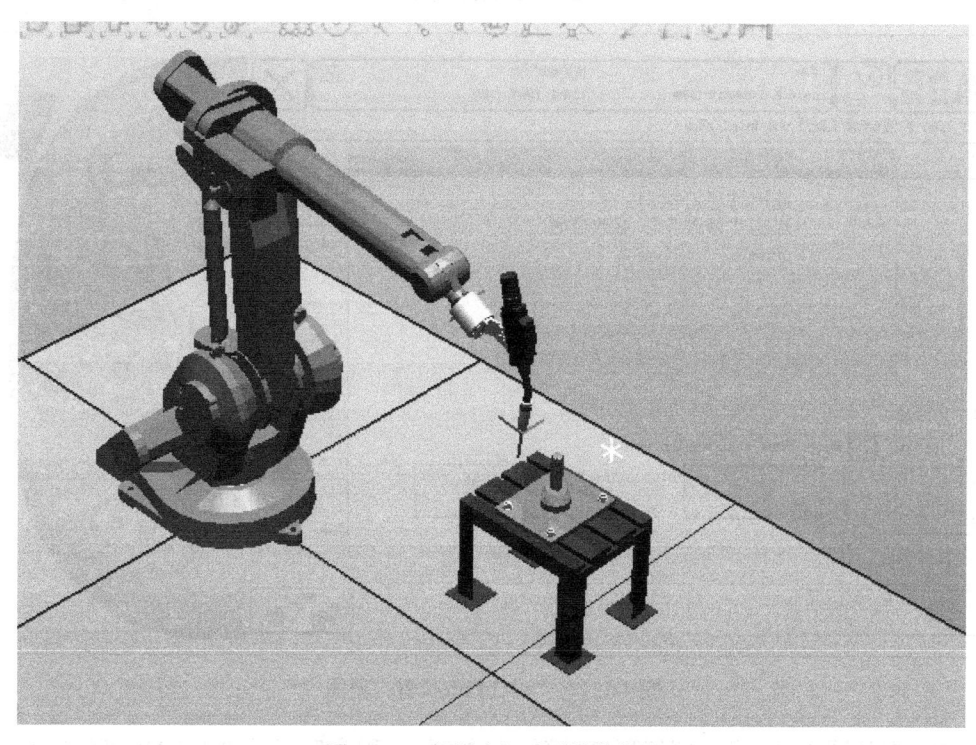

图 4-119 机器人运动到等待位置

（19）如图 4-120 所示，在程序编辑器界面选中"pHome"目标点，单击"修改位置"按钮，将机器人的当前位置数据记录下来，并在图 4-121 所示的"确认修改位置"界面中单击"修改"按钮。

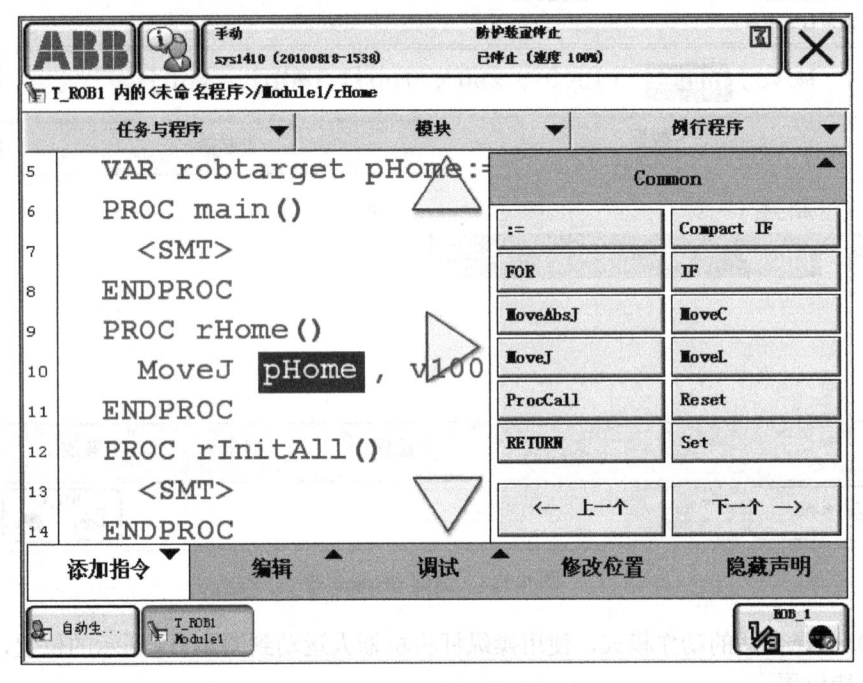

图 4-120　对目标点修改位置

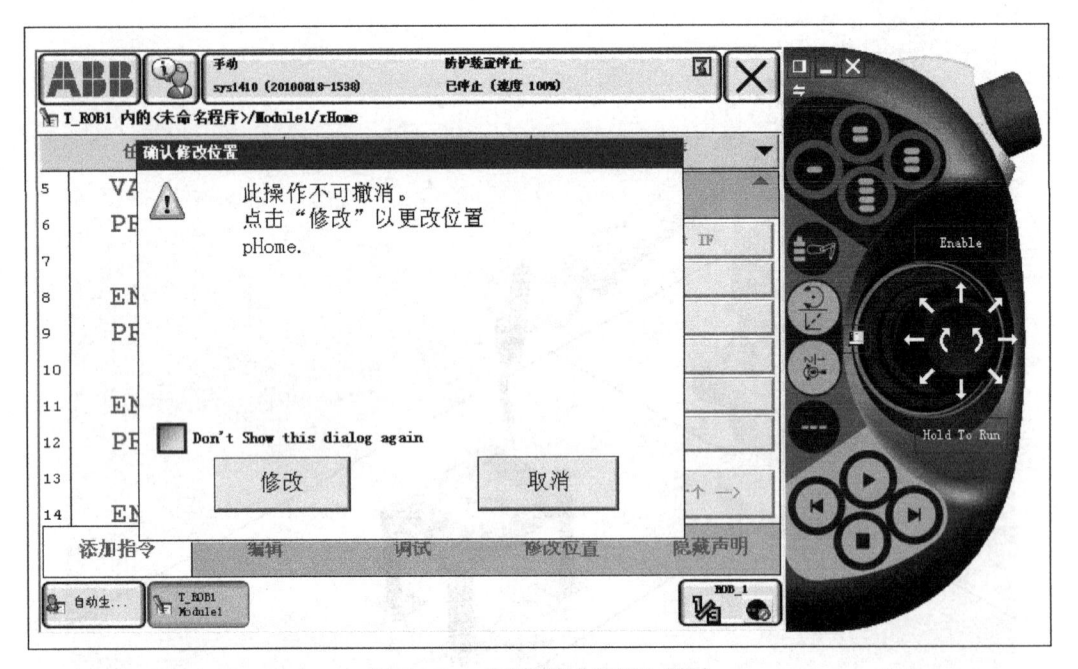

图 4-121　"确认修改位置"界面

（20）在如图 4-122 所示例行程序界面，单击"例行程序"，选中"rInitAll()"例行程序，然后单击"显示例行程序"按钮，结果如图 4-123 所示。

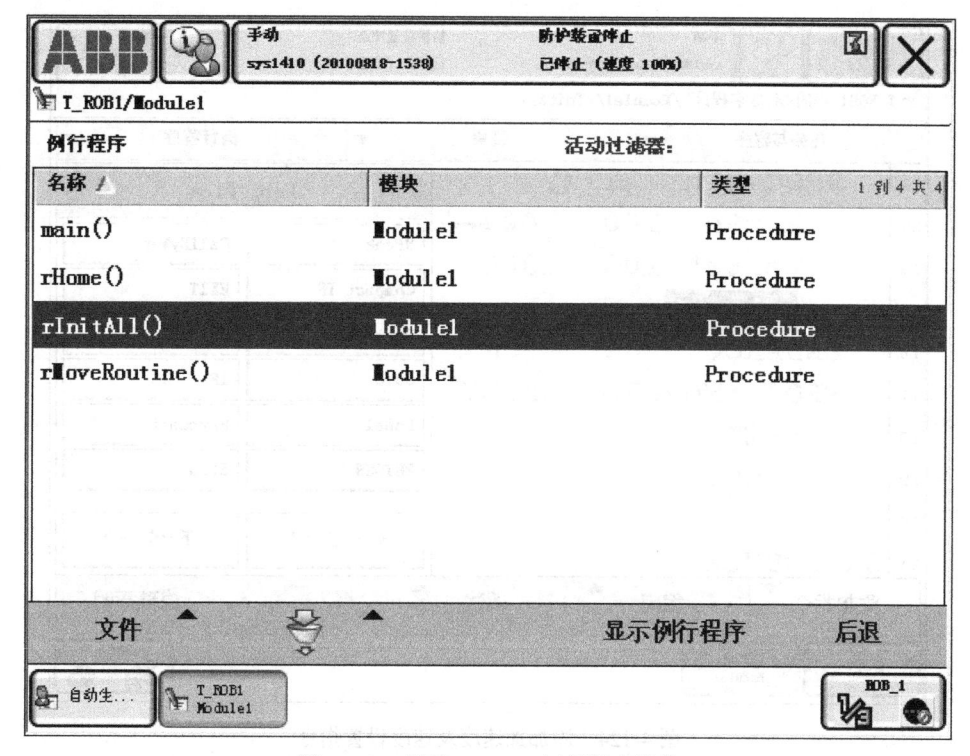

图 4-122　显示 rInitAll()例行程序操作

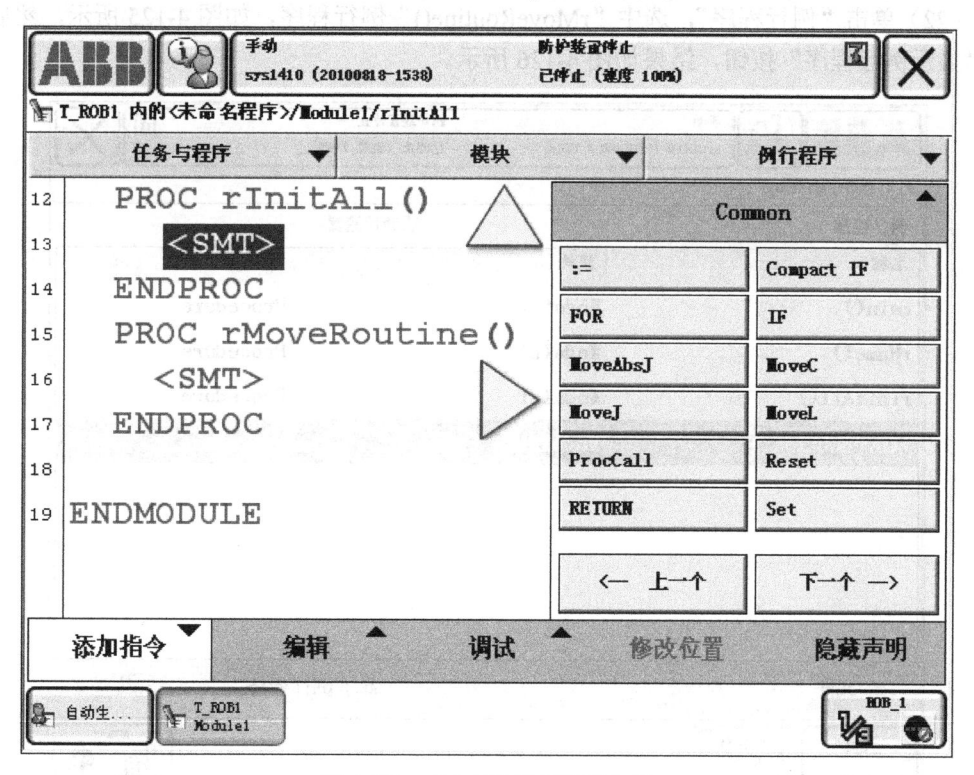

图 4-123　rInitAll()例行程序内容

（21）在 rInitAll()例行程序中，添加加速度及速度设置指令，如图 4-124 所示。

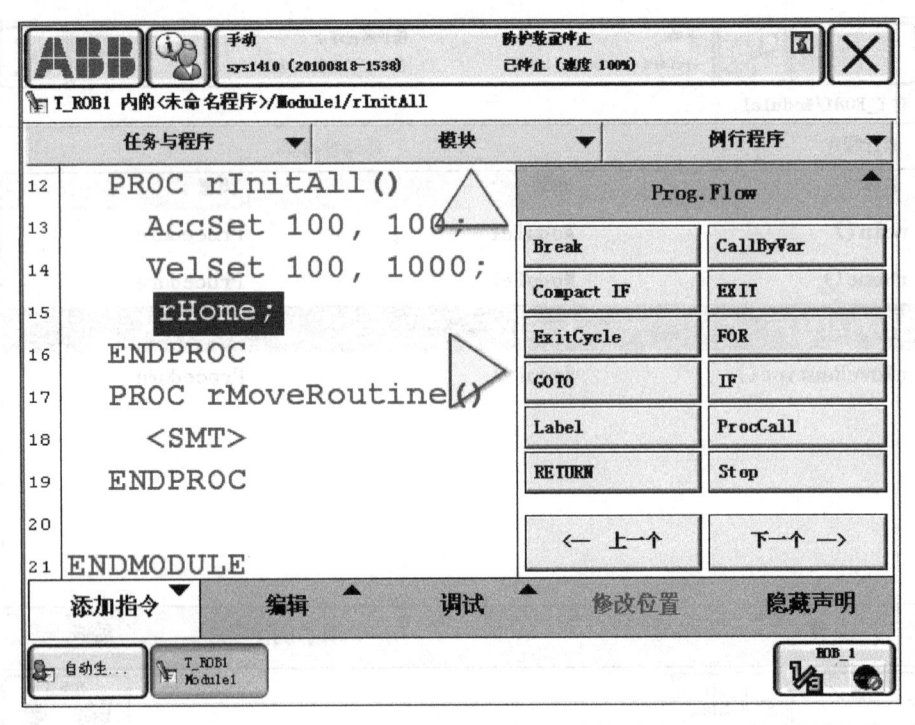

图 4-124 添加加速度及速度设置指令

（22）单击"例行程序"，选中"rMoveRoutine()"例行程序，如图 4-125 所示，然后单击"显示例行程序"按钮，结果如图 4-126 所示。

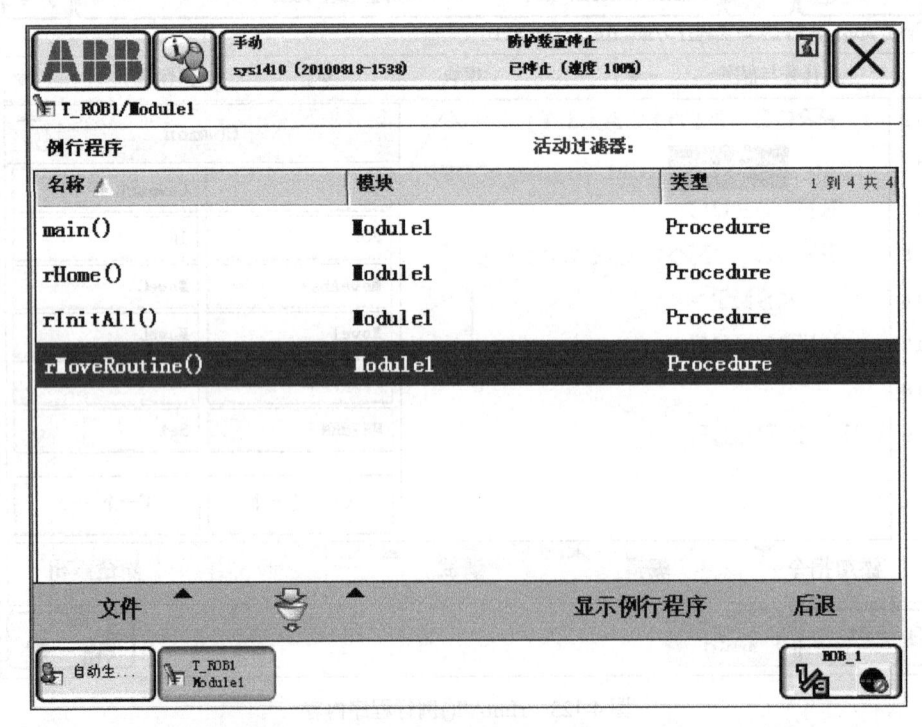

图 4-125 选中"rMoveRoutine()"例行程序

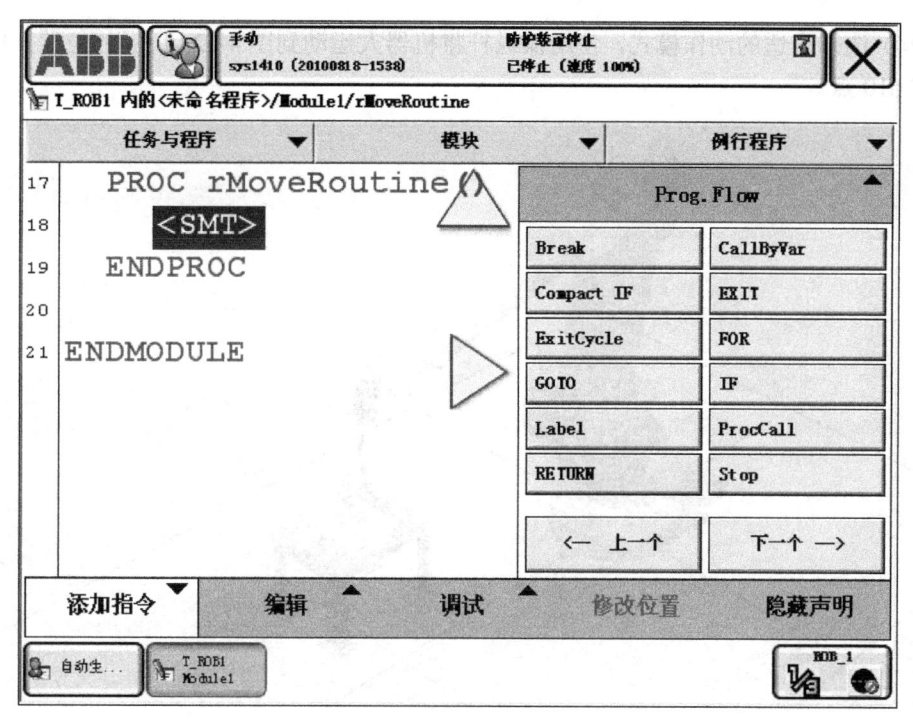

图 4-126 rMoveRoutine()例行程序内容

（23）在图 4-126 所示的 rMoveRoutine()子程序编辑界面中添加"MoveJ"指令，其参数设置如图 4-127 所示。

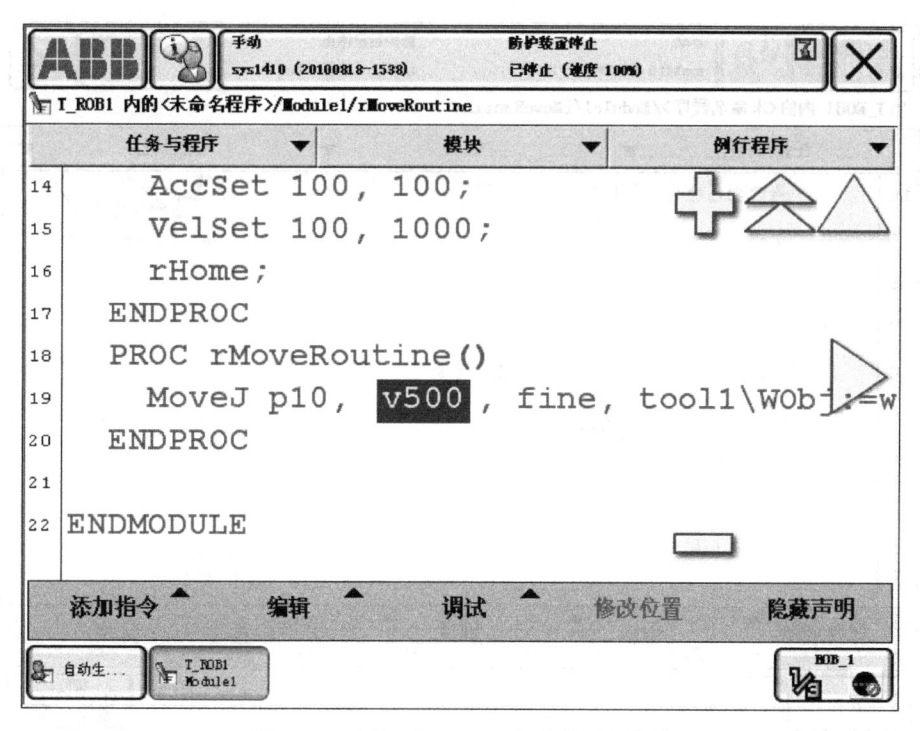

图 4-127 添加"MoveJ"指令并设置参数

（24）选择合适的动作模式，使用操纵杆将机器人运动到图 4-128 所示的位置，作为机器人的 p10 点。

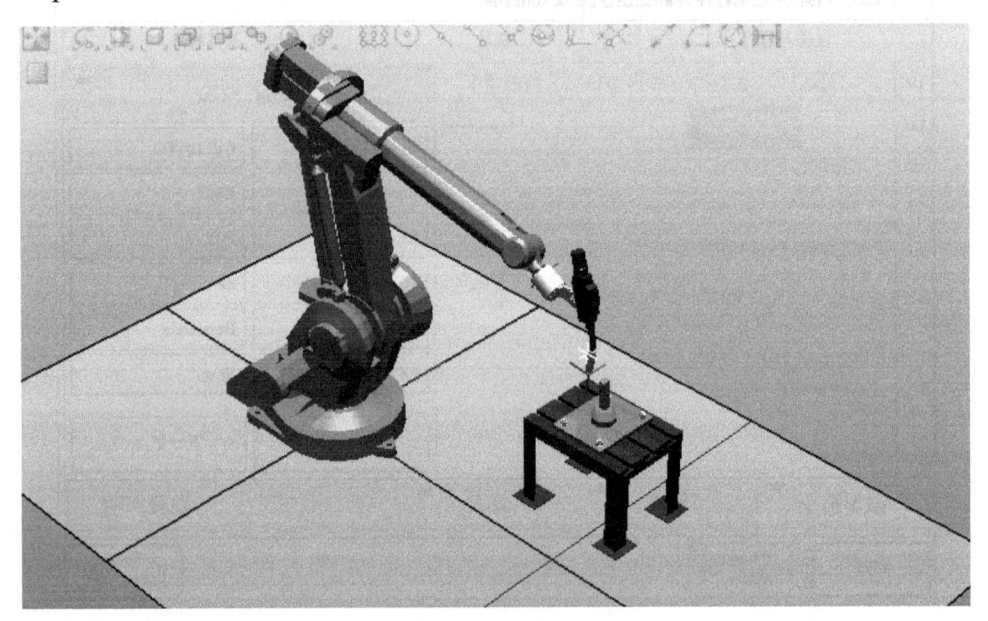

图 4-128　确定机器人 p10 点

（25）返回 rMoveRoutine() 子程序编辑界面，选中"p10"点，单击"修改位置"按钮，将机器人的当前位置记录在 p10 中，如图 4-129 所示。

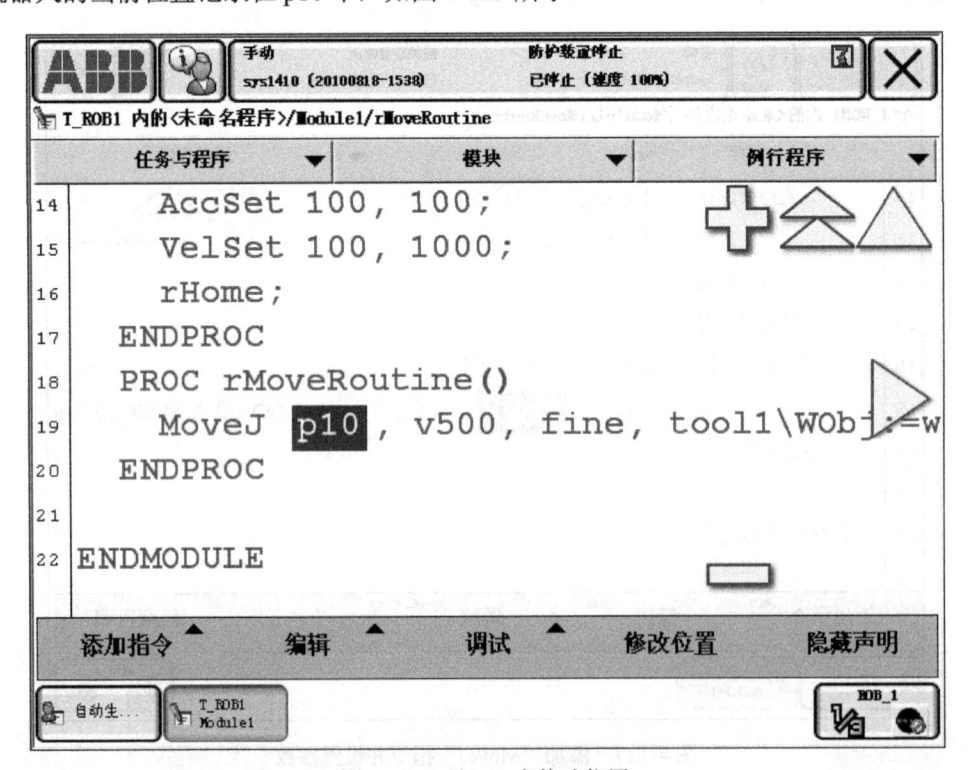

图 4-129　对 p10 点修改位置

(26) 在 rMoveRoutine() 子程序编辑界面中添加"MoveL"指令，其参数设置如图 4-130 所示。

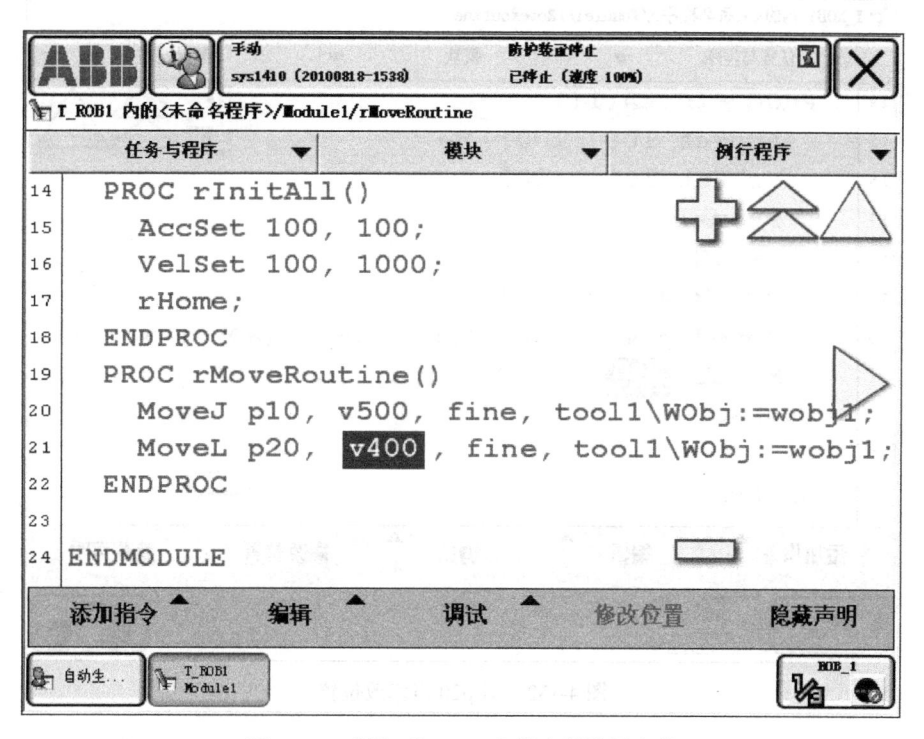

图 4-130　添加"MoveL"指令并设置参数

(27) 选择合适的动作模式，使用摇杆将机器人运动到图 4-131 所示的位置，作为机器人的 p20 点。

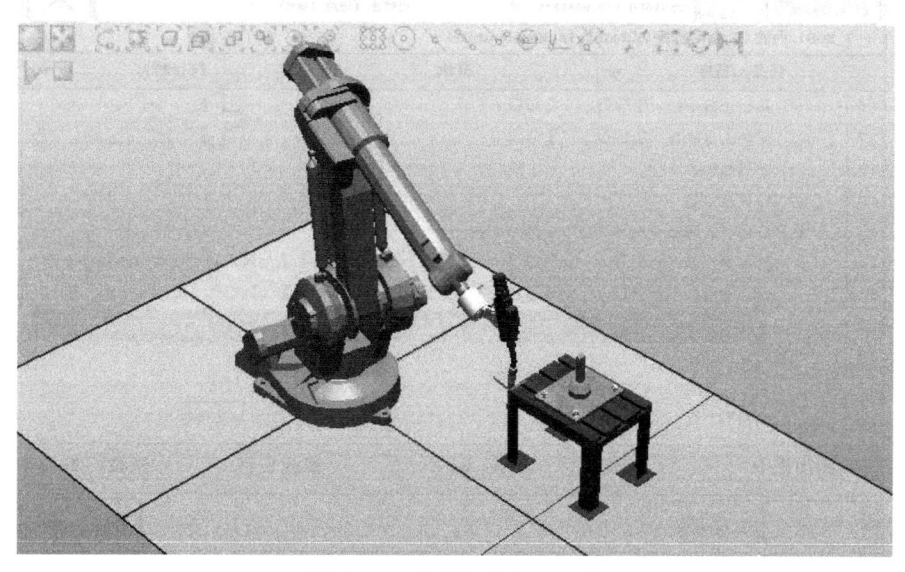

图 4-131　确定机器人 p20 点

(28) 返回 rMoveRoutine() 子程序编辑界面，选中"p20"点，单击"修改位置"按钮，将机器人的当前位置记录在 p20 中，如图 4-132 所示。

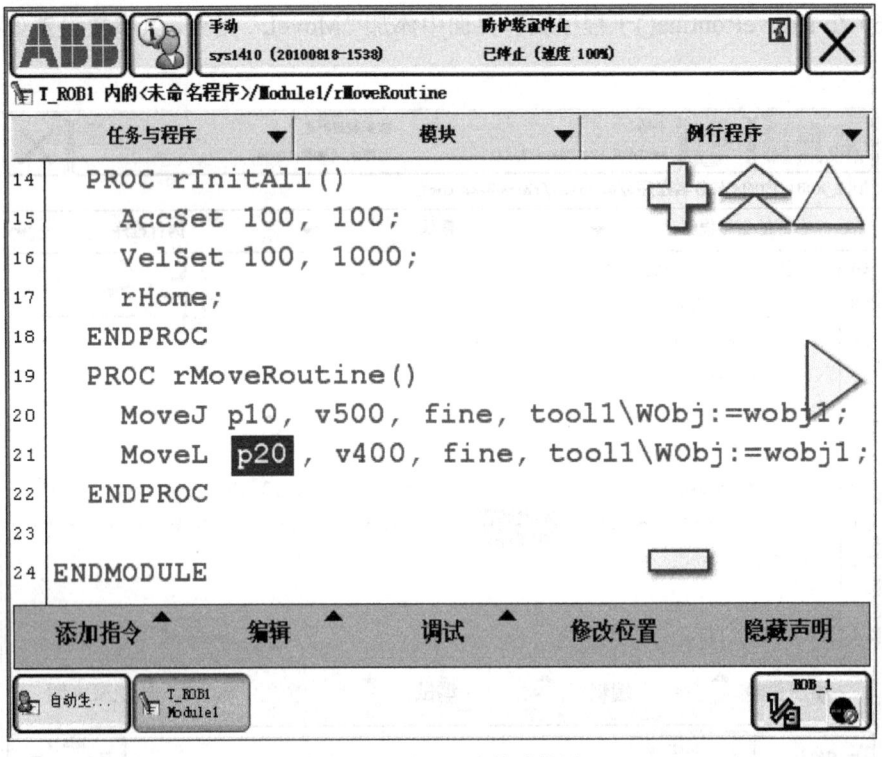

图 4-132 对 p20 点修改位置

（29）在 rMoveRoutine() 子程序编辑界面中添加"MoveL"指令，其参数设置如图 4-133 所示。

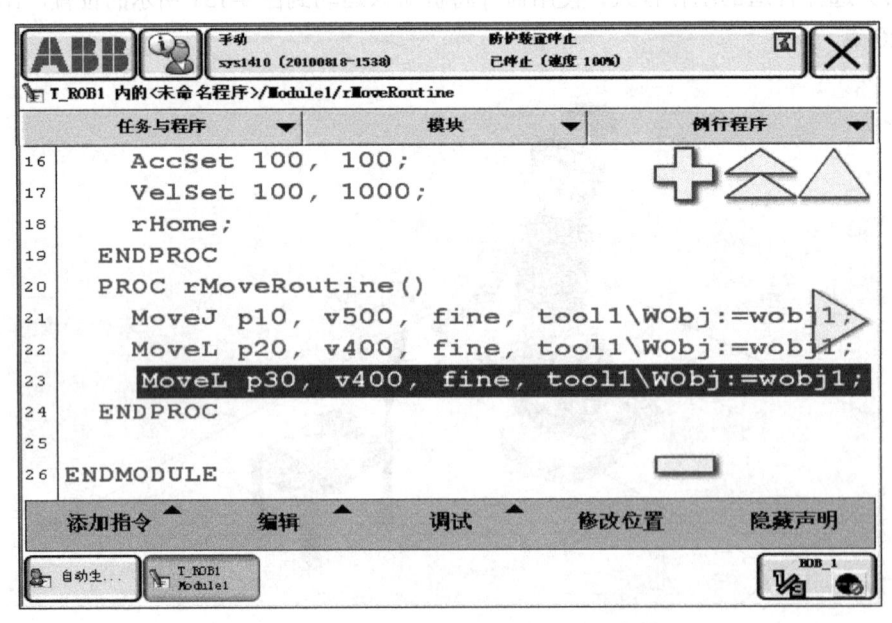

图 4-133 添加"MoveL"指令及设置参数

（30）选择合适的动作模式，使用操纵杆将机器人运动到图 4-134 所示的位置，作为机器人的 p30 点。

图 4-134 确定机器人 p30 点

（31）返回 rMoveRoutine()子程序编辑界面，选中"p30"点，单击"修改位置"按钮，将机器人的当前位置记录在 p30 中，如图 4-135 所示。

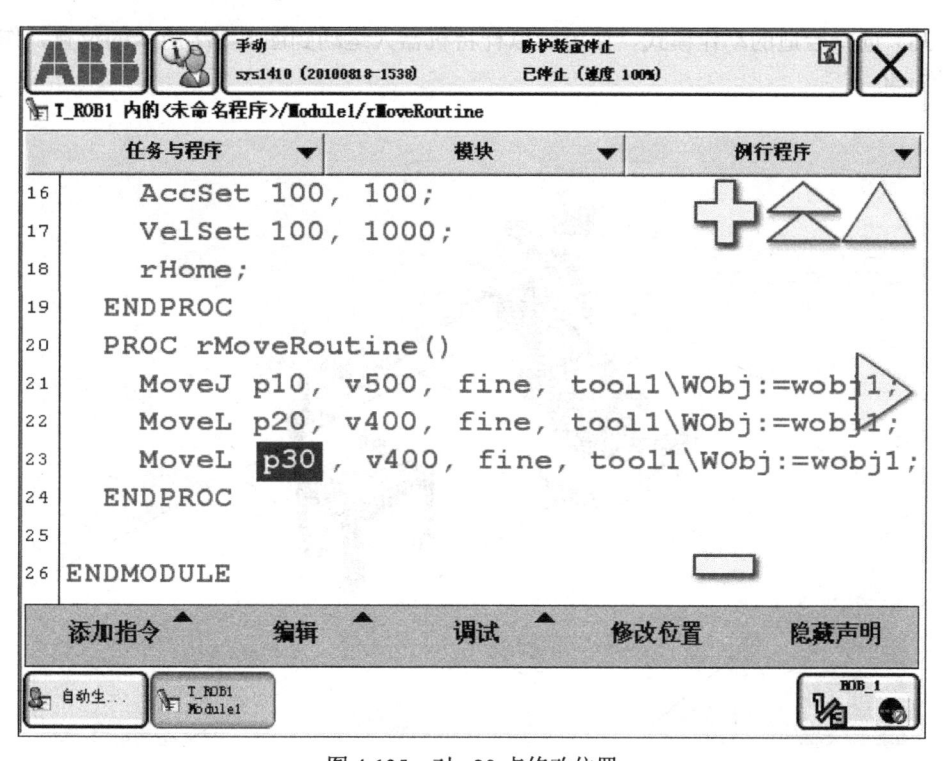

```
16      AccSet 100, 100;
17      VelSet 100, 1000;
18      rHome;
19  ENDPROC
20  PROC rMoveRoutine()
21      MoveJ p10, v500, fine, tool1\WObj:=wobj1;
22      MoveL p20, v400, fine, tool1\WObj:=wobj1;
23      MoveL p30, v400, fine, tool1\WObj:=wobj1;
24  ENDPROC
25
26  ENDMODULE
```

图 4-135 对 p30 点修改位置

（32）在 rMoveRoutine()子程序编辑界面中添加"MoveL"指令，其参数设置如图 4-136 所示。

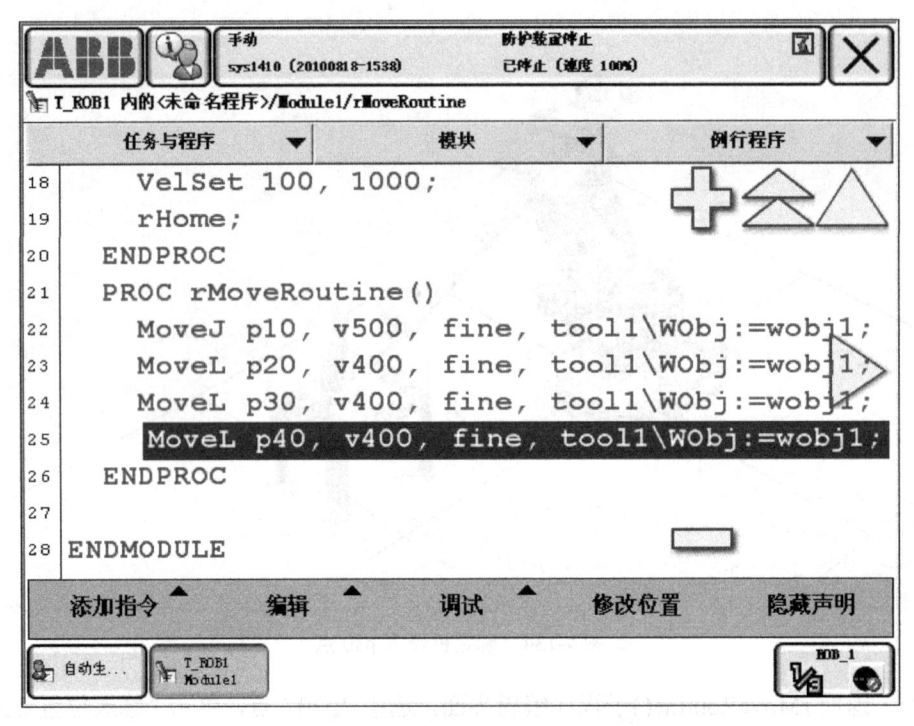

```
18      VelSet 100, 1000;
19      rHome;
20  ENDPROC
21  PROC rMoveRoutine()
22      MoveJ p10, v500, fine, tool1\WObj:=wobj1;
23      MoveL p20, v400, fine, tool1\WObj:=wobj1;
24      MoveL p30, v400, fine, tool1\WObj:=wobj1;
25      MoveL p40, v400, fine, tool1\WObj:=wobj1;
26  ENDPROC
27
28  ENDMODULE
```

图 4-136　添加"MoveL"指令及设置参数

（33）选择合适的动作模式，使用操纵杆将机器人运动到图 4-137 所示的位置，作为机器人的 p40 点。

图 4-137　确定机器人 p40 点

（34）返回 rMoveRoutine() 子程序编辑界面，选中"p40"点，单击"修改位置"按钮，将机器人的当前位置记录在 p40 中，如图 4-138 所示。

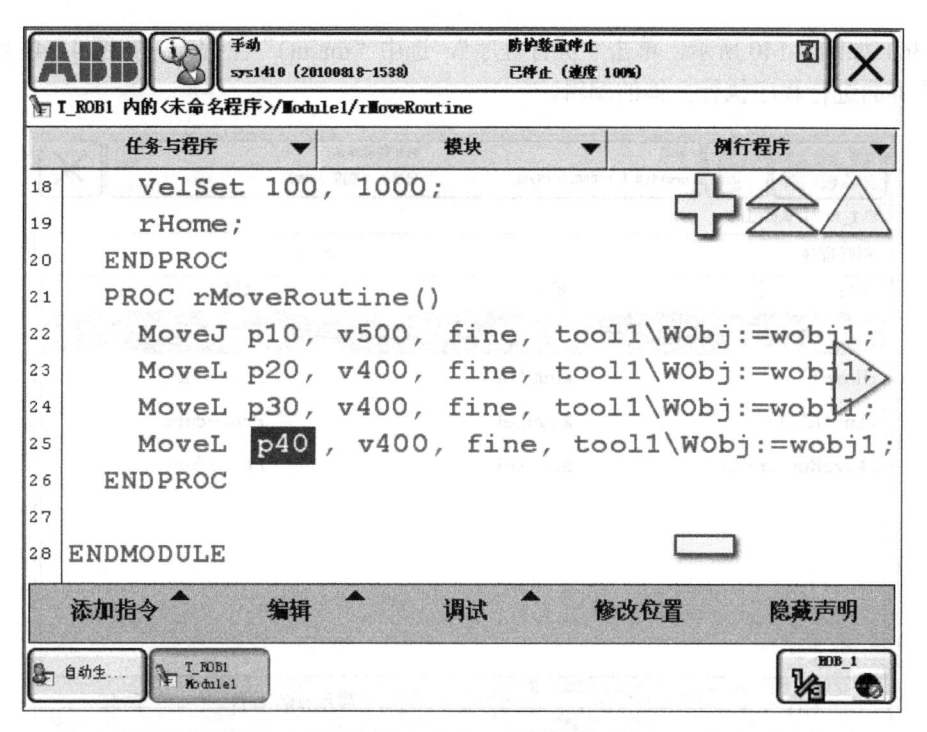

图 4-138 对 p40 点修改位置

(35) 在 rMoveRoutine() 子程序编辑界面中添加"MoveL"指令,其参数设置如图 4-139 所示。

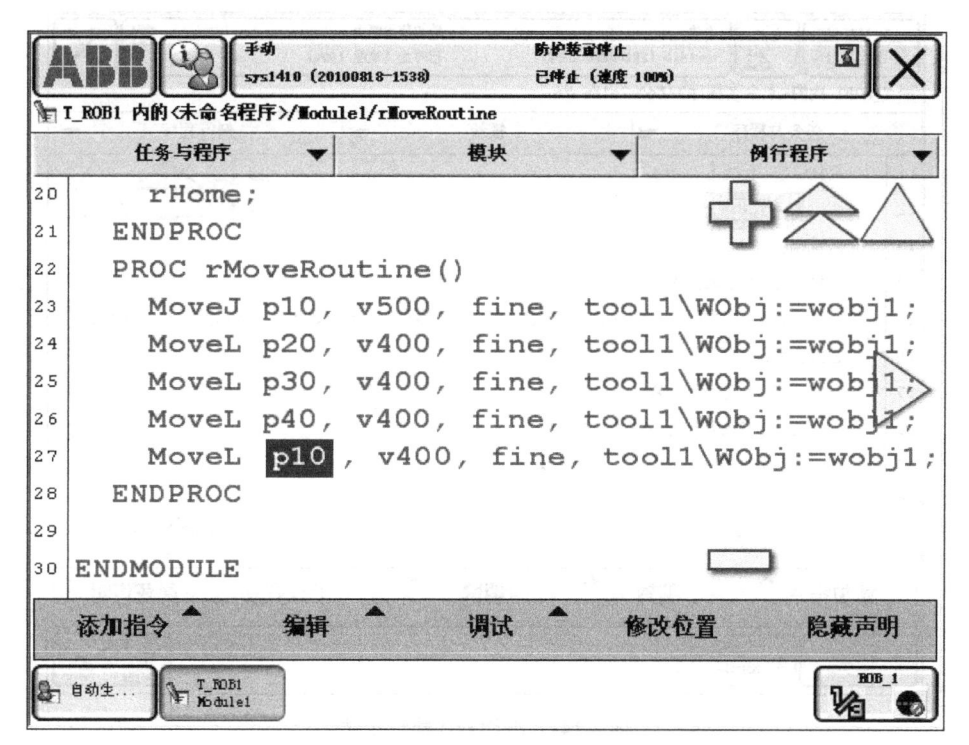

图 4-139 添加"MoveL"指令并设置参数

（36）如图 4-140 所示，单击"例行程序"，选中"main()"主程序，在图 4-141 所示程序编辑界面进行程序执行主体的编辑。

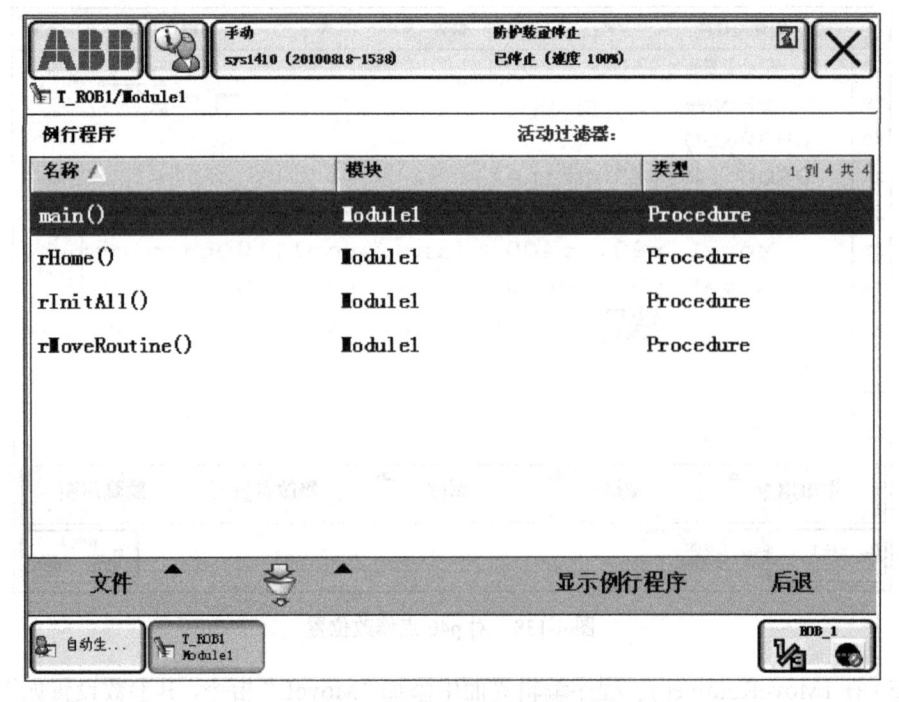

图 4-140　选中主程序"main()"

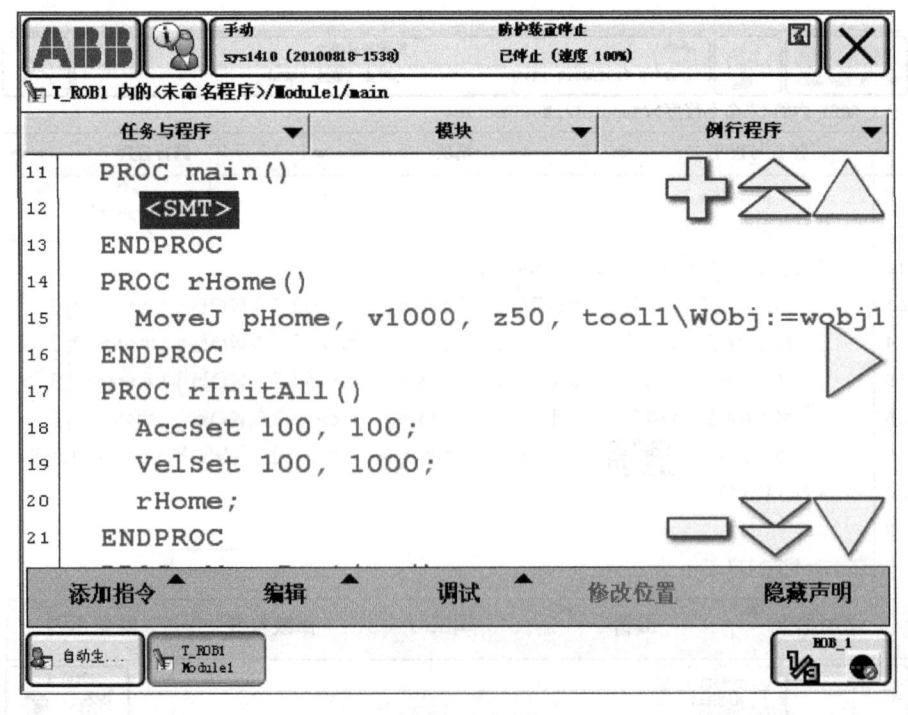

图 4-141　编程程序执行主体

（37）在开始位置调用初始化例行程序，如图 4-142 所示。

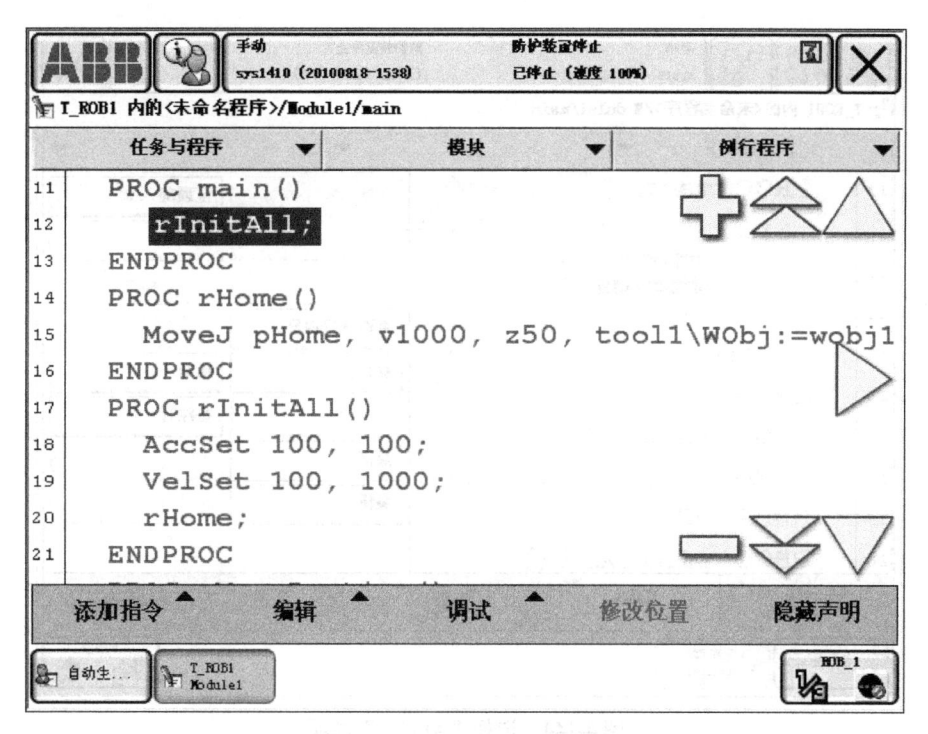

图 4-142 调用初始化例行程序

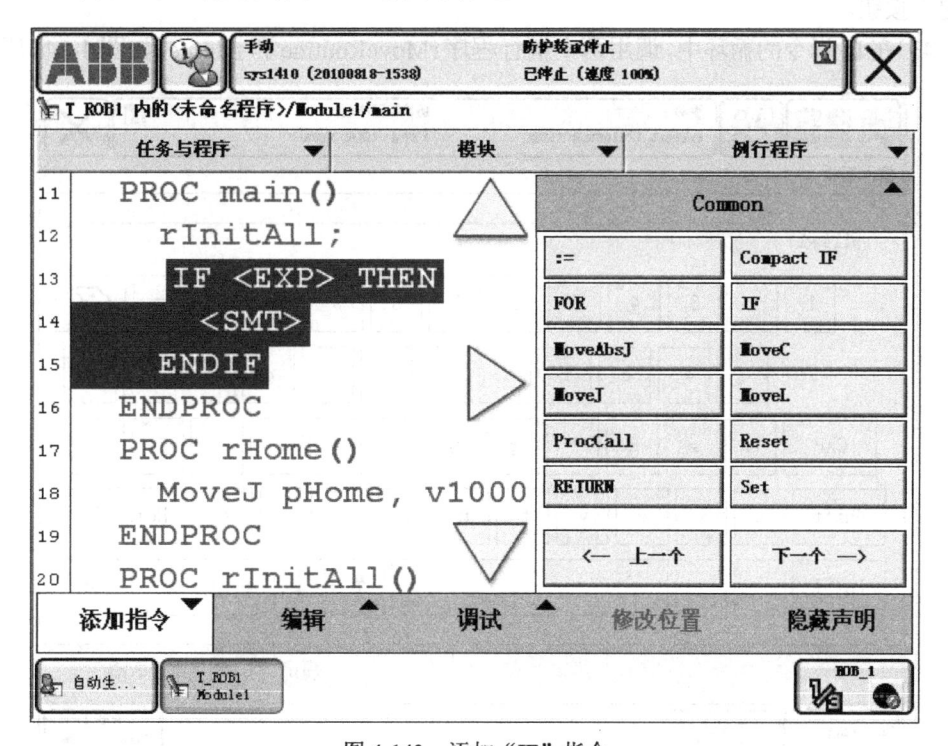

（38）添加"IF"指令到图 4-143 所示的位置。

图 4-143 添加"IF"指令

（39）选中"<EXP>"，打开"编辑"菜单，选择"ABC..."选项，如图 4-144 所示。

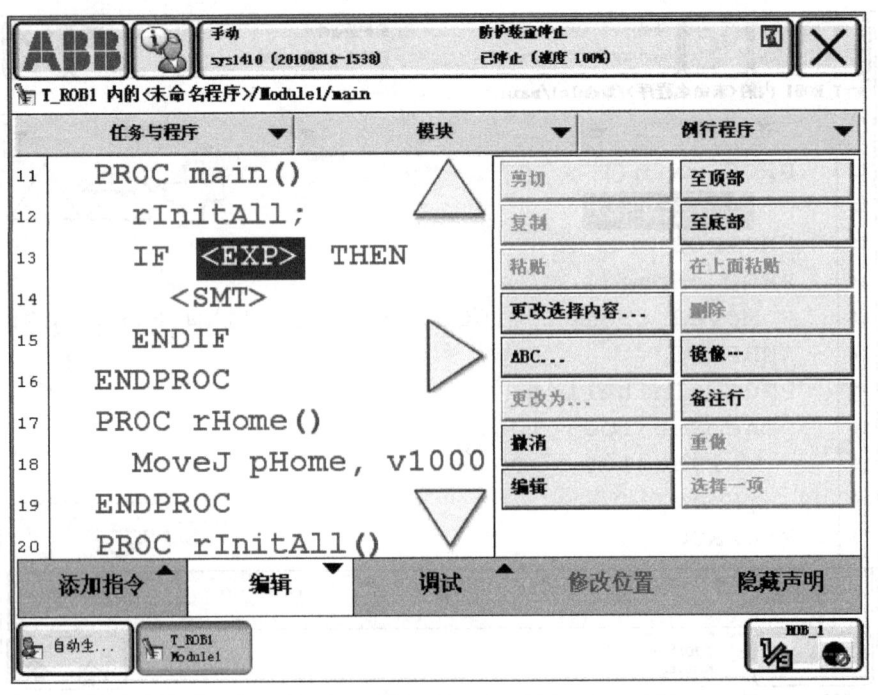

图 4-144 选择"ABC..."选项

（40）在弹出的图 4-145 所示的输入面板界面中，使用软键盘输入"di1=1"，然后单击"确定"按钮。

（41）在 IF 指令的循环中，调用两个例行程序 rMoveRoutine 和 rHome，如图 4-146 所示。

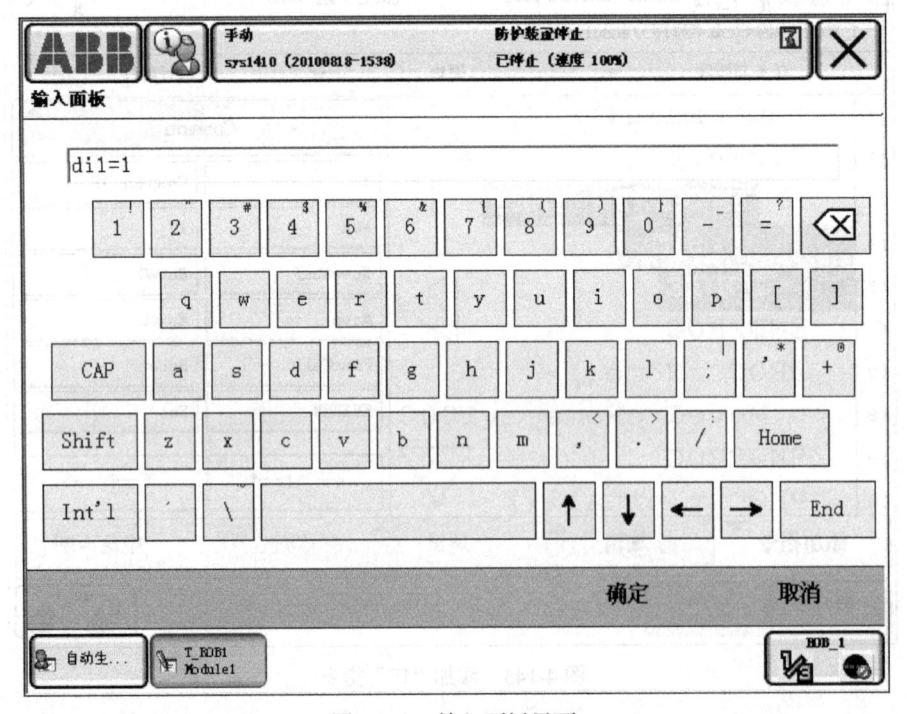

图 4-145 输入面板界面

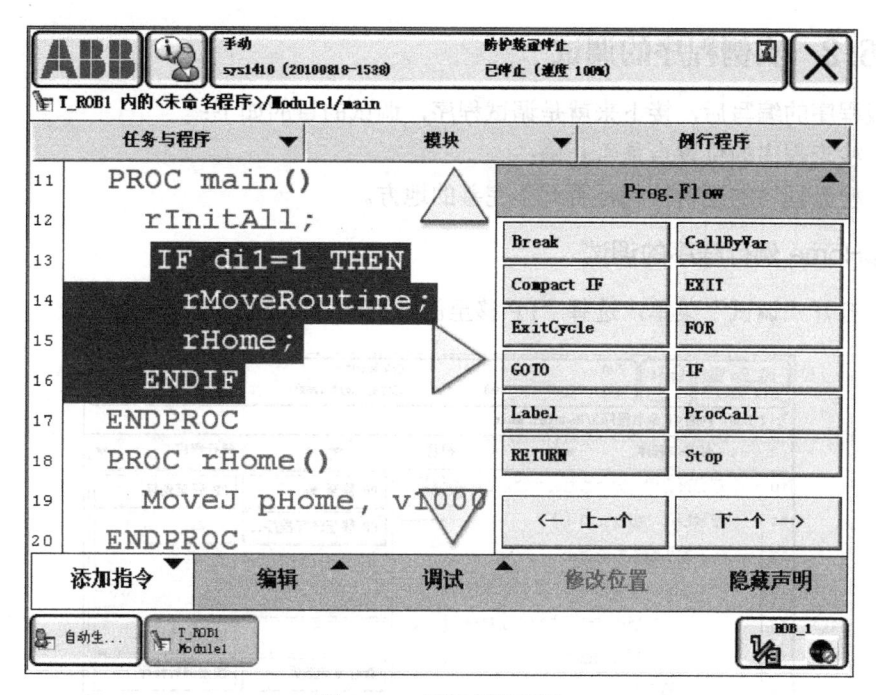

图 4-146 调用例行程序

（42）在 IF 指令的下方，添加"WaitTime"指令，设置参数为 0.5s，如图 4-147 所示。
实例程序分析：
①运行初始化程序并进行相关初始化参数的设置；
②如果收到外部信号 di1=1，则机器人将执行对应的路径程序；
③等待 0.5s，防止系统 CPU 过负载。

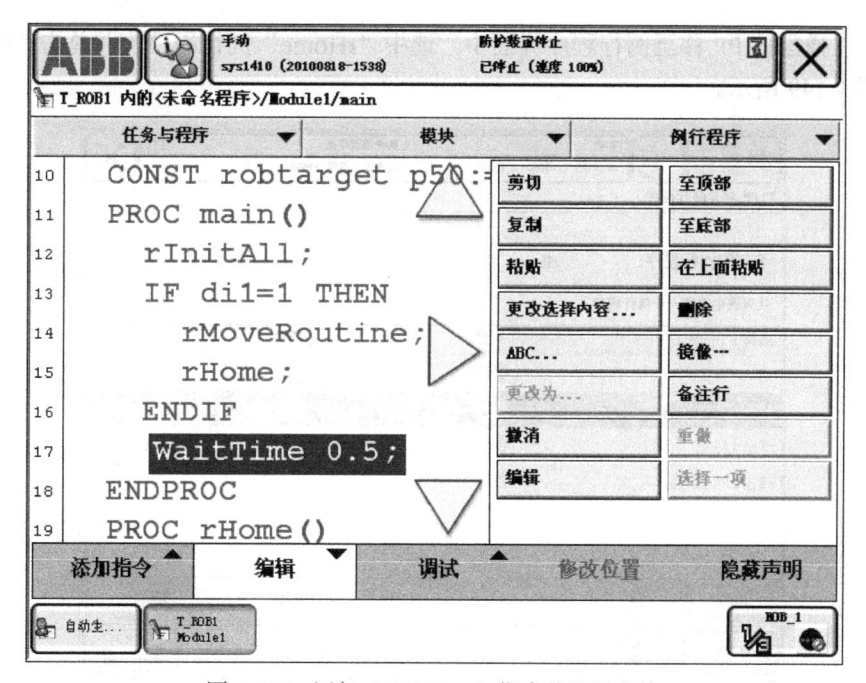

图 4-147 添加"WaitTime"指令并设置参数

4.6.2 实例程序的调试

完成程序的编写后，接下来就是调试程序，调试的目的如下：
（1）检查程序的位置点是否正确；
（2）检查程序的逻辑控制是否有不完善的地方。

1. pHome 例行程序的调试

（1）打开"调试"菜单，选择"PP 移至例行程序…"，如图 4-148 所示。

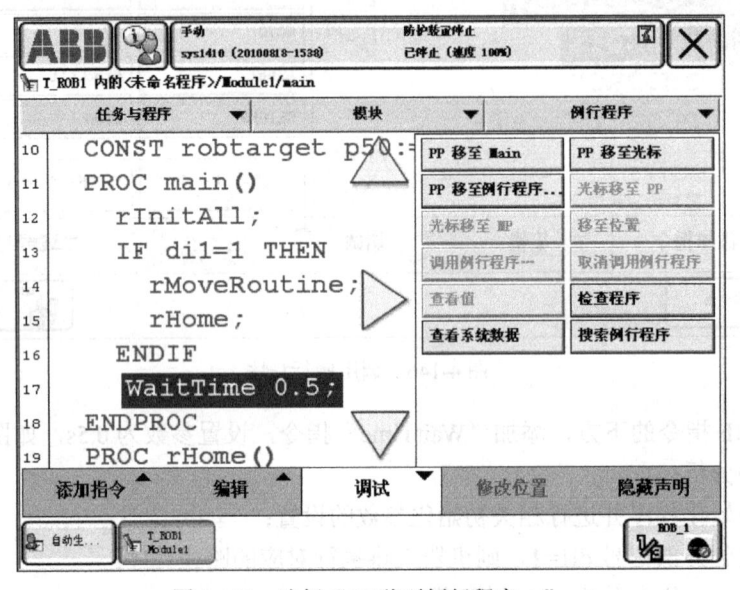

图 4-148 选择"PP 移至例行程序…"

（2）在弹出的 PP 移至例行程序界面中，选中"rHome"例行程序，并单击"确定"按钮，如图 4-149 所示。

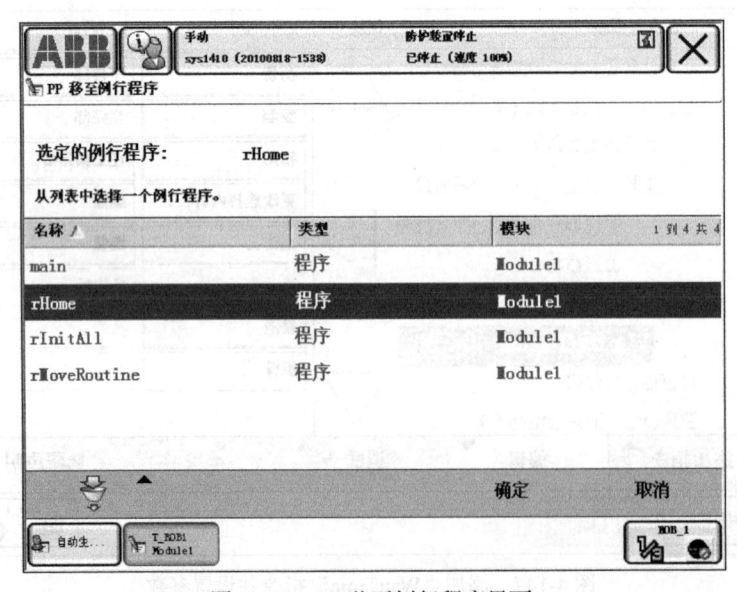

图 4-149 PP 移至例行程序界面

（3）在"rHome"例行程序的左边，会出现一个黄色的小箭头（PP 程序指针），如图 4-150 所示，标识将要被执行的指令。

（4）如图 4-151 所示，按下使能键，使电动机进入开启状态，按一下"单步向前"按钮，小心观察机器人的移动，按下"程序停止"按钮后，再松开使能键。

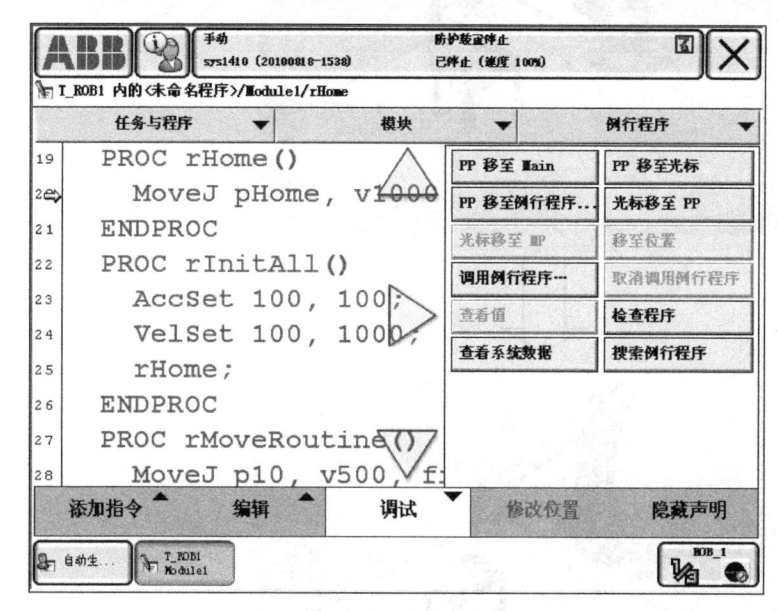

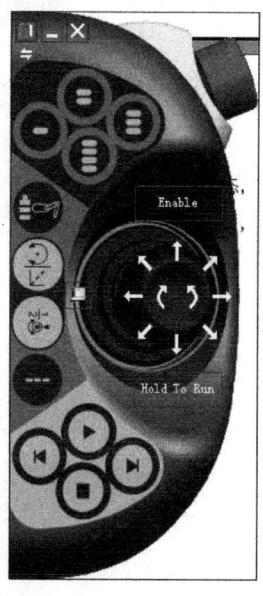

图 4-150　标识将要被执行的指令

图 4-151　示放器操作

（5）指令执行完毕，在指令左侧会出现一个小机器人图标，如图 4-152 所示，说明机器人已经到达了 pHome 点位置，如图 4-153 所示。

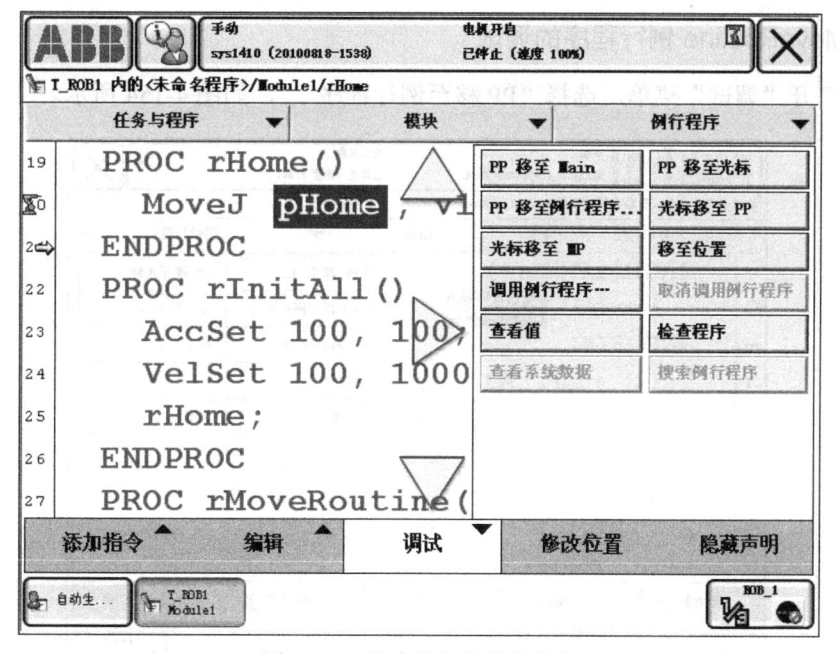

图 4-152　指令执行完毕的状态

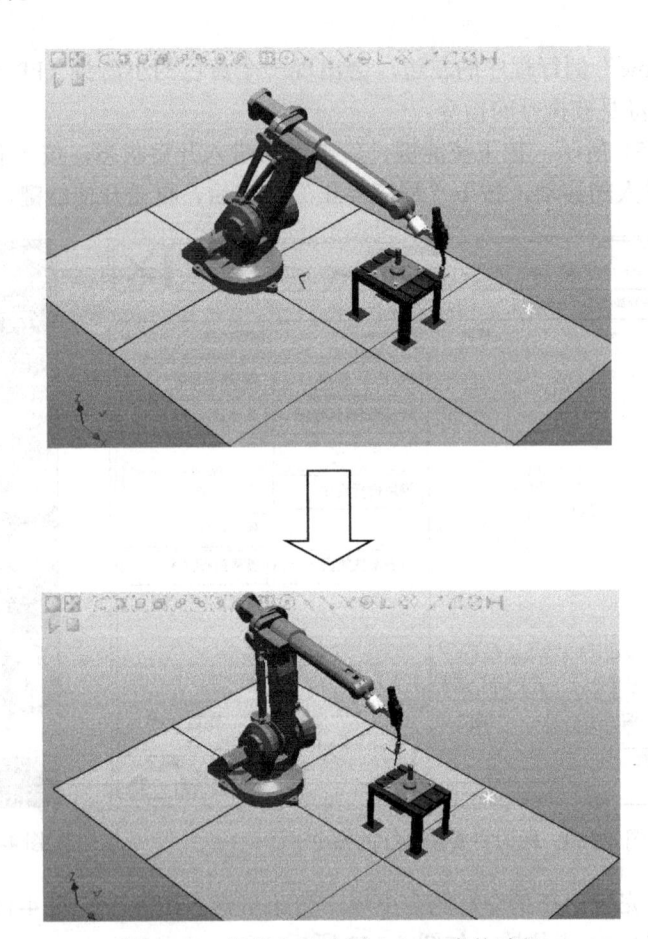

图 4-153 机器人移动至 pHome 点的过程

2. rMoveRoutine 例行程序的调试

（1）打开"调试"菜单，选择"PP 移至例行程序…"，如图 4-154 所示。

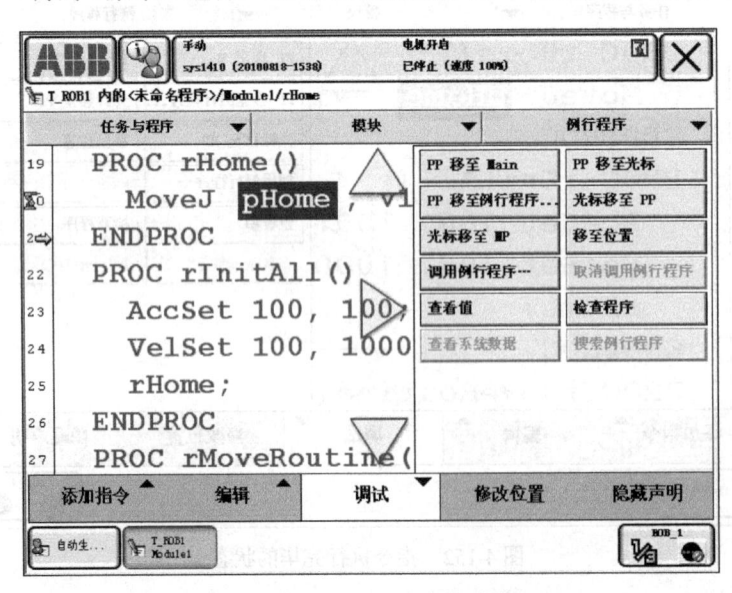

图 4-154 选择"PP 移至例行程序…"

（2）选中"rMoveRoutine"例行程序，单击"确定"按钮，如图4-155所示。

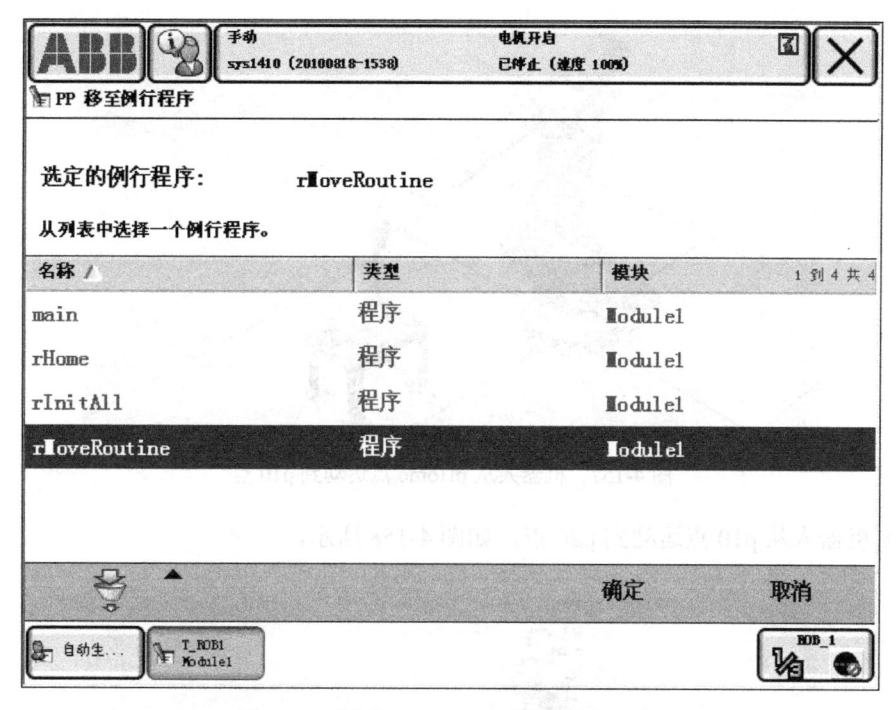

图 4-155　选中"rMoveRoutine"例行程序

（3）确认单步调试运动指令的位置是否合适，如图4-156所示。

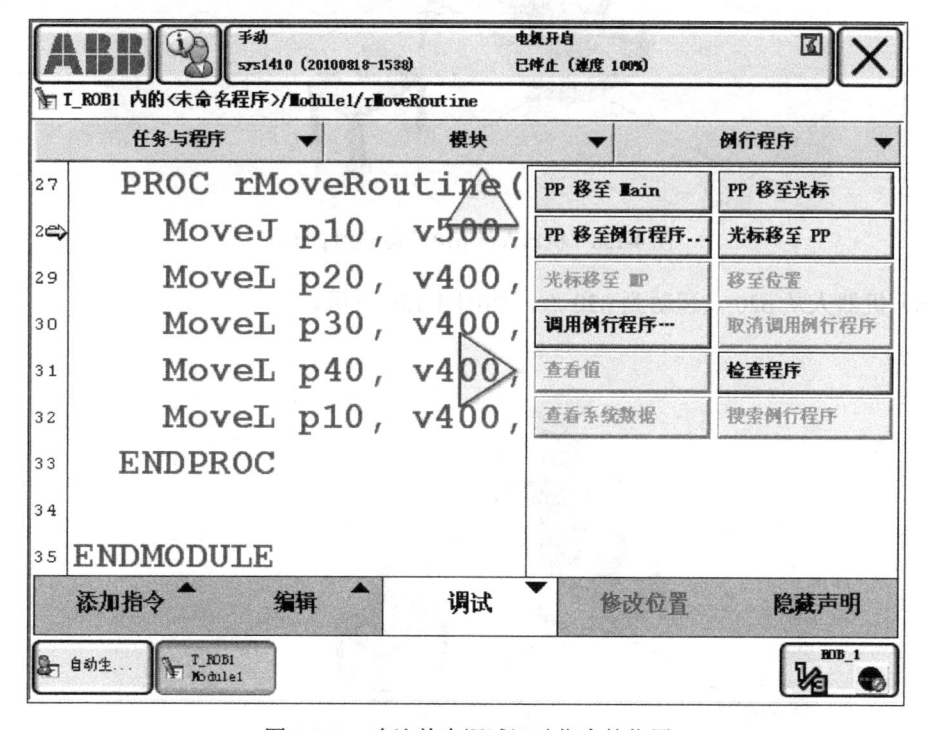

图 4-156　确认单步调试运动指令的位置

(4) 机器人从 pHome 点运动到 p10 点,如图 4-157 所示。

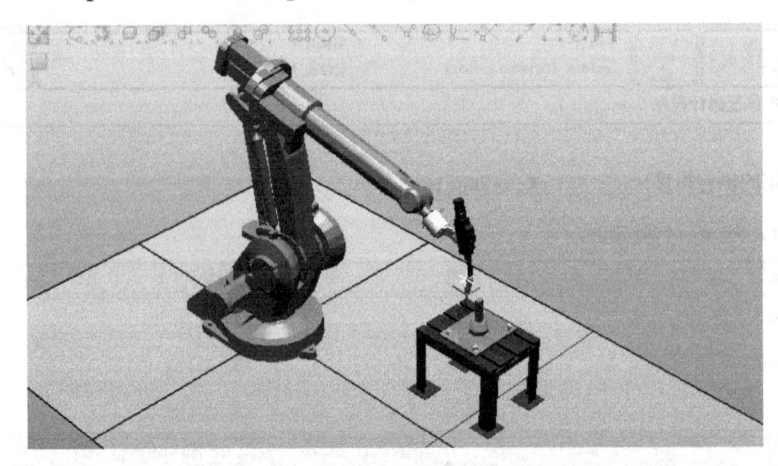

图 4-157 机器人从 pHome 点运动到 p10 点

(5) 机器人从 p10 点运动到 p20 点,如图 4-158 所示。

图 4-158 机器人从 p10 点运动到 p20 点

(6) 机器人从 p20 点运动到 p30 点,如图 4-159 所示。

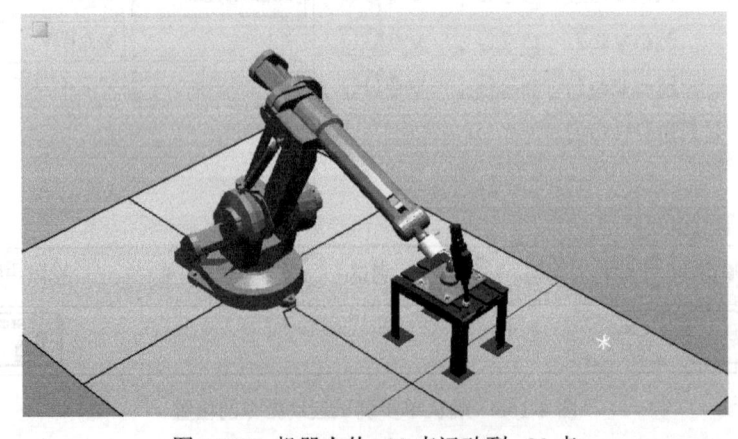

图 4-159 机器人从 p20 点运动到 p30 点

（7）机器人从 p30 点运动到 p40 点，如图 4-160 所示。

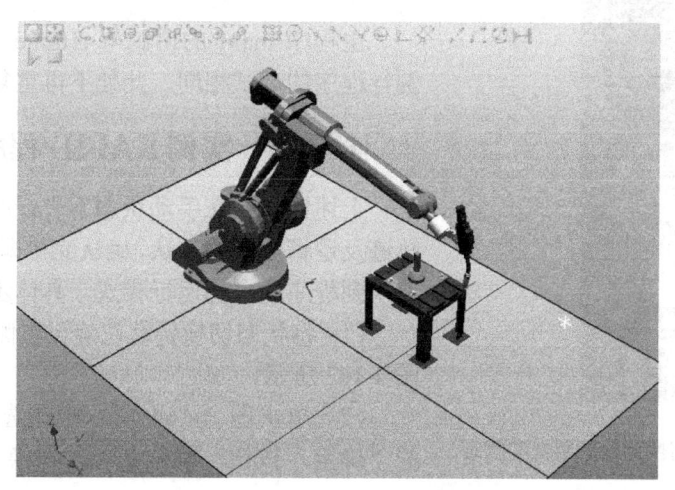

图 4-160　机器人从 p30 点运动到 p40 点

（8）机器人从 p40 点运动到 p10 点，如图 4-161 所示。

图 4-161　机器人从 p40 点运动到 p10 点

（9）机器人从 p10 点运动到 pHome 点，如图 4-162 所示。

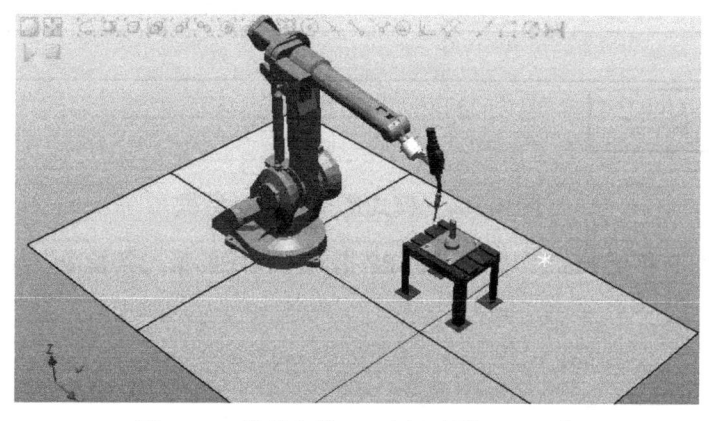

图 4-162　机器人从 p10 点运动到 pHome 点

3. 主程序 main 的调试

主程序 main 的调试与 rHome 及 rMoveRoutine 例行程序的调试相同，此处不再重复。

4.6.3 实例 RAPID 程序的自动运行

上述操作是在手动状态下进行的，用于调试运动轨迹及逻辑控制的确认，确认完毕即可将机器人系统切换到程序的自动运行模式，具体步骤如下：

（1）将状态切换钥匙左旋至左侧的自动状态，如图 4-163 所示。

（2）单击图 4-164 所示模式选择警告对话框中的"确定"按钮，确认状态的切换。

图 4-163　将状态切换钥匙旋至自动状态

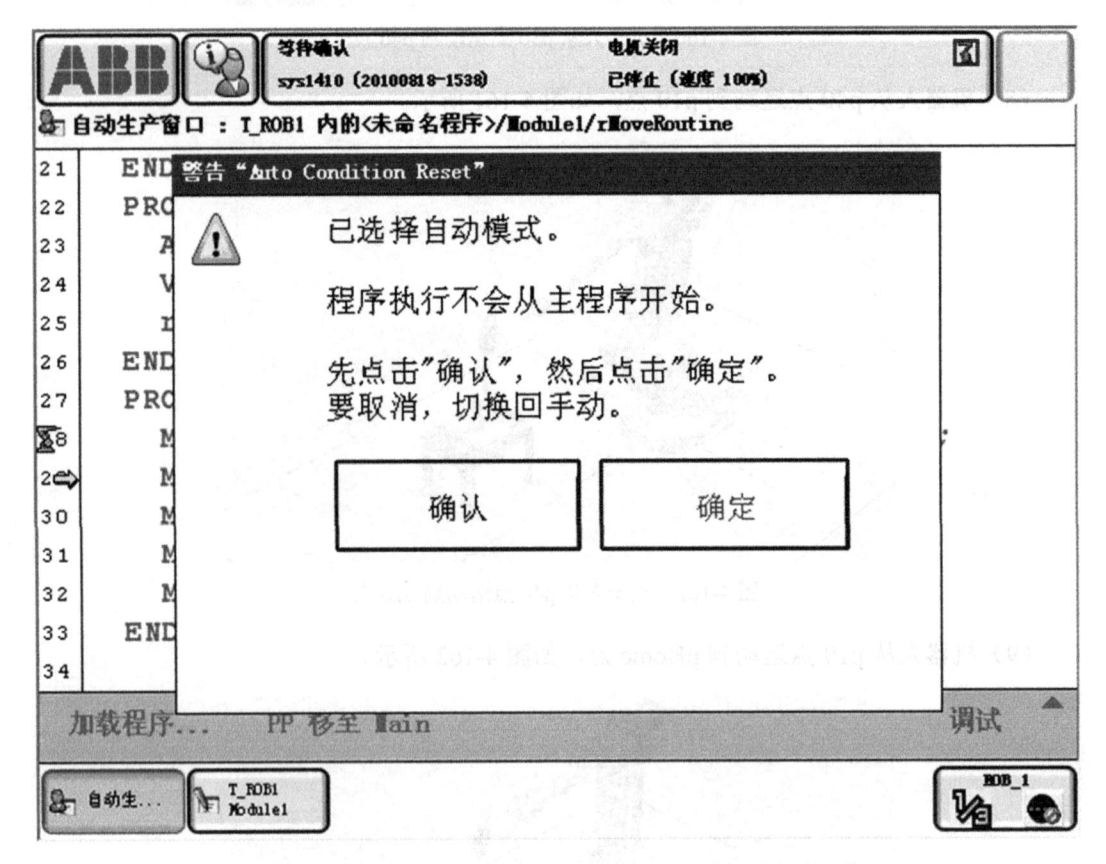

图 4-164　模式选择警告对话框

（3）单击"PP 移至 Main"按钮，将 PP 指向主程序的第一条指令，如图 4-165 所示。

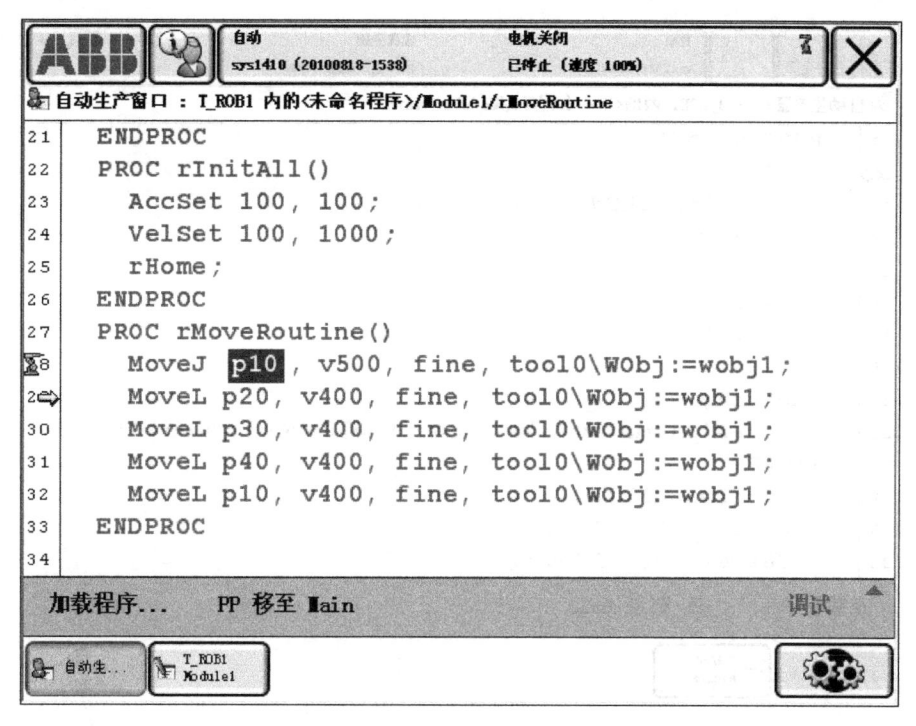

图 4-165 将 PP 指向主程序的第一条指令

（4）在弹出的图 4-166 所示的重置程序指针确认对话框中，单击"是"按钮，结果如图 4-167 所示。

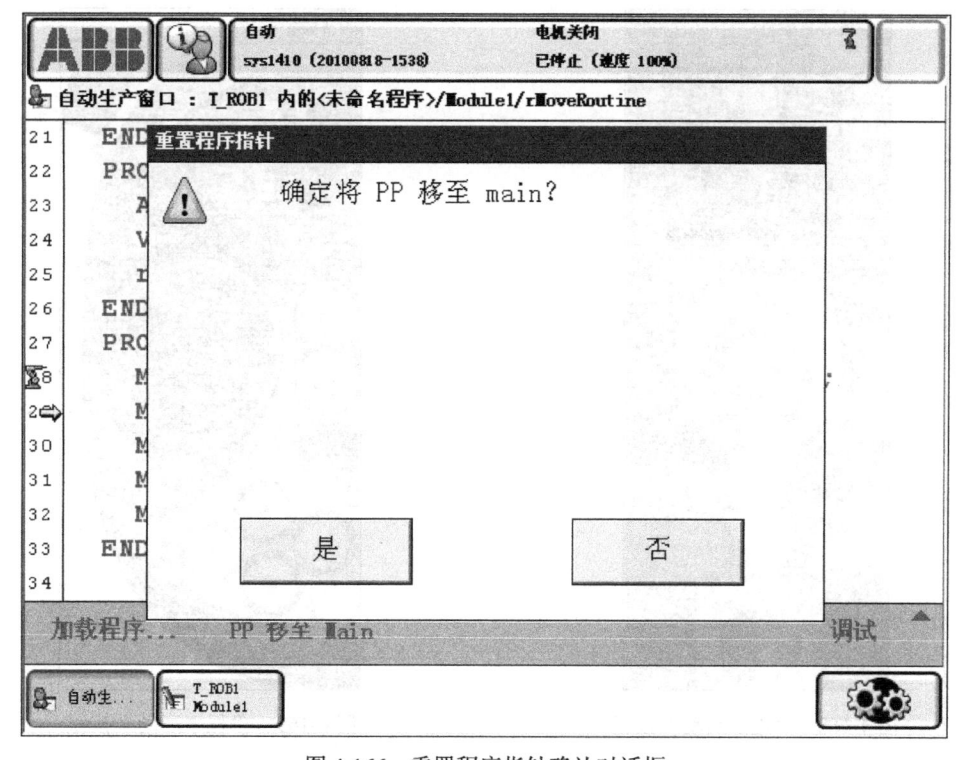

图 4-166 重置程序指针确认对话框

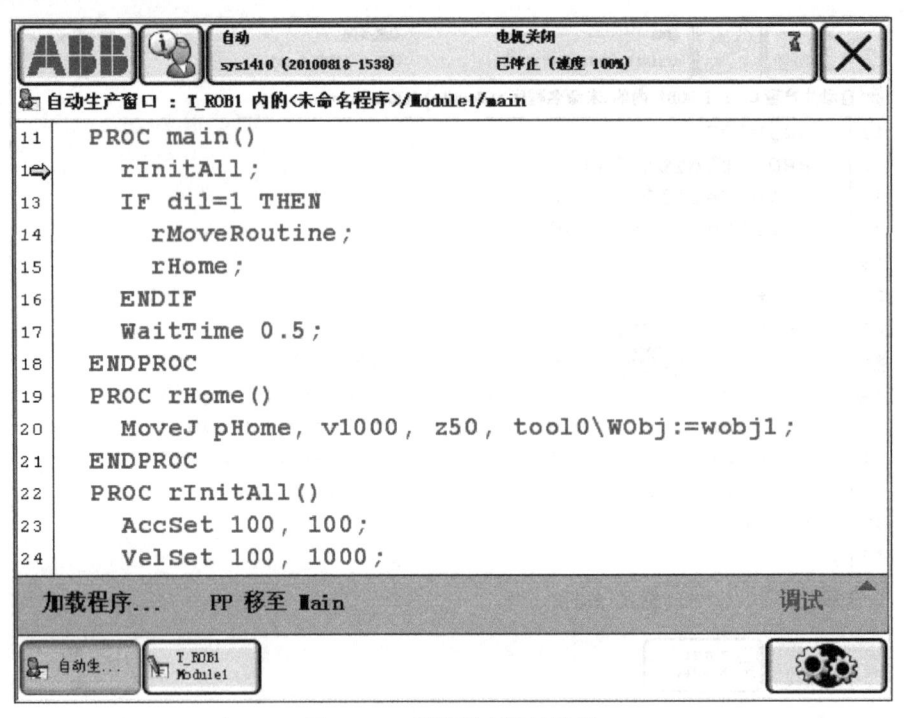

```
11  PROC main()
12     rInitAll;
13     IF di1=1 THEN
14        rMoveRoutine;
15        rHome;
16     ENDIF
17     WaitTime 0.5;
18  ENDPROC
19  PROC rHome()
20     MoveJ pHome, v1000, z50, tool0\WObj:=wobj1;
21  ENDPROC
22  PROC rInitAll()
23     AccSet 100, 100;
24     VelSet 100, 1000;
```

图 4-167　重置程序指针结果

（5）按下图 4-168 所示的"电源启动"按钮，开启电动机。

（6）按下图 4-169 所示的"程序启动"按钮。

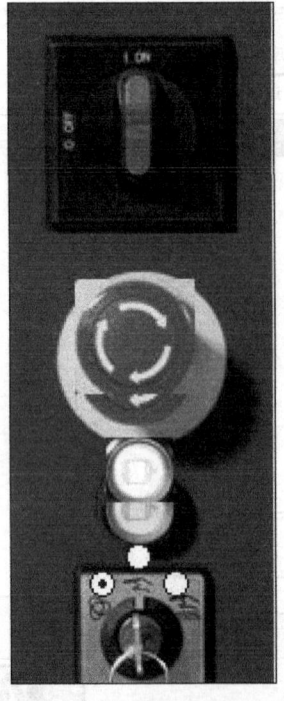

图 4-168　"电源启动"按钮　　　　图 4-169　"程序启动"按钮

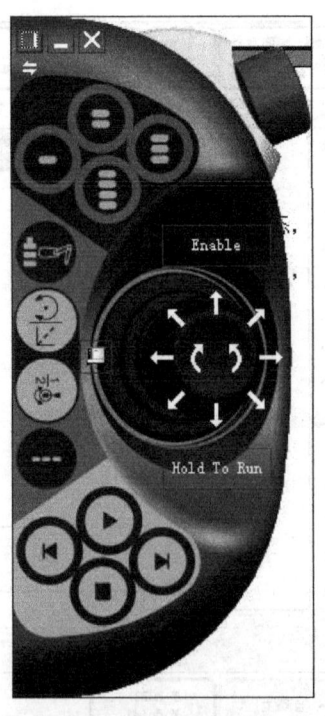

（7）完成上述设置后，便可看到程序已在自动运行中，如图 4-170 所示。

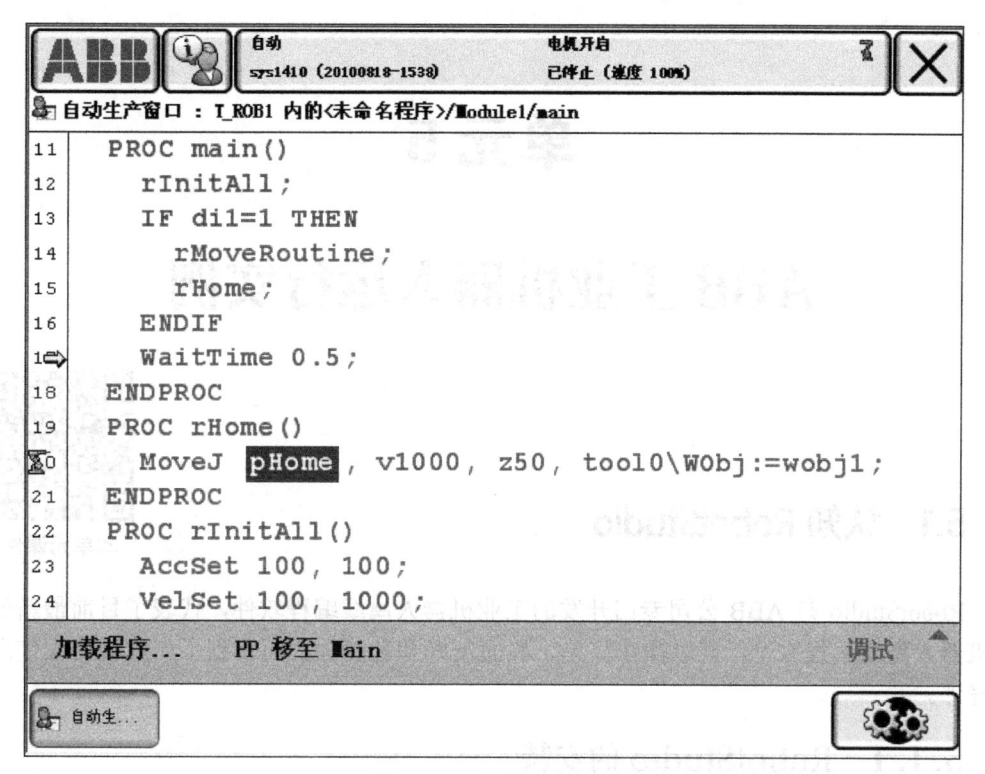

```
11    PROC main()
12      rInitAll;
13      IF di1=1 THEN
14        rMoveRoutine;
15        rHome;
16      ENDIF
17      WaitTime 0.5;
18    ENDPROC
19    PROC rHome()
20      MoveJ pHome, v1000, z50, tool0\WObj:=wobj1;
21    ENDPROC
22    PROC rInitAll()
23      AccSet 100, 100;
24      VelSet 100, 1000;
```

图 4-170　程序自动运行

单元 5

ABB 工业机器人运行实例

5.1 认知 RobotStudio

RobotStudio 是 ABB 公司专门开发的工业机器人离线编程软件,代表了目前最新的工业机器人离线编程水平,其以操作简单、界面友好和功能强大而得到了广大机器人使用者的好评。

5.1.1 RobotStudio 的安装

RobotStudio 的安装步骤如下:

(1)选择 Setup,右击,在弹出的快捷菜单中选择"以管理员身份运行(A)"选项,如图 5-1 所示。

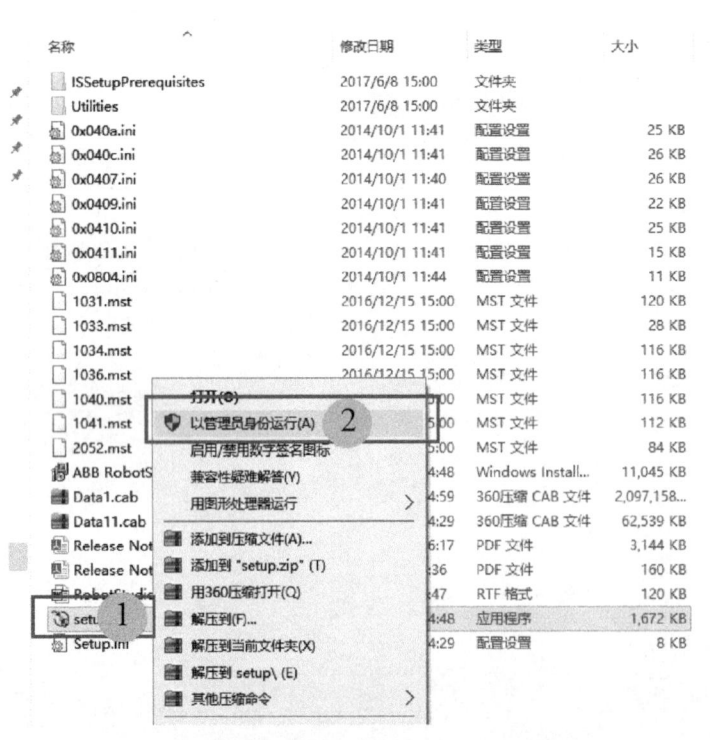

图 5-1 选择"以管理员身份运行(A)"选项

（2）在弹出的图 5-2 所示的界面中选择安装的语言，单击"确定"按钮。

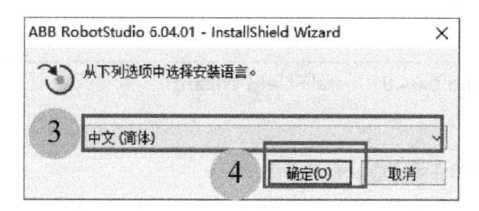

图 5-2　选择安装语言

（3）进行安装，安装界面如图 5-3 所示。

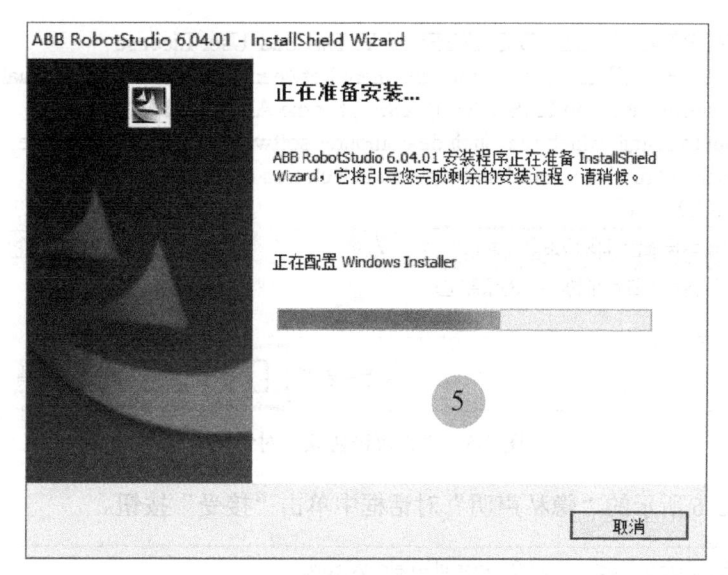

图 5-3　安装界面

（4）单击图 5-4 所示界面中的"下一步"按钮。

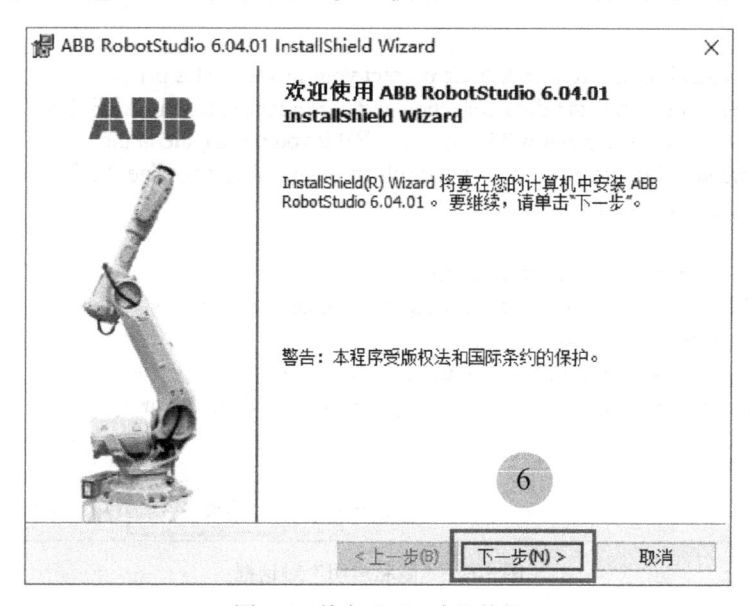

图 5-4　单击"下一步"按钮

（5）在图 5-5 所示的对话框中选中"我接受该许可证协议中的条款"单选按钮，单击"下一步"按钮。

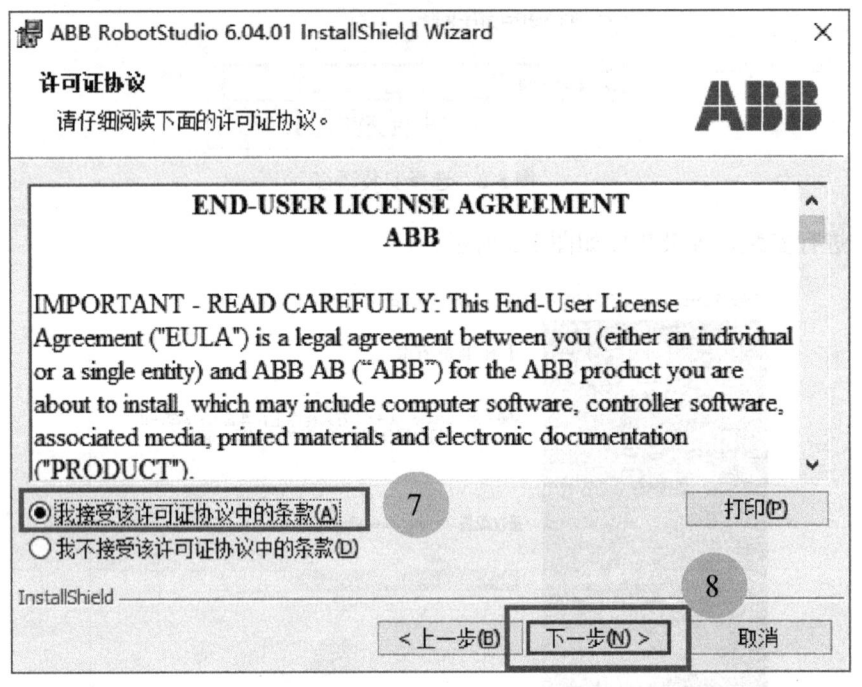

图 5-5　"许可证协议"对话框

（6）在图 5-6 所示的"隐私声明"对话框中单击"接受"按钮。

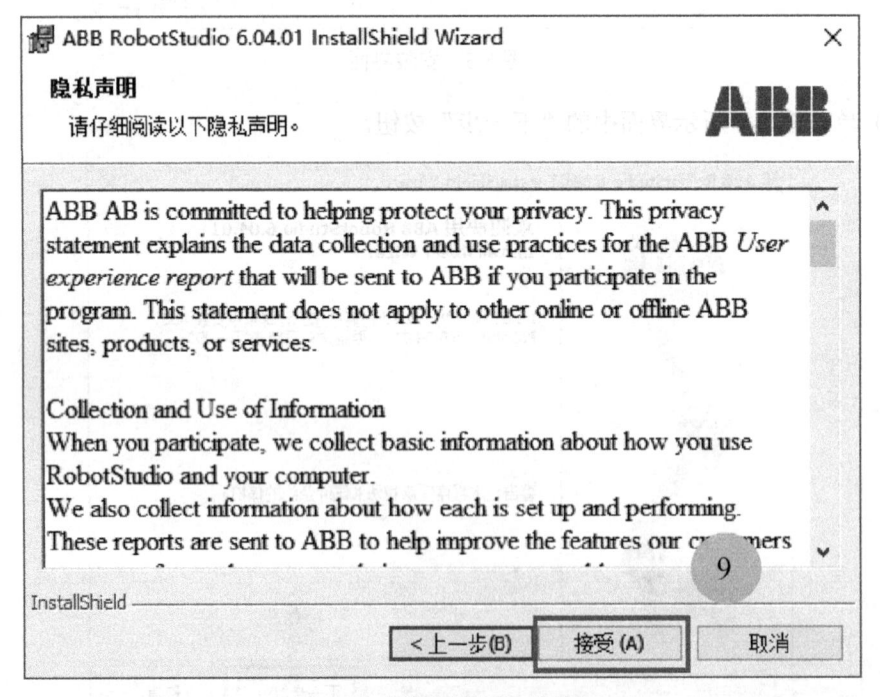

图 5-6　"隐私声明"对话框

(7) 如图 5-7 和图 5-8 所示，选择安装的路径。

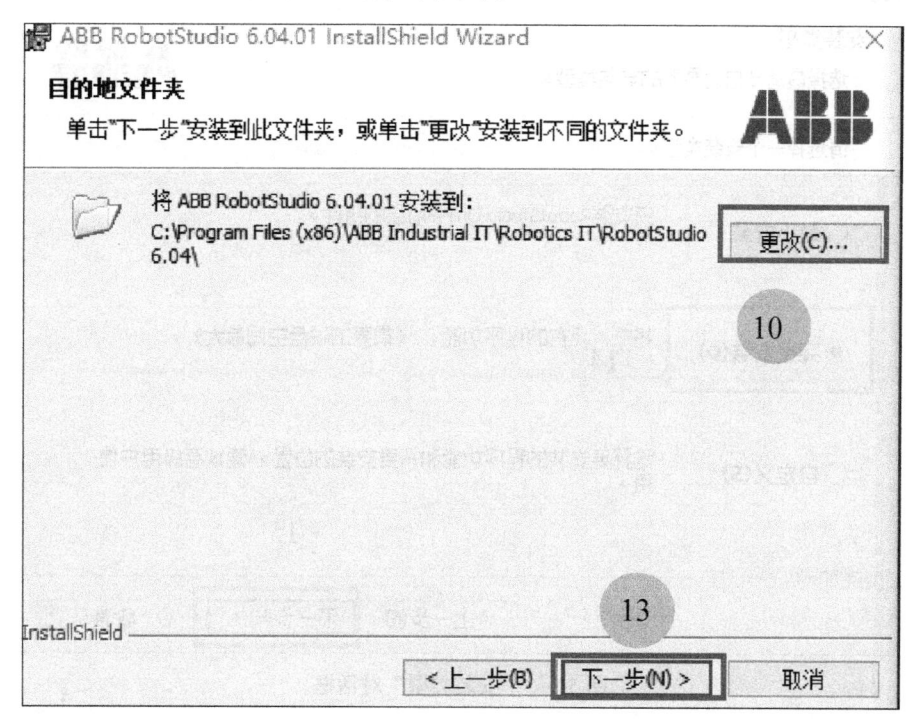

图 5-7　选择安装路径（1）

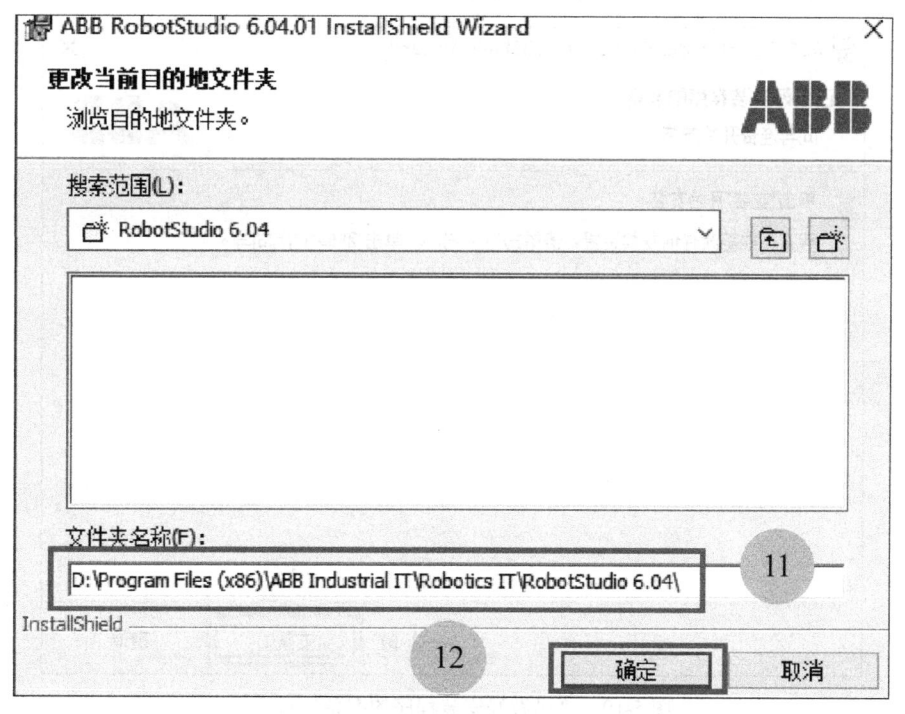

图 5-8　选择安装路径（2）

(8) 在图 5-9 所示的"安装类型"对话框中选中"完整安装（O）"单选按钮，单击"下一步"按钮。

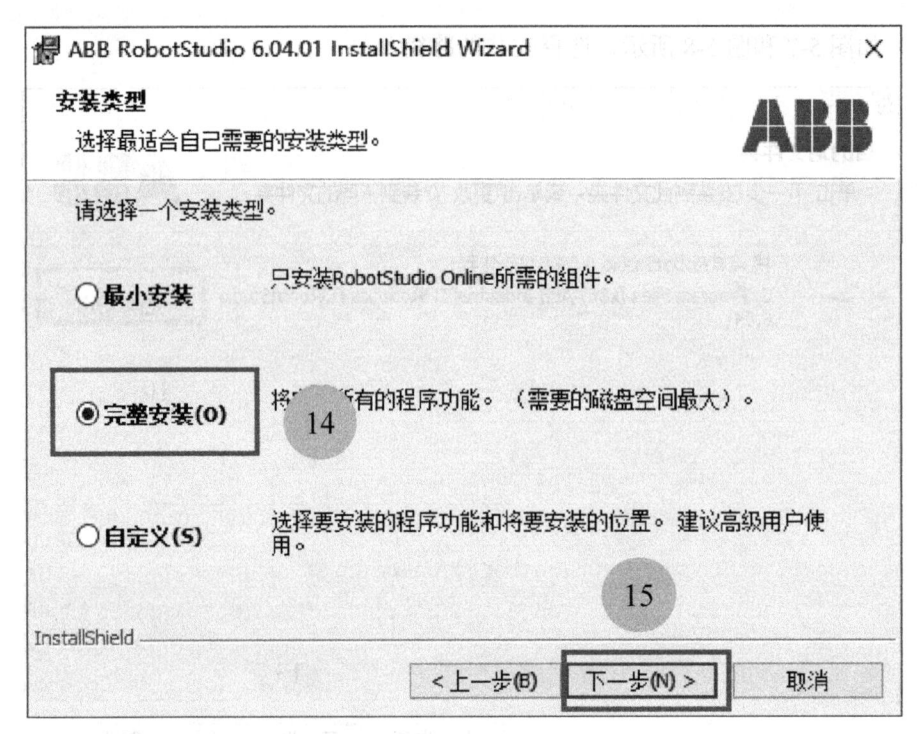

图 5-9 "安装类型"对话框

（9）在图 5-10 所示的"已做好安装程序的准备"对话框中单击"安装"按钮。

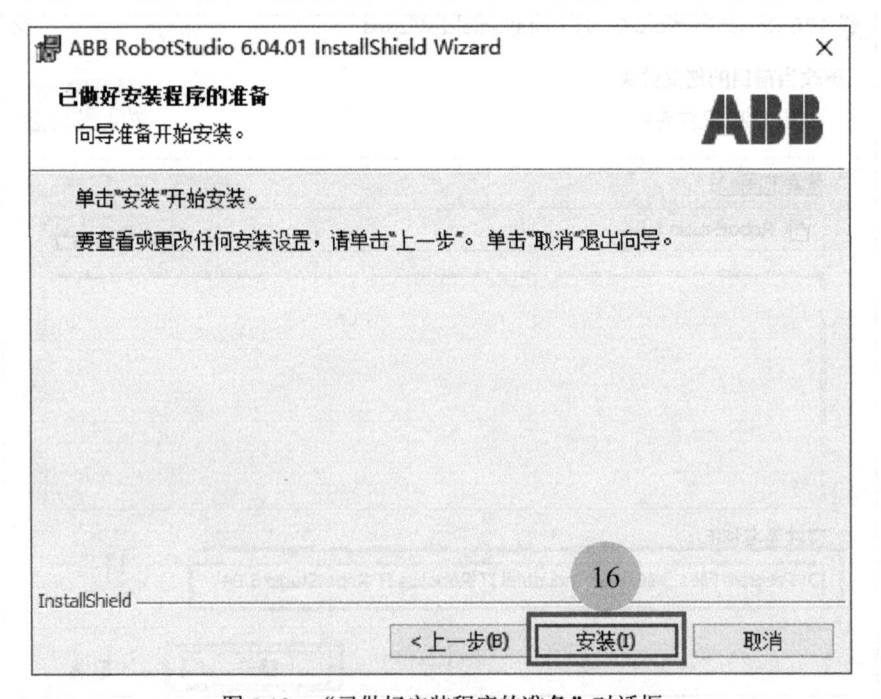

图 5-10 "已做好安装程序的准备"对话框

（10）安装过程如图 5-11 所示，等待几分钟后，在图 5-12 所示的"InstallShield Wizard 完成"对话框中单击"完成"按钮。

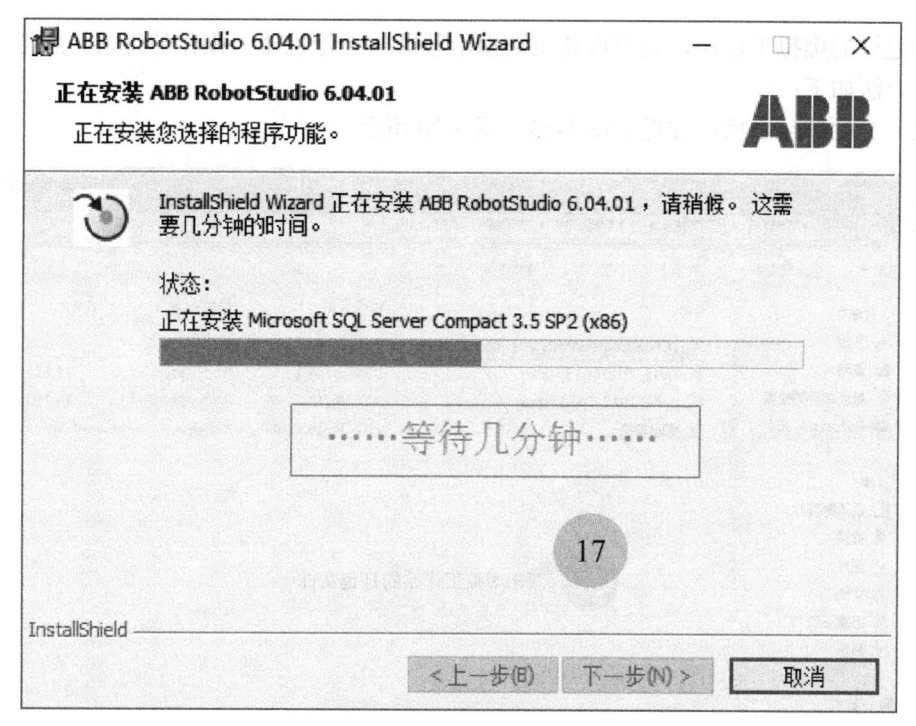

图 5-11 安装过程

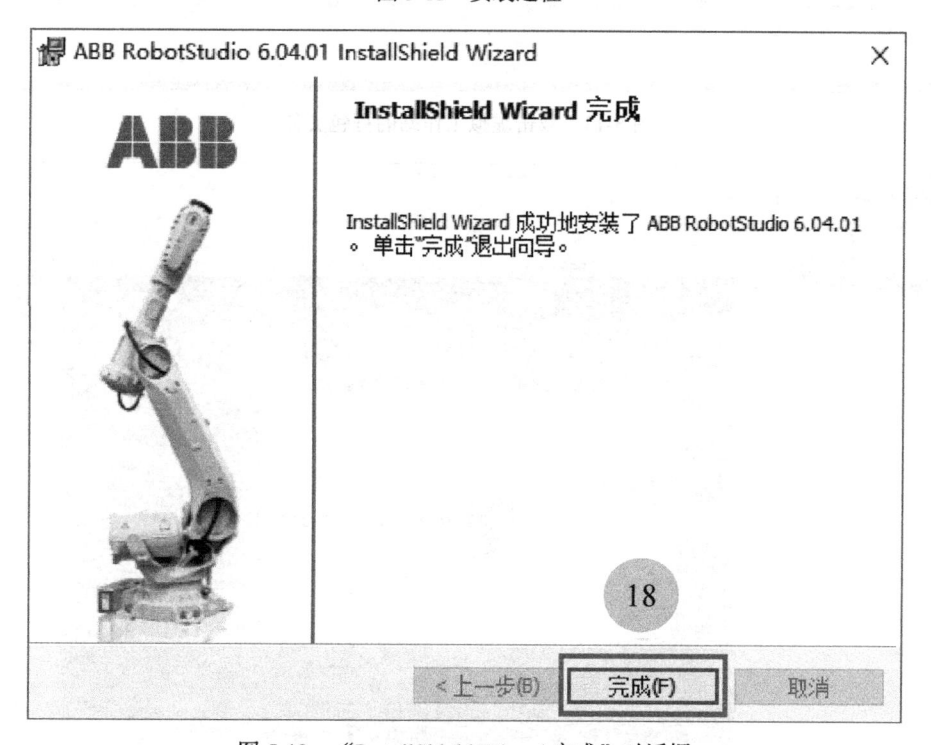

图 5-12 "InstallShield Wizard 完成"对话框

5.1.2 RobotStudio 虚拟工作站的使用

RobotStudio 提供了在计算机中进行示教器操作的练习的功能。在 RobotStudio 中打开已经创建好的虚拟工作站，就可以使用虚拟示教器，进行机器人操作的练习。虚拟工作站的打开方法如下：

（1）文件解包，操作过程如图 5-13～图 5-20 所示。

图 5-13　双击虚拟工作站的打包文件

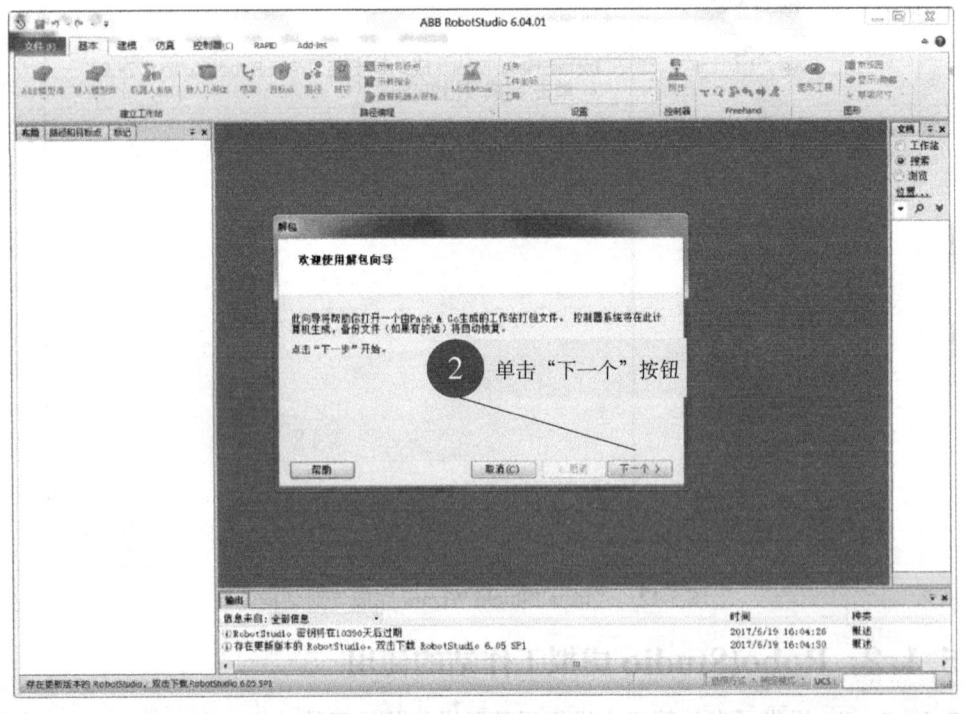

图 5-14　开始解压包

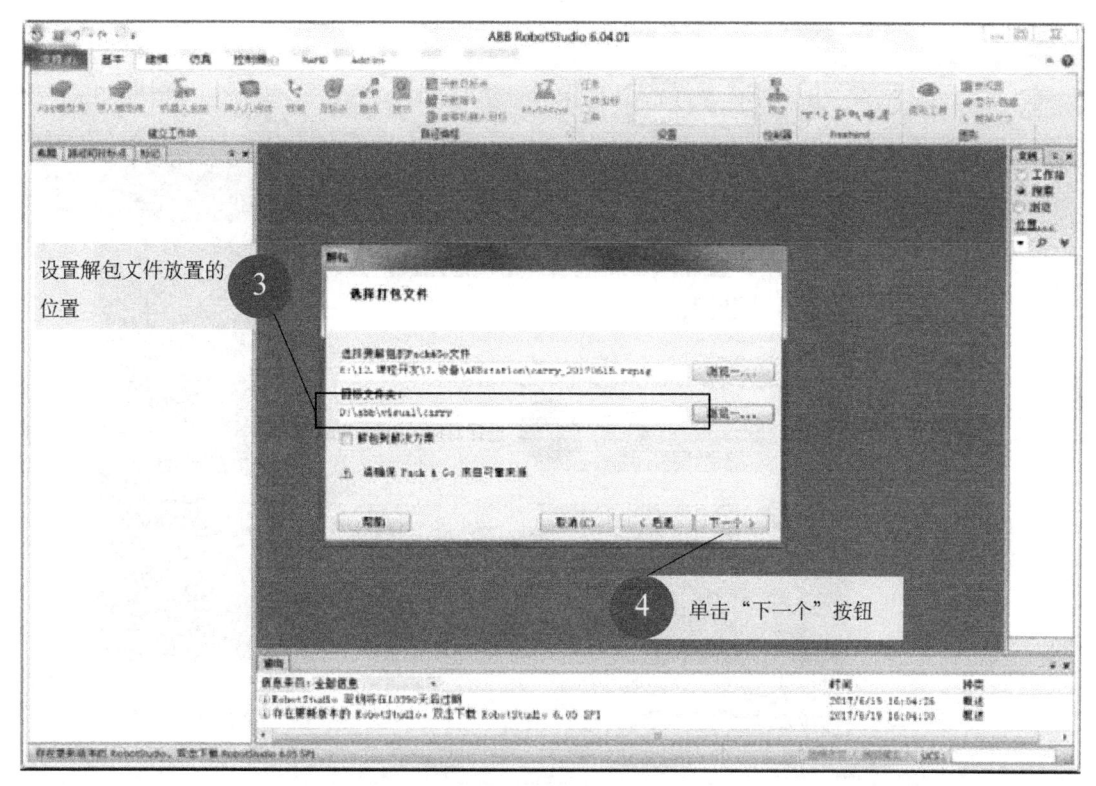

图 5-15　更改路径

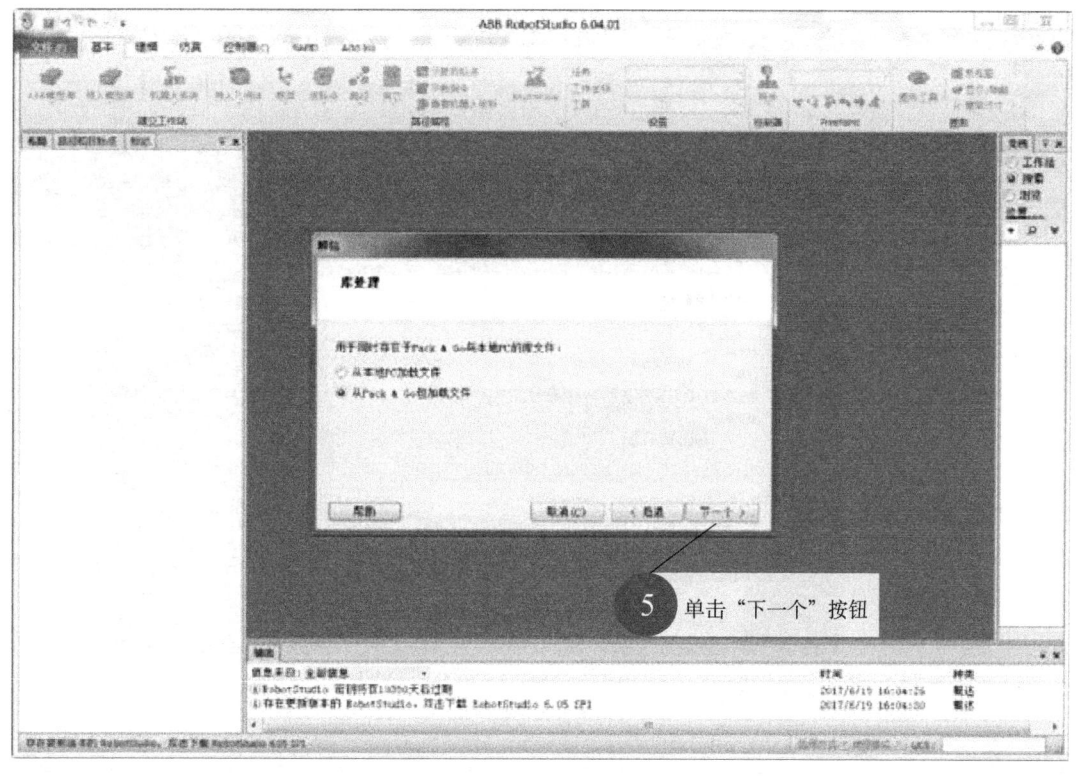

图 5-16　库处理

图 5-17 选择控制器系统

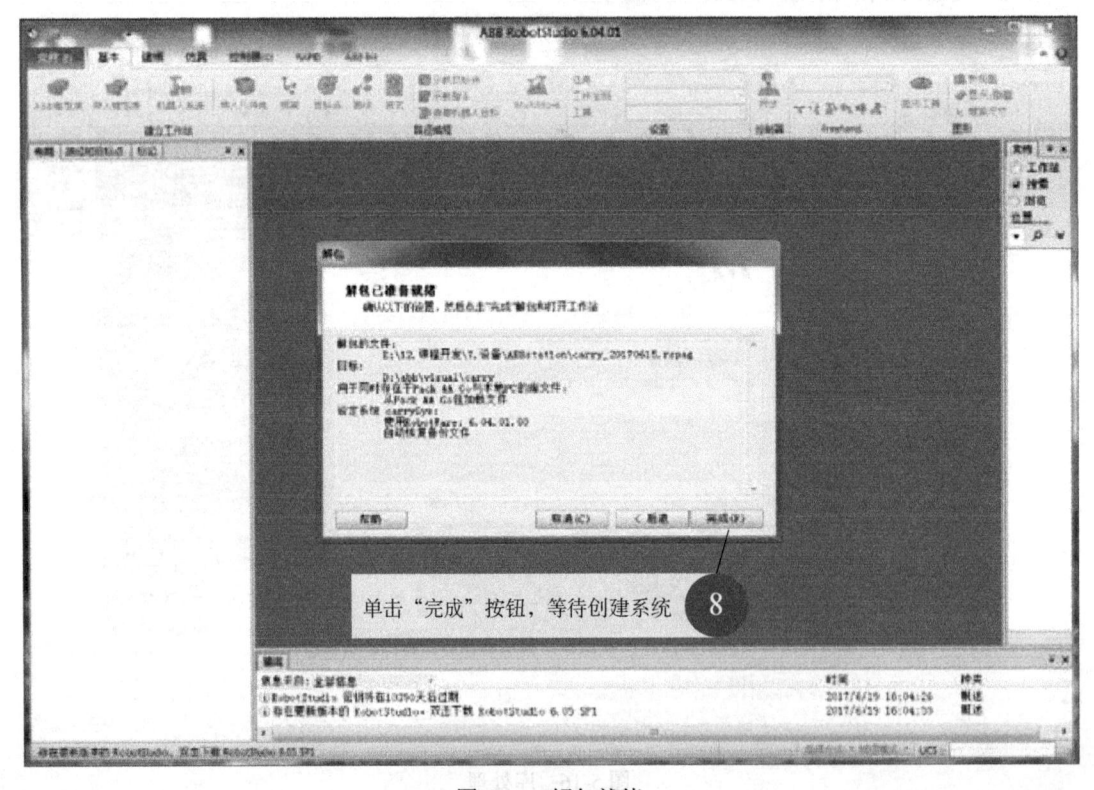

图 5-18 解包就绪

（2）打开虚拟示教器，如图 5-19～图 5-20 所示。

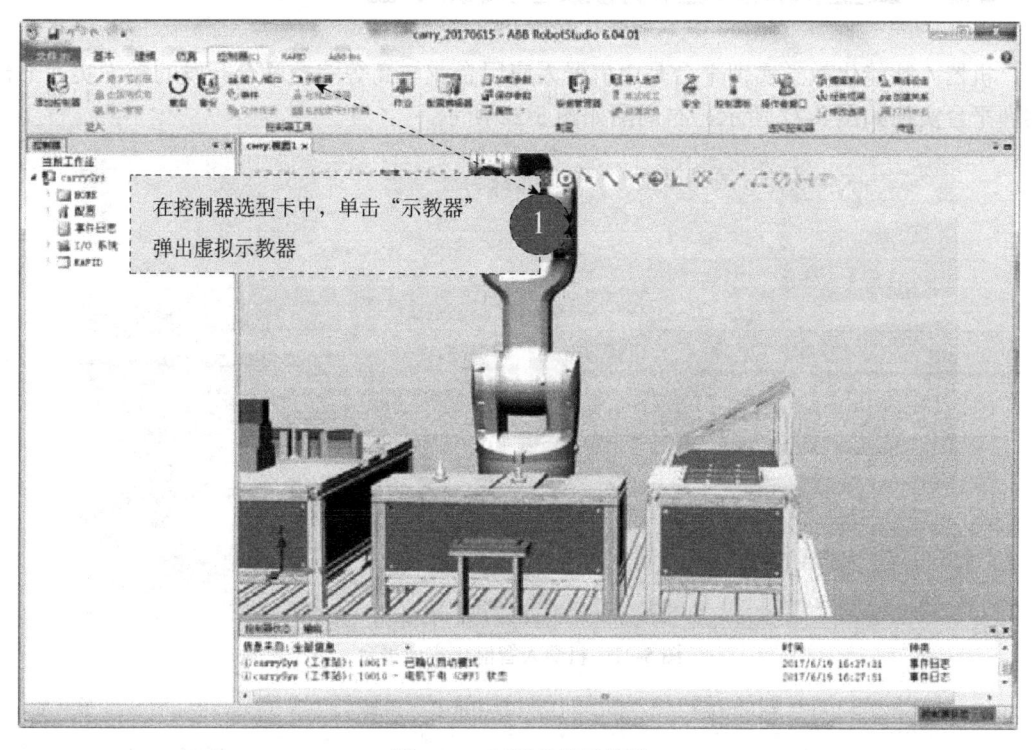

图 5-19 打开虚拟示教器

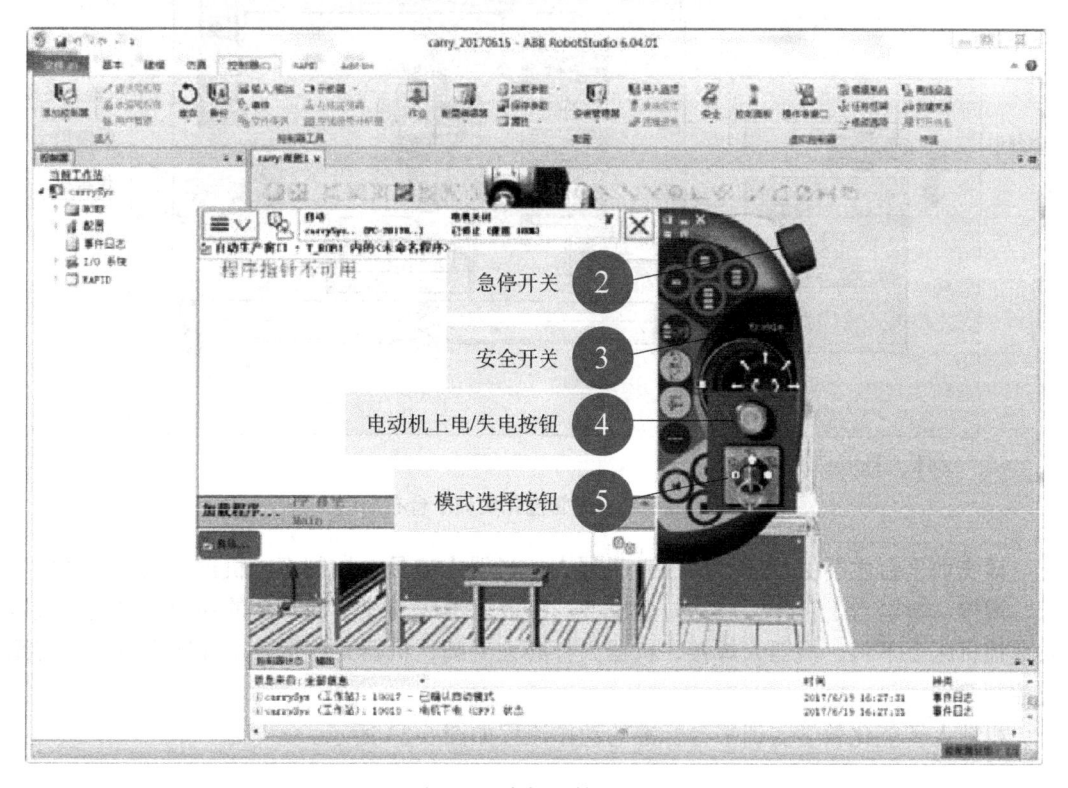

图 5-20 虚拟示教器界面

5.2 工业机器人智能化教学实训平台

机器人智能化教学实训平台是由机器人应用企业与高等院校联合开发的教学实训平台，实训平台实物如图 5-21 所示，布局图如图 5-22 所示。

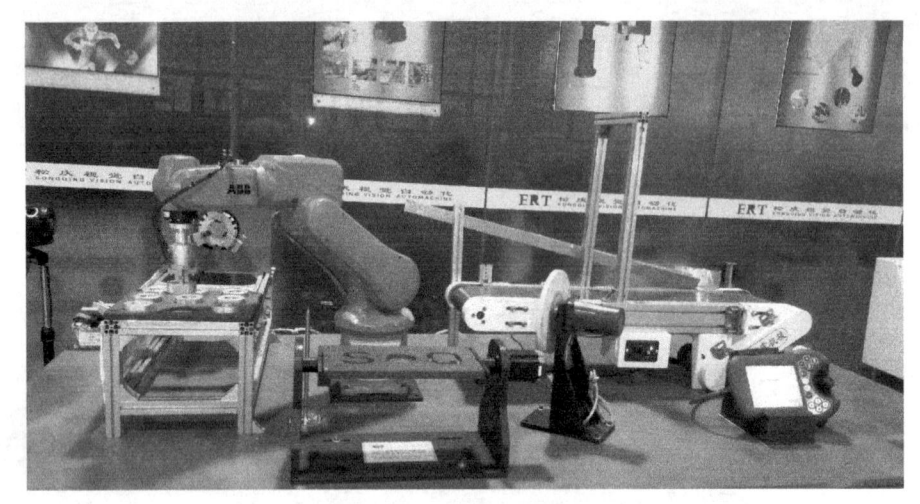

图 5-21 机器人智能化实训平台

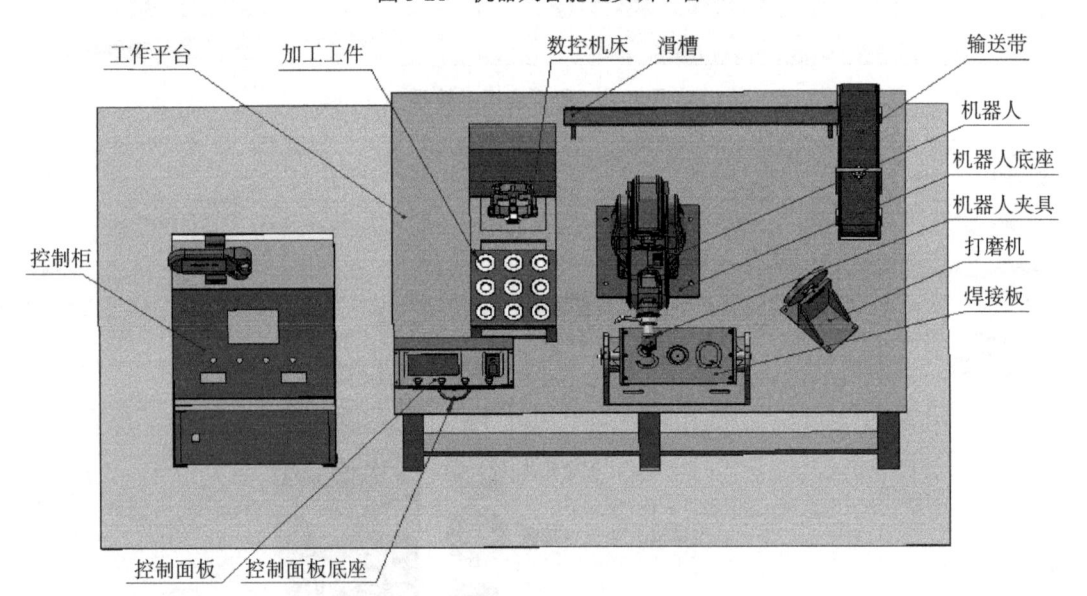

图 5-22 机器人智能化实训平台布局图

该实训平台主要由 IRB120 工业机器人、机器人夹具、控制柜、机器人底座、数控机床、滑槽、输送带、工作平台、打磨机、焊接板等组成。该实训平台的功能主要包括机器人数控机床上下料、机器人焊接、机器人打磨去毛刺、机器人搬运及工业输送带、电气系统控制等。

机器人智能化教学实训平台标准的动作流程如图 5-23 所示。

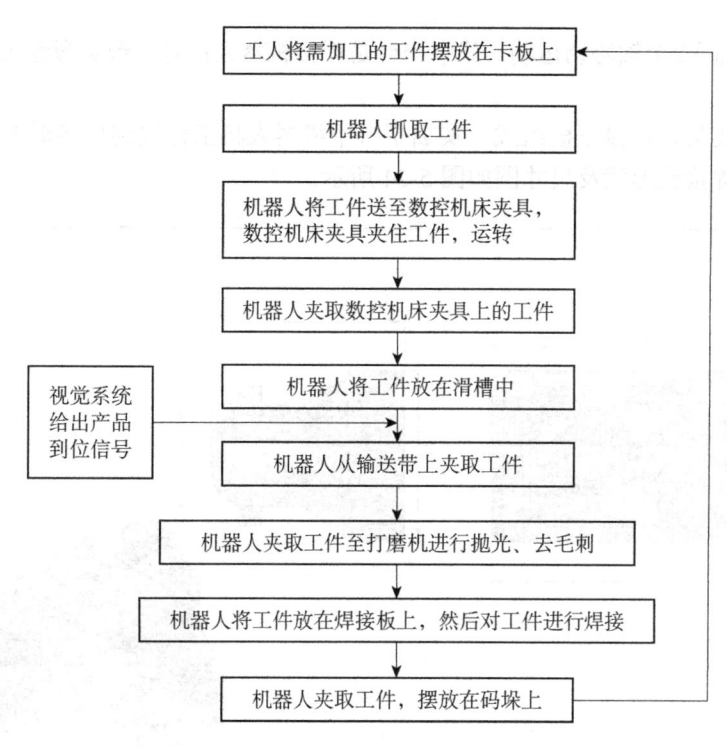

```
┌─────────────────────────────────┐
│  工人将需加工的工件摆放在卡板上  │◄──┐
└────────────────┬────────────────┘   │
                 ▼                     │
       ┌──────────────────┐            │
       │   机器人抓取工件  │            │
       └────────┬─────────┘            │
                ▼                      │
   ┌──────────────────────────┐        │
   │ 机器人将工件送至数控机床夹具, │       │
   │ 数控机床夹具夹住工件,运转   │       │
   └────────────┬─────────────┘        │
                ▼                      │
   ┌──────────────────────────┐        │
   │ 机器人夹取数控机床夹具上的工件 │     │
   └────────────┬─────────────┘        │
                ▼                      │
┌─────────┐    ┌──────────────────┐   │
│视觉系统  │    │机器人将工件放在滑槽中│   │
│给出产品  │───►└────────┬─────────┘   │
│到位信号  │             ▼              │
└─────────┘    ┌──────────────────┐   │
               │机器人从输送带上夹取工件│ │
               └────────┬─────────┘    │
                        ▼               │
          ┌──────────────────────────┐  │
          │机器人夹取工件至打磨机进行  │  │
          │抛光、去毛刺              │  │
          └────────────┬─────────────┘  │
                       ▼                │
       ┌──────────────────────────────┐ │
       │机器人将工件放在焊接板上,然后  │ │
       │对工件进行焊接                │ │
       └──────────────┬───────────────┘ │
                      ▼                 │
       ┌──────────────────────────┐     │
       │机器人夹取工件,摆放在码垛上│────┘
       └──────────────────────────┘
```

图 5-23 机器人智能化教学实训平台标准的动作流程

机器人智能化教学实训平台的工作要求如下。
（1）电力：单相 220/230 V，50～60 Hz；
（2）压缩空气：压力为 0.6MPa，50μm 无油无水气源；
（3）环境温度：5～45℃；
（4）环境相对湿度：约 95%（无结露）；
（5）工件：工件需为圆形，质量小于 3kg。

5.2.1　机器人焊接板焊接项目

焊接机器人是从事焊接（包括切割与喷涂）的工业机器人。国际标准化组织（International Organization for Standardization，ISO）工业机器人术语标准中对机器人的定义为，工业机器人是一种多用途的、可重复编程的自动控制操作机，具有 3 个或更多可编程的轴，用于工业自动化领域。为了适应不同的用途，机器人最后一个轴的机械接口通常是一个连接法兰，可接装不同工具（或称末端执行器）。焊接机器人就是在工业机器人的末轴法兰装接焊钳或焊（割）枪，使之能进行焊接、切割或热喷涂。

如果工件在整个焊接过程中无须变位，就可以用夹具把工件定位在工作台面上，这种系统最简单。但在实际生产中，更多的工件在焊接时需要变位，使焊缝处在较好的位置（姿态）上焊接。对于这种情况，变位机与机器人可以分别运动，即变位机变位后机器人再焊接；也可以同时运动，即变位机一边变位，机器人一边焊接，也就是常说的变位机与机器人协调运动。这时变位机的运动及机器人的运动复合，使焊枪相对于工件的运动既能满足焊缝轨迹又能满足焊接速度及焊枪姿态的要求。实际上，这时变位机的轴已成为机器人的组成部分，这种焊接机器人系统可以多达 20 个轴或更多。最新的机器人控制柜可以是两台机器人的组合做 12 个轴协调运动。其中一台是焊接机器人；另一台是搬运机器人，作变位机用。

焊接板由支架、焊接平板组成。实训平台中机器人将工件放到焊接板上，机器人对工件进行焊接。焊接板形状及尺寸图如图 5-24 所示。

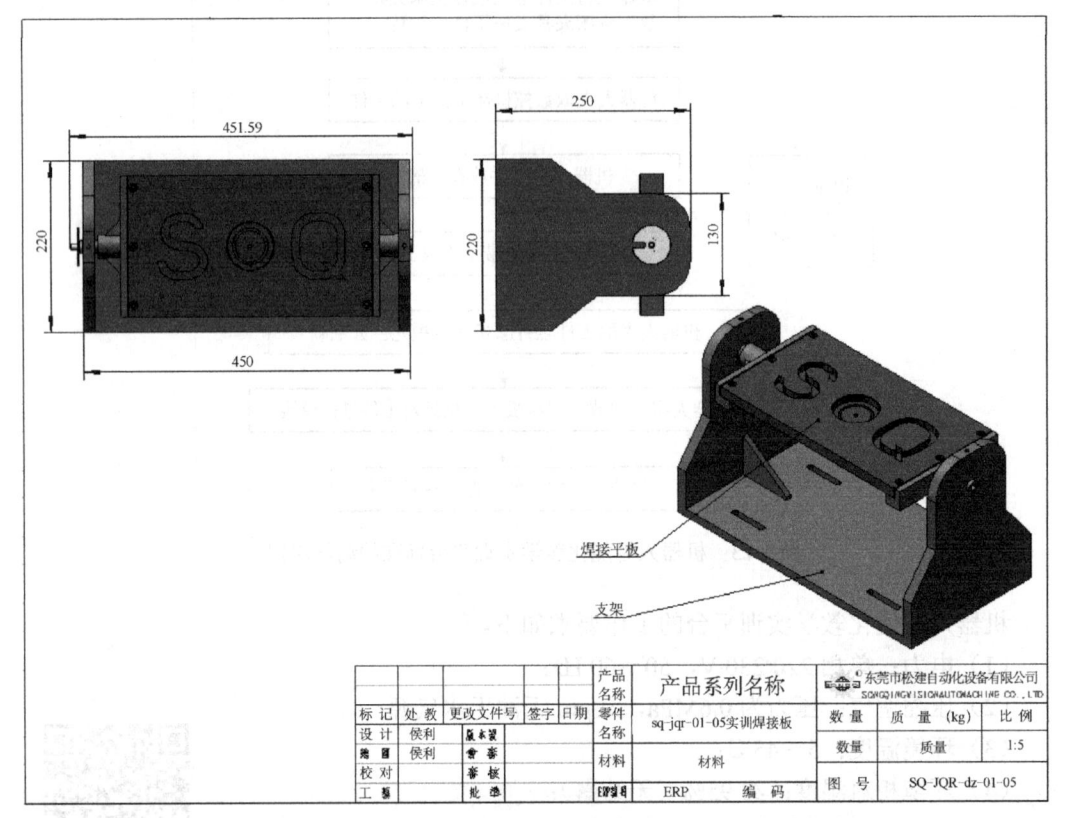

图 5-24　焊接板形状及尺寸图

机器人焊接参考程序如下：

```
PROC main()
    MoveJ Phome, v1000, z50, toolJiaShou;
    MoveL CC1, v1000, z50, toolJiaShou;
    MoveC CC11, CC21, v1000, z10, toolJiaShou;
    MoveC CC31, CC41, v1000, z10, toolJiaShou;
    MoveJ CC51, v1000, z50, toolJiaShou;
    MoveL CC61, v1000, z50, toolJiaShou;
    MoveC CC71, CC81, v1000, z10, toolJiaShou;
    MoveC CC91, CC61, v1000, z10, toolJiaShou;
ENDPROC

ENDMODULE
```

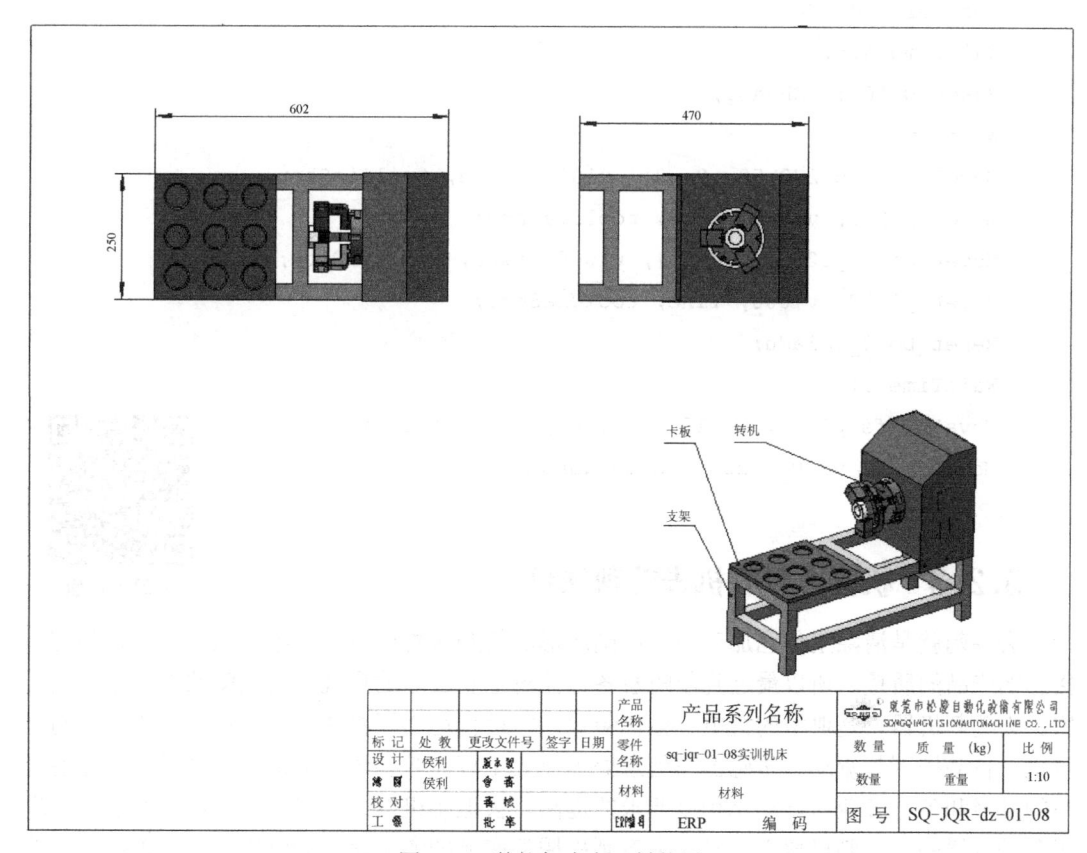

5.2.2 机器人数控机床上下料项目

数控机床上下料装置是将待加工工件送装到数控机床上的加工位置和将已加工工件从加工位置取下的自动或半自动机械装置，又称工件自动装卸装置。大部分机床上下料装置的下料机构比较简单，或上料机构兼有下料功能，所以数控机床的上下料装置也常简称为上料装置。数控机床上下料装置是自动机床的一个组成部分。半自动机床加设上下料装置后，可使加工循环连续自动进行，成为自动机床。数控机床上下料装置用于效率高、机动时间短、工件装卸频繁的半自动机床，能显著地提高生产效率和减轻工人的体力劳动。数控机床上下料装置也是组成自动生产线的必不可少的辅助装置。工业机器人能实现较复杂的动作循环，适用于形状较复杂、尺寸较大和较重的工件，以及在多品种自动化生产中作为上下料机构。自20世纪70年代以来，人们开始研究在上下料装置中应用图像识别和机器视觉等新技术。

机器人智能化教学实训平台的数控机床上下料装置（见图5-25）包括转机、卡板、支架。机器人将工件放到转机夹具上，接着数控机床开始工作，加工后数控机床停止，然后机器人将工件从转机上取下并摆放在卡板上。这就是机器人在自动化生产中作为上下料机构的运动过程。

图 5-25 数控机床上下料装置

机器人上下料参考程序如下：

```
PROC Routine1()
```

```
    MoveL p10, v1000, z50, toolJiaShou;
    MoveL Offs(pl230, 0, 0, 100), v1000, fine, toolJiaShou;
    MoveL pl230, v1000, fine, toolJiaShou;
    Set DO10_2JiaJu;
    WaitTime 1.5;
    MoveL Offs(pl230,0,0,100), v1000, fine, toolJiaShou;
    MoveJ pl260, vlOOO, fine, toolJiaShou;
    MoveJ Offs(pl270,50, 0, 0), v1000, fine, toolJiaShou;
    MoveL pl270, v1000, fine, toolJiaShou;
    Set Do10_1JiChuang;
    WaitTime 1;
    Reset Do10_2JiaJu;
    WaitTime 0.5;
    MoveJ Offs(pl270,50, 0, 0), v1000, fine toolJiaShou;
    MoveL pl270, v1000, fine, toolJiaShou;
    Set DO10_2JiaJu;
    WaitTime 0.5;
    Reset DO10_1JiChuang;
    WaitTime 1;
    MoveL Offs(pl270,50, 0, 0), v1000, fine, toolJiaShou;
    MoveJ pl260, v1000, fine, toolJiaShou;
    MoveL Offs(pl230,0,0,100), v1000, fine, toolJiaShou;
    MoveL pl230, v1000, fine, toolJiaShou;
    Reset Do10_2JiaJu;
    WaitTime 1;
    MoveL Offs(pl230,0,0,100), v1000, fine, toolJiaShou;
    MoveJ pl0, v1000, z50, toolJiaShou;
ENDPROC
```

5.2.3 机器人打磨机去毛刺项目

去毛刺就是清除工件已加工部位周围所形成的刺状物或飞边。毛刺虽然不大，但却直接影响产品的质量。所以最近几年随着各行业对毛刺去除的重视，去毛刺的方法也层出不穷。去毛刺机器人是典型的机电一体化装置，它综合运用了机械与精密机械、微电子与计算机、自动控制与驱动、传感器与信息处理及人工智能等多学科的最新研究成果。随着经济的发展和各行各业对自动化程度要求的提高，去毛刺机器人技术得到了迅速发展，出现了各种各样的去毛刺机器人产品。去毛刺机械手产品的实用化，既解决了许多单靠人力难以解决的实际问题，又促进了工业自动化的进程。

打磨机包括砂轮、支架等部分。机器人智能化教学实训平台中机器人夹取工件在打磨机上进行抛光、去毛刺的加工，此步骤模拟零件抛光、去毛刺等表面处理工艺。机器人打磨设备如图 5-26 所示。

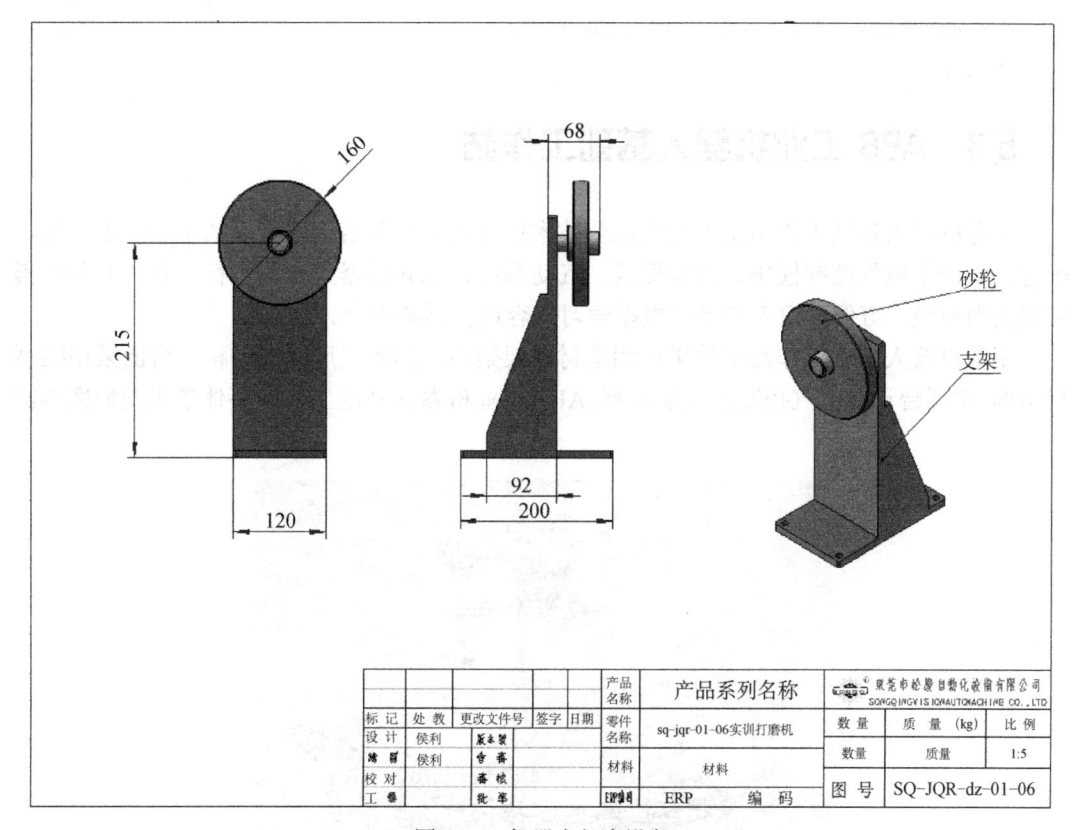

图 5-26 机器人打磨设备

机器人打磨参考程序如下：

```
PROC damo()
    MoveL p10, v300, z20, toolJiashou;
    MoveJ p570, v1500, z20, toolJiashou;
    MoveJ p580, v200, z20, toolJiashou;
    MoveJ p590, v800, fine, toolJiashou;
    MoveJ p600, v800, fine, toolJiashou;
    MoveJ p610, v1000, fine, toolJiashou;
    MoveJ p620, v200, fine, toolJiashou;
    MoveJ p630, v800, fine, toolJiashou;
    MoveJ p620, v800, fine, toolJiashou;
    MoveJ p640, v800, z20, toolJiashou;
    MoveJ p650, v800, z20, toolJiashou;
    MoveJ p660, v1000, z20, toolJiashou;
    MoveJ p670, v800, fine, toolJiashou;
    MoveJ p680, v800, fine, toolJiashou;
    MoveJ p670, v800, fine, toolJiashou;
```

```
    MoveJ p690, v1000, z20, toolJiashou;
    MoveJ p10, v1000, z20, toolJiashou;
ENDPROC
```

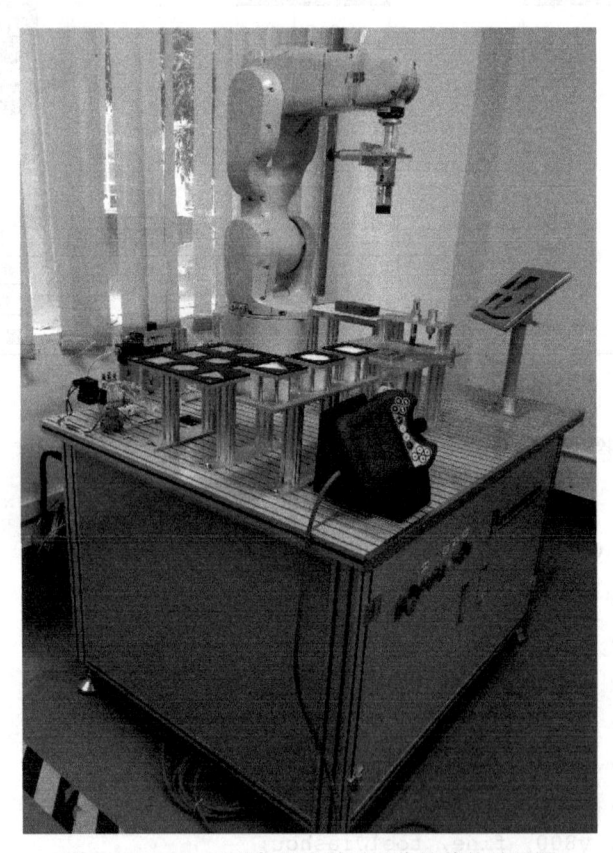

5.3 ABB 工业机器人基础工作站

工业机器人基础工作站是专门为职业技术技能人才培养培训而开发的工业机器人实训平台，集合了电气控制模块、操作面板、气动系统、三套机器人末端执行工具和多种可拆装式实训模块，方便学习者和老师根据学习内容进行拆装组合。

工业机器人基础工作站整体采用铝型材框架架构，侧面采用钣金结构，台面采用铝型材结构，实训台设有电气控制台安装位置。ABB 工业机器人基础工作站整体效果图如图 5-27 所示。

图 5-27 ABB 工业机器人基础工作站整体效果图

ABB 工业机器人基础工作站以 ABBR1200 工业机器人为载体，将工业机器人在实际生产中常用的校准、搬运、码垛、涂胶、焊接的案例提取出来，集成到这个多功能的实训平台。

设备组成：供电电源（AC 208～230V）、供气气源（配备空气压缩机一台，三联件一套）、机器人本体（R1200）、控制柜（IRC5C 紧凑型）、示教器、实训台（整体采用铝型材框架架构，钣金侧面，铝型材台面，下面设有柜子门。总体尺寸为 1200mm×960mm×720mm，采用的是模块化方式，很方便进行设备的升级与拓展）、实训模块（由吸盘夹具组合模块、轨迹规划模块、码垛模块、搬运模块、坐标系模块、手机打磨模块六大模块组成）、电气控制电路板模块（包含漏电保护器、熔断器、按钮、中间继电器等电气控制元件）。ABB 工业机器人基础工作站各个模块如图 5-28 所示。

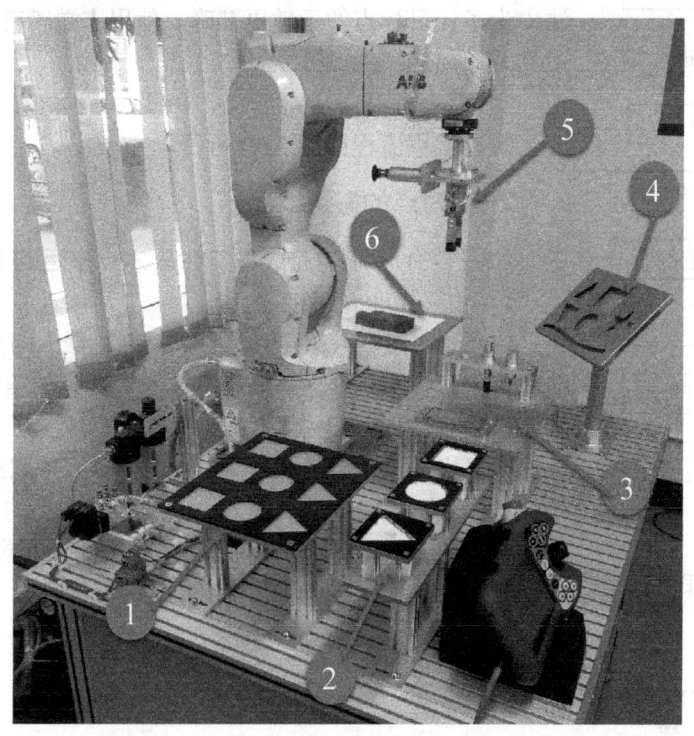

1—搬运模块；2—码垛模块；3—坐标系模块；4—轨迹规划模块；
5—吸盘夹具组合模块；6—手机打磨模块

图 5-28　工业机器人基础工作站各个模块

1. 轨迹编程

下面将进行机器人运动轨迹的示教编程，练习运动指令的使用。如图 5-29 所示，通过示教编程，让机器人沿着轨迹规划模块上的图形（三角形和圆形）运动。

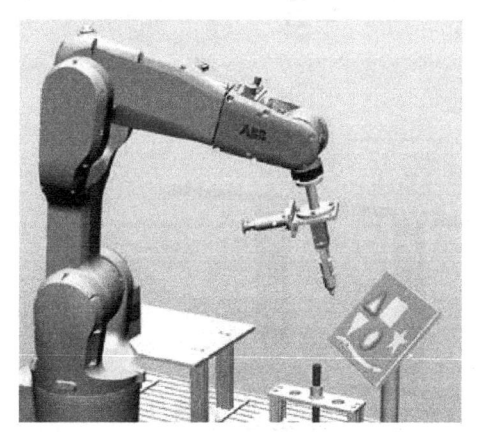

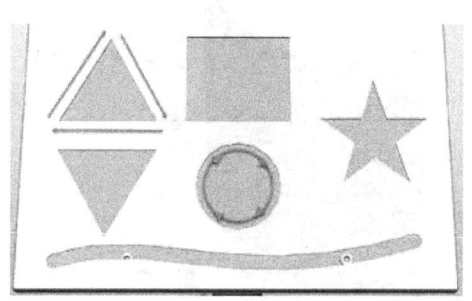

图 5-29　轨迹编程

1) 动作规划

对机器人进行示教编程，使机器人的 TCP 沿着轨迹规划模块上的图形（三角形和圆形）进行运动，练习运动指令的使用方法。为了让目标点的示教更准确，使用末端带有尖点 TCP 标定工具。

2) 程序流程

轨迹编程流程如图 5-30 所示。

2. 点对点的搬运编程

如图 5-31 所示，完成将工件从 A 点搬运到 B 点进行放置。

1) 相关指令介绍

I/O 控制指令：I/O 信号用于控制机器人与外围设备进行通信和协作。输入信号是外围设备输入机器人的信号，告诉机器人应该执行哪些任务。例如，在进行数控机床上下料的应用中，数控机床发出一个信号给机器人，告诉机器人采取继续等待还是下料的动作。输出信号是机器人输出到外围设备的，用于告诉外围设备应该执行什么动作，如夹爪夹取工件、变位机变位等。I/O 控制指令就是用于控制 I/O 信号的。

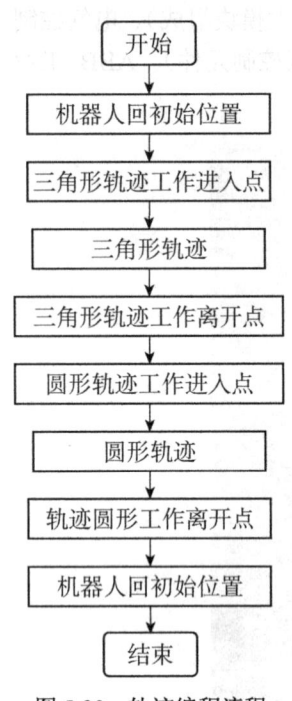

图 5-30 轨迹编程流程

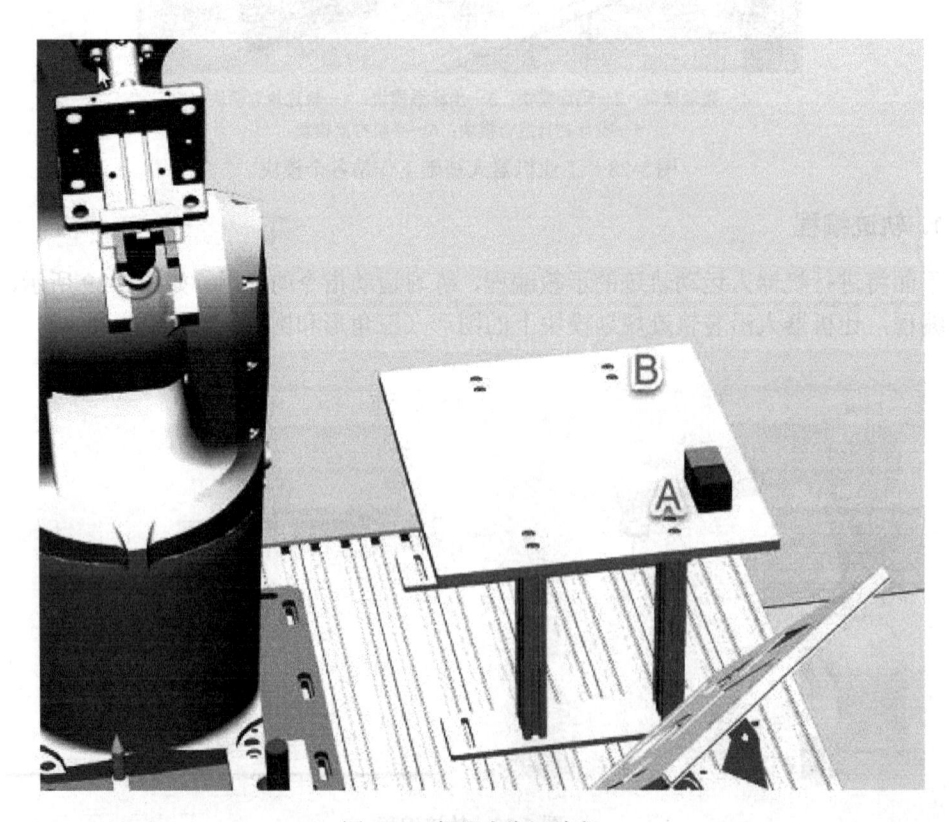

图 5-31 机器人搬运编程

➢ Set 数字信号置位指令：用于将数字输出信号置为"1"。
➢ Reset 数字信号复位指令：用于将数字输出信号置位为"0"。
➢ WaitDI 数字输入信号判断指令：用于判断数值输入信号的值是否与目标一致。
➢ WaitDO 数值输出信号指令：用于判断数值输出信号的值是否与目标一致。
➢ WaitUtill 信号判断指令：可以用于布尔量、数值量和 I/O 信号值的判断。如果条件达到指令中的设定值，程序继续往下执行，否则一直等待，除非设置了最大等待时间。
➢ WaitTime 时间等待指令：用于程序在等待一个指定的时间后，再继续向下执行。

2）任务规划

此任务中需分别完成两个工件的搬运动作。

3）程序流程

搬运编程流程如图 5-32 所示。

4）I/O 配置

（1）配置 I/O 板。在基础工作站中已经连接好标准 I/O 板 DSQC652，参数设置如图 5-33 所示。

（2）定义 I/O 信号。创建用于控制吸盘的数字量输出信号，参数设置如图 5-34 所示。

5）程序编写

（1）创建工具坐标系。创建名为"tool_Cupula"的工具数据，并进行标定。工具坐标系如图 5-35 所示。

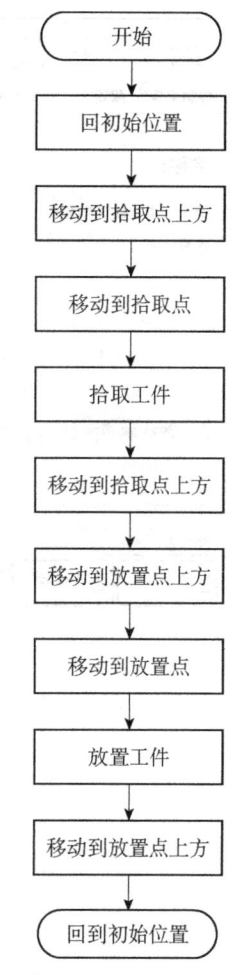

图 5-32 搬运编程流程

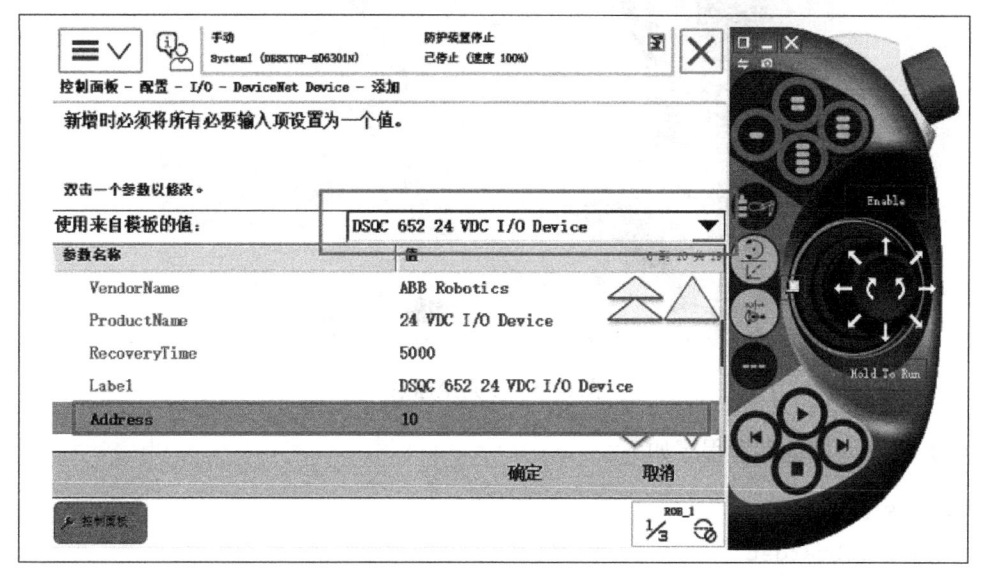

图 5-33 I/O 板参数设置

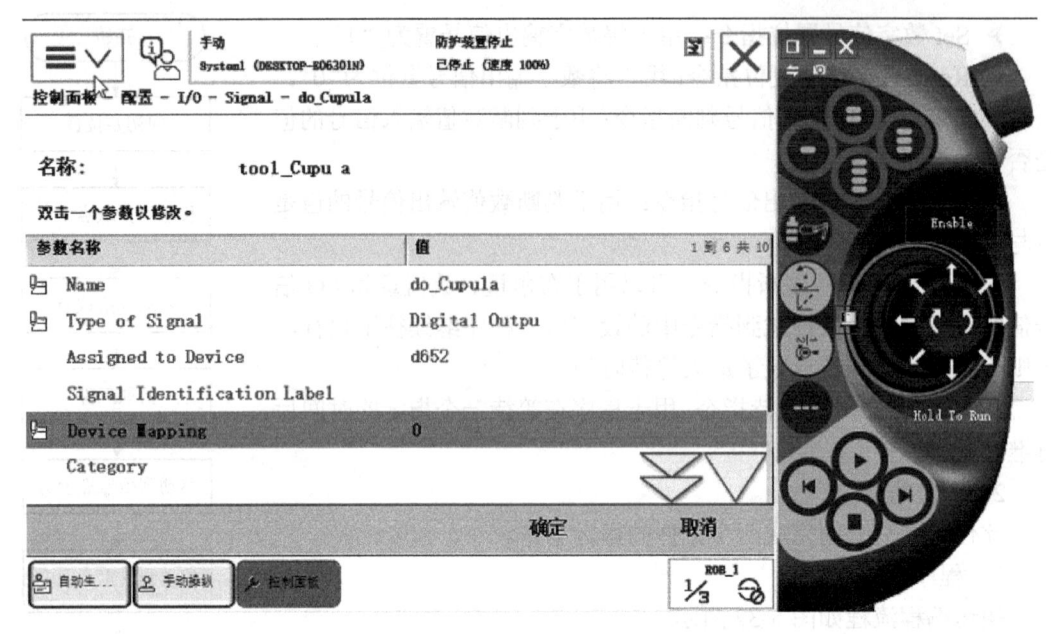

图 5-34 I/O 信号参数设置

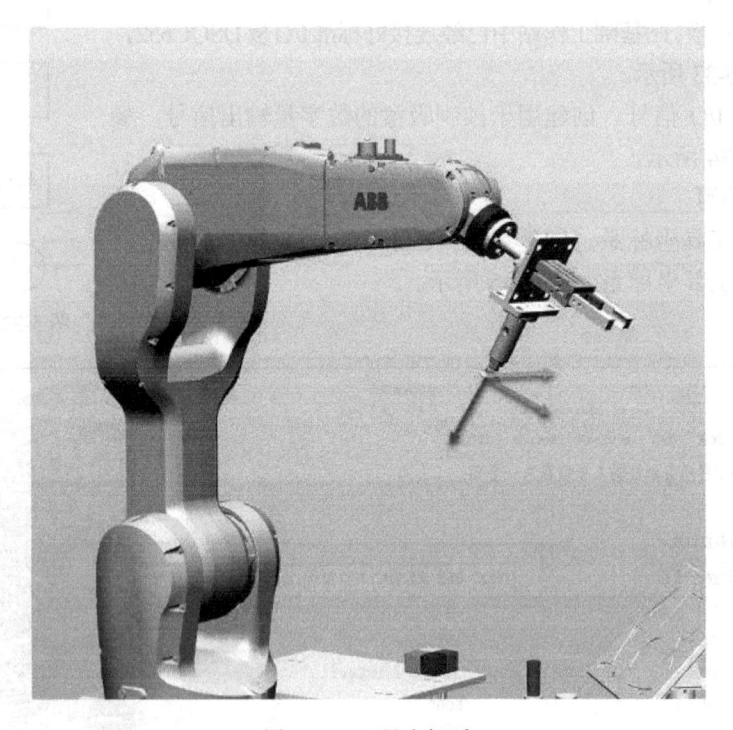

图 5-35 工具坐标系

（2）机器人搬运参考程序如下：

MODULE MainModule
　CONST robtarget
　phome:=[[533.00,0.00,889.10],[0.707107,0,0.707107,0],[0,0,0,0],[9E+09,9E+09,9E+09,9E+09,9E+09,9E+09]];

```
        CONST robtarget
    phome10:=[[533.00,0.00,889.10],[0.707107,0,0.707107,0],[0,0,0,0],[9E+09,
9E+09,9E+09,9E+09,9E+09,9E+09]];
        CONST robtarget ph1:=[[-48.14,516.01,449.80],[0.707107,-1.38145E-07,0.707106,
-4.44515E-07],[1,-1,1,0],[9E+09,9E+09,9E+09,9E+09,9E+09,9E+09]];
        CONST robtarget
    ph11:=[[533.00,0.00,889.10],[0.707107,0,0.707107,0],[0,0,0,0],[9E+09,9E+
09,9E+09,9E+09,9E+09,9E+09]];
        CONST robtarget p10:=[[-48.14,509.42,365.70],[0.707107,-1.2929E-07,0.707107,
-1.47485E-07],[1,-1,1,0],[9E+09,9E+09,9E+09,9E+09,9E+09,9E+09]];
        CONST robtarget p20:=[[-48.14,509.42,384.59],[0.707108,-2.82639E-07,0.707106,
-4.42074E-07],[1,-1,1,0],[9E+09,9E+09,9E+09,9E+09,9E+09,9E+09]];
        CONST robtarget
    p30:=[[533.00,0.00,889.10],[0.707107,0,0.707107,0],[0,0,0,0],[9E+09,9E+09,
9E+09,9E+09,9E+09,9E+09]];
        CONST robtarget
    ph21:=[[533.00,0.00,889.10],[0.707107,0,0.707107,0],[0,0,0,0],[9E+09,9E+
09,9E+09,9E+09,9E+09,9E+09]];
        CONST robtarget ph2:=[[-48.14,509.42,384.59],[0.707108,-2.82639E-07,
0.707106,-4.42074E-07],[1,-1,1,0],[9E+09,9E+09,9E+09,9E+09,9E+09,9E+09]];
        CONST robtarget
    ph12:=[[533.00,0.00,889.10],[0.707107,0,0.707107,0],[0,0,0,0],[9E+09,9E+
09,9E+09,9E+09,9E+09,9E+09]];
        CONST robtarget
    p40:=[[533.00,0.00,889.10],[0.707107,0,0.707107,0],[0,0,0,0],[9E+09,9E+
09,9E+09,9E+09,9E+09,9E+09]];
        CONST robtarget
    ph22:=[[533.00,0.00,889.10],[0.707107,0,0.707107,0],[0,0,0,0],[9E+09,9E+
09,9E+09,9E+09,9E+09,9E+09]];

    PROC main()
        MoveJ phome, v200, z10, tool_Cupula;
        MoveJ ph1, v200, z10, tool_Cupula;
        MoveL p10, v200, fine, tool_Cupula;
            Set do0_xipang;
            WaitTime 0.5;
        MoveL ph1, v200, fine, tool_Cupula;
        MoveJ ph2, v200, fine, tool_Cupula;
        MoveL p20, v100, fine, tool_Cupula;
```

```
    Reset do0_xipang;
    WaitTime 0.5;
    MoveL ph2, v100, fine, tool_Cupula;
    MoveJ phome, v100, fine, tool_Cupula;
  ENDPROC
ENDMODULE
```

3. 多工件搬运编程

如图 5-36 所示，需要将图 5-36（a）所示的 3 个长方体工件放置到图 5-36（b）所示的指定位置。

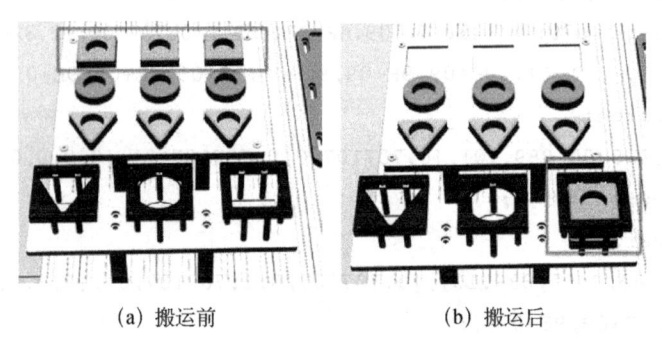

(a) 搬运前　　　　　　　　(b) 搬运后

图 5-36　多工件搬运说明

1）相关指令介绍

（1）Compact IF 紧凑型条件判断指令：当一个条件满足后，就执行一句指令。

（2）IF 条件判断指令：根据不同的条件执行不同的指令。

（3）FOR 重复执行指令：用于一个或多个指令需要重复执行数次的情况。

（4）WHILE 条件判断指令：用于在给定条件下，一直重复执行对应的指令。

（5）TEST 指令：用于进行数据的判断，然后执行对应的语句。

（6）ProcCall 指令：用于在指定位置调用子程序。

（7）Offs 偏移指令：用于对机器人目标点进行偏移。

2）任务规划

此任务中，机器人需进行 3 个工件的搬运，如果对每个工件的位置进行示教，会是一件非常烦琐的事情，在此任务中只示教几个基准的位置，然后计算出其他位置数据，机器人要完成的任务有计算对应拾取点和放置点的位置、工件的拾取、工件的放置、判断是否完成搬运等。

3）程序流程

多工件搬运编程流程如图 5-37 所示。

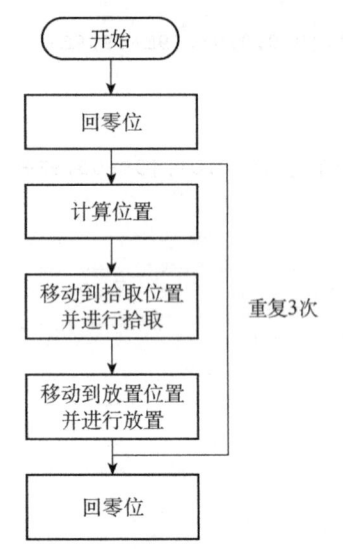

图 5-37　多工件搬运编程流程

4）路径规划

此任务中，机器人的路径和点对点搬运类似，不同的是需要进行多次拾取和放置。

5）I/O 配置

（1）配置 I/O 板。在基础工作站中已经连接好标准 I/O 板 DSQC652，参数设置如图 5-38 所示。

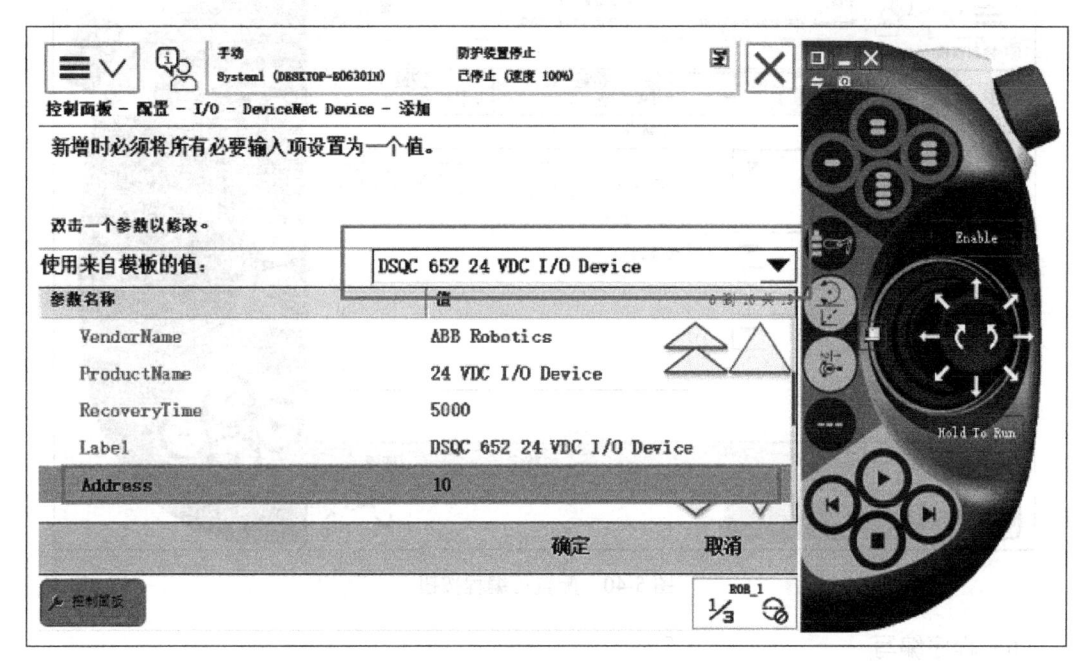

图 5-38　I/O 板参数设置

（2）配置 I/O 信号。创建用于控制吸盘的数字量输出信号，参数设置如图 5-39 所示。

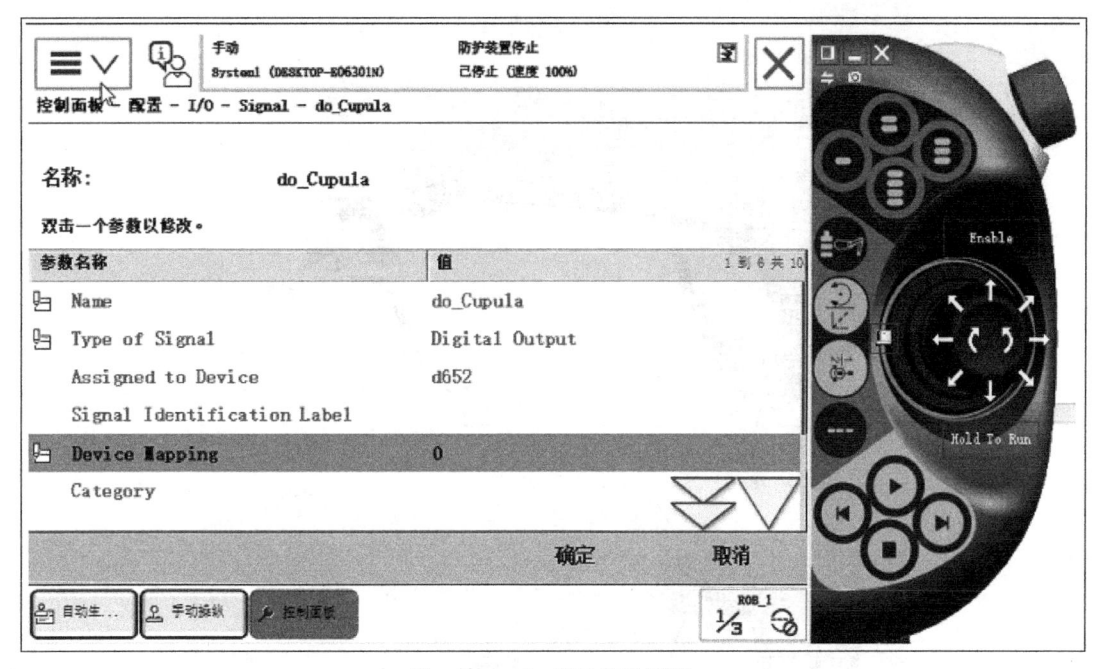

图 5-39　I/O 信号参数设置

（3）配置可编程按钮。为方便示教，配置可编程按钮，这样可以通过可编程按钮控制夹爪的开合，如图 5-40 所示。

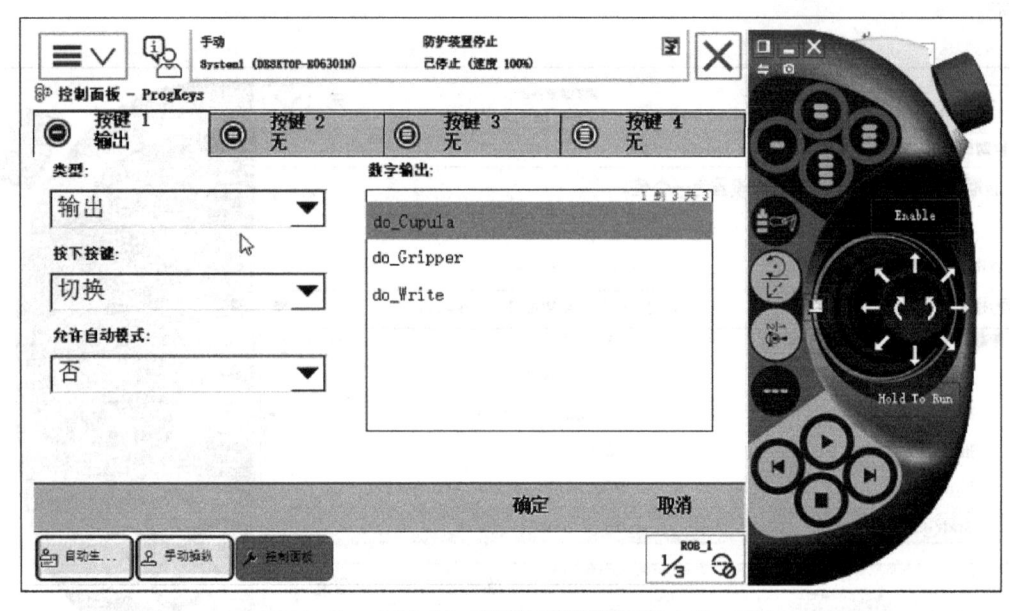

图 5-40　配置可编程按钮

6）程序编写

（1）创建工具坐标系。创建名为"tool_Cupula"的工具数据，并进行标定。工具坐标系如图 5-41 所示。

图 5-41　工具坐标系

（2）设定工件坐标系。创建名为"Wobj_Carry"的工件坐标系，如图5-42所示。

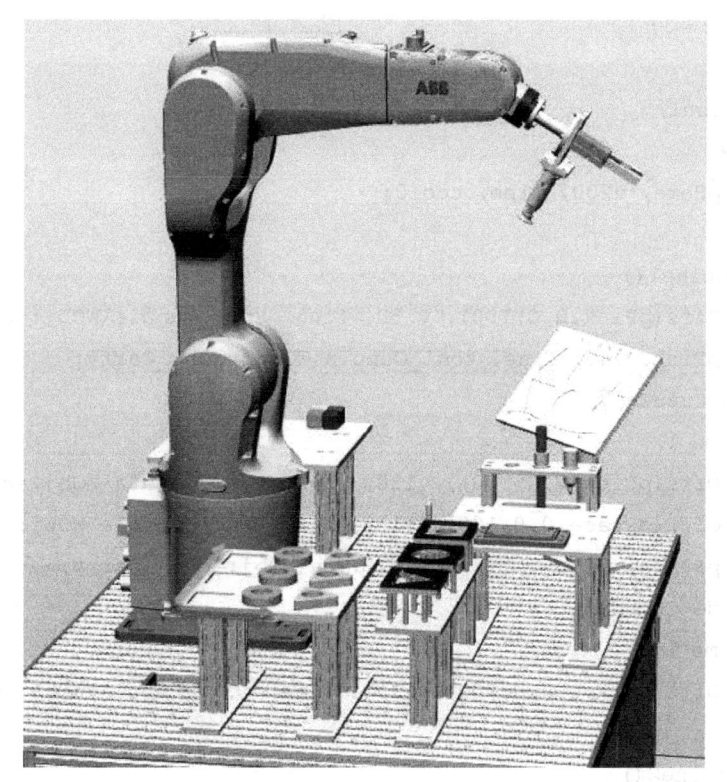

图 5-42　工件坐标系

（3）多工件搬运机器人参考程序如下：

```
MODULE MainModule
 VAR robtarget
pHome:=[[522.01,0.00,848.10],[0.5,0,0.866025,0],[0,0,0,0],[9E+09,9E+09,
9E+09,9E+09,9E+09,9E+09]];
 VAR num i:=0;
 VAR robtarget
pPick:=[[522.01,0.00,848.10],[0.5,0,0.866026,0],[0,0,0,0],[9E+09,9E+09,
9E+09,9E+09,9E+09,9E+09]];
 VAR robtarget p10:=[[30.72,-315.00,338.70],[0.707107,5.15978E-07,0.707107,
4.77446E-07],[-2,-2,0,1],[9E+09,9E+09,9E+09,9E+09,9E+09,9E+09]];
 VAR robtarget
pPlace:=[[522.01,0.00,848.10],[0.5,0,0.866026,0],[0,0,0,0],[9E+09,9E+09,
9E+09,9E+09,9E+09,9E+09]];
 VAR robtarget p20:=[[355.29,-289.00,338.70],[0.707107,2.93957E-07,0.707107,
2.22229E-07],[-1,-1,0,1],[9E+09,9E+09,9E+09,9E+09,9E+09,9E+09]];
 PROC main()
    MoveJ pHome, v200, z20, tool0;
```

```
        FOR i FROM 1 TO 3 DO
            reg1 := i;
Routine2;
            Routine1;
        ENDFOR
        MoveJ pHome, v200, fine, tool0;
    ENDPROC
    PROC Routine1()
        MoveJ Offs(pPick,0,0,100), v150, fine, tool_Cupula\WObj:=Wobj_Carry;
        MoveL pPick, v40, fine, tool_Cupula\WObj:=Wobj_Carry;
        Set do_Cupula;
        WaitTime 1;
        MoveL Offs(pPick,0,0,100), v150, fine, tool_Cupula\WObj:=Wobj_Carry;
        MoveL Offs(pPlace,0,0,100), v150, fine, tool_Cupula\WObj:=Wobj_Carry;
        MoveL pPlace, v40, fine, tool_Cupula\WObj:=Wobj_Carry;
        Reset do_Cupula;
        WaitTime 1;
        MoveJ Offs(pPlace,0,0,100), v150, fine, tool_Cupula\WObj:=Wobj_Carry;
    ENDPROC
    PROC Routine2()
TEST reg1
        CASE 1:
            pPick := p10;
            pPlace := p20;
        CASE 2:
            pPick := Offs(p10,0,-100,0);
            pPlace := Offs(p20,0,0,20);
        CASE 3:
            pPick := Offs(p10,0,-200,0);
            pPlace := Offs(p20,0,0,40);
        ENDTEST
    ENDPROC
ENDMODULE
```

5.4 喷雾取件一体工业机器人

压铸是现代制造业中非常重要的制造工艺之一，在汽车、航空航天、家电等各行业中均得到了非常广泛的应用。但压铸生产因其粉尘浓度大、噪声大、温度高和有害气体较多、操作单调等原因，对自动化生产的需求尤为迫切。常规的压铸工艺流程如图 5-43 所示，取件机器人处于压铸机旁(原点位置),喷雾机器人进入压铸机,对压铸模具的模面进行喷雾。喷雾机器人喷雾完成后离开压铸机回到原位,给出完成信号。压铸机接收到信号后合模射出,射出完成后产品在动模面滞留。压铸机接收到开模信号后模具开模。取件机器人接收到开模完成信号后进入压铸机夹取产品,机器人夹取产品经光电检测架检测产品,若产品异常,则报警停机;若产品正常,取件机器人则将产品按顺序依次放于风冷架上,同时给出喷雾启动信号,喷雾机器人接收到信号,下一次压铸开始。在压铸过程中取件机器人接收到冷却完成信号,从冷却架上夹取产品放入切边机(若产品有需要,则先打渣包再放入切边机),切边机接到切边信号后对产品进行切边处理,取件机器人接到切边完成信号后从切边机上取出产品放于输送带上,输送带送出产品,机器人回到原点。利用多台机器人将浇注、压铸、喷雾、取件、切边、清洗及产品入库等压铸工艺集成到了一起。因此,将压铸生产的喷雾及取件集成到一台机器人上,实现喷雾取件一体化机器人。

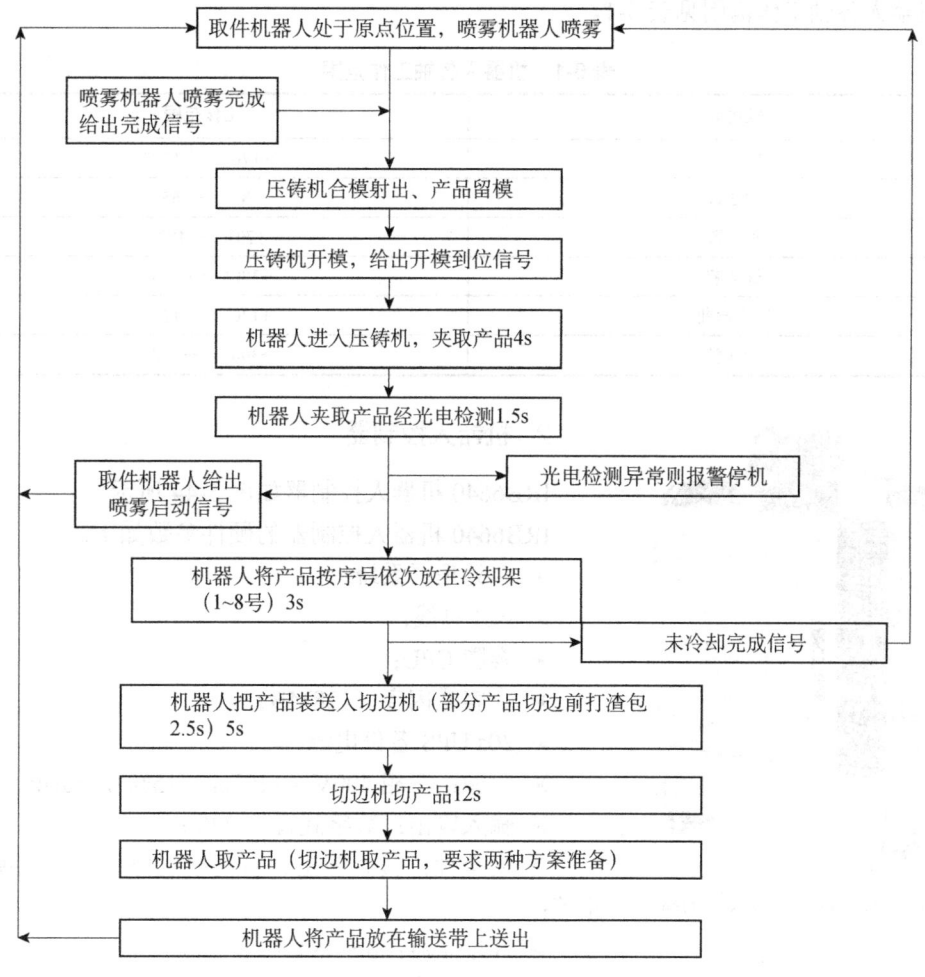

图 5-43 常规的压铸工艺流程

1. 机器人本体

选用了 ABB 的 IRB6640 180/2.55 机器人,其主要技术参数如下。
  ➢ 机器人类型:6 轴机器人;

- 自由度：6个；
- 最大负载：180kg；
- 臂展：2550mm；
- 重复定位精度：0.07mm（多台机器人综合测试平均值）；
- 机器人版本：铸造专家版Ⅱ代；
- 防护等级：IP67；
- 电源：三相300V，50/60Hz；
- 机器人尺寸：底座1136mm×790mm；
- 机器人质量：2175/2150kg；
- 环境温度：5~52℃；
- 最大相对湿度：95%。

机器人各轴工作范围见表5-1。

表5-1 机器人各轴工作范围

轴运动	工作范围
轴1 旋转	+170°~-170°
轴2 臂	+85°~-65°
轴3 臂	+70°~-180°
轴4 腕	+300°~-300°
轴5 弯曲	+120°~-120°
轴6 翻转	+360°~-360°

2. 机器人控制器

IRB6640机器人控制器如图5-44所示。

IRB6640机器人控制器的硬件参数如下。

- 多处理器系统；
- PCI 总线；
- 奔腾 CPU；
- 大容量闪存（128MB）；
- 20s UPS 备份电源；
- 电源：三相400V（+10%，-15%），50Hz；
- 输入输出：数字式直流24V；
- 安全性：紧急停止、自动模式停止、测试模式停止等；
- 环境温渡：0~45℃；
- 相对湿度：95%；
- 防护等级：IP67。

图5-44 IRB6640机器人控制器

IRB6640机器人控制器的软件参数如下。
- Base Ware5.0 机器人操作系统；
- 强大的RAPID 编程语言；

➢ PC-DOS 文本格式。

3. 喷雾取件一体化机器人编程

喷雾取件一体化机器人运动动作流程及运动动作节拍分别如图 5-45 及表 5-2 所示。

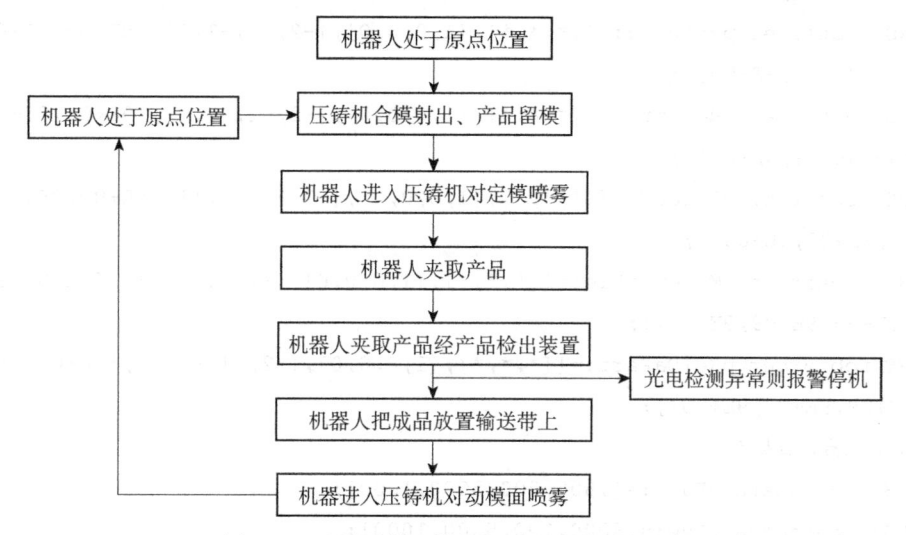

图 5-45 喷雾取件一体化机器人运动动作流程

表 5-2 喷雾取件一体化机器人运动动作节拍

工程描述	STEP No.	开始时间/s	间隔时间/s	结束时间/s
机器人处于原点位置	1	0.0	—	—
压铸机合模射出、产品留模，开模	2	0	25	25
机器人进入压铸机，对定模进行喷雾	3	25	15	40
机器人将产品取出经检出装置检测	4	40	5	45
机器人将产品放在输送带上送出	5	45	12	57
机器人进入压铸机，对动模进行喷雾	5	57	20	77
机器人回原点	6	77	3	80

喷雾取件一体化机器人程序如下：

```
MODULE DATA
    PERS robtarget pPosOK:=[[*,*,*],[1,0,0,0],[-2,-1,-1,1],[9E+09,9E+09,9E+09,9E+09,9E+09,9E+09]];
    PERS robtarget pWaitDCM:=[[*,*,*],[1,0,0,0],[-2,-1,-1,1],[9E+09,9E+09,9E+09,9E+09,9E+09,9E+09]];
    PERS robtarget pPickDCM:=[[*,*,*],[1,0,0,0],[-2,-1,-1,1],[9E+09,9E+09,9E+09,9E+09,9E+09,9E+09]];
    PERS robtarget phome:=[[*,*,*],[1,0,0,0],[-2,-1,-1,1],[9E+09,9E+09,9E+09,9E+09,9E+09,9E+09]];
    PERS robtarget pPartCheck:=[[*,*,*],[1,0,0,0],[-2,-1,-1,1],[9E+09,9E+09,9E+09,9E+09,9E+09,9E+09]];
```

```
    PERS robtarget pRelPar1:=[[*,*,*],[1,0,0,0],[-2,-1,-1,1],[9E+09,9E+09,9E+
09,9E+09,9E+09,9E+09]];
    PERS robtarget pRelPar2:=[[*,*,*],[1,0,0,0],[-2,-1,-1,1],[9E+09,9E+09,9E+
09,9E+09,9E+09,9E+09]];
    PERS robtarget pRelPar3:=[[*,*,*],[1,0,0,0],[-2,-1,-1,1],[9E+09,9E+09,9E+
09,9E+09,9E+09,9E+09]];
    PERS robtarget pRelPar4:=[[*,*,*],[1,0,0,0],[-2,-1,-1,1],[9E+09,9E+09,9E+
09,9E+09,9E+09,9E+09]];
    PERS robtarget pRelCNV:=[[*,*,*],[1,0,0,0],[-2,-1,-1,1],[9E+09,9E+09,9E+0
9,9E+09,9E+09,9E+09]];
    PERS robtarget pMoveOutDie:=[[*,*,*],[1,0,0,0],[-2,-1,-1,1],[9E+09,9E+09,
9E+09,9E+09,9E+09,9E+09]];
    PERS robtarget pRelDaPart:=[[*,*,*],[1,0,0,0],[-2,-1,-1,1],[9E+09,9E+09,9
E+09,9E+09,9E+09,9E+09]];
    !定义机器人目标点
    CONST speeddata vFast:=[1800,200,5000,1000];
    CONST speeddata vLow:=[8000,100,5000,1000];
    !定义机器人运行速度参数，vFast为空运行速度，vLow为机器人夹取产品的运行速度
    PERS num nPickOff_X:=0;
    PERS num nPickOff_Y:=0;
    PERS num nPickOff_Z:=200;
    !定义夹具在抓取产品前的偏移值
    VAR bool bEjectKo:=FALSE;
    !定义模具顶针是否顶出的逻辑量
    PERS num nErrPickPartNo:=0;
    !定义产品抓取错误变量，值为0时表示抓取的产品是正常的，值为1时表示抓取的产品是异常的
或没抓取到产品
    VAR bool bDieOpenKO:=FALSE;
    VAR bool bPartOK:=FALSE;
    !定义开模逻辑量和产品检测正常逻辑量
    PERS num nCTime:=0;
    !定义数字变量，用来计时
    VAR num nRelPartNo:=1;
    !定义数字变量，用来计算产品放到冷却架上的数量
    PERS num nCoolOffs_Z:=200;
    !定义冷却架Z方向偏移数字变量
    VAR bool bFullOfCool:=FALSE;
    PERS bool bCool1PosEmpty:=FALSE;
    PERS bool bCool2PosEmpty:=FALSE;
```

```
    PERS bool bCool3PosEmpty:=FALSE;
    PERS bool bCool4PosEmpty:=FALSE;
      !定义冷却架上产品是否放满逻辑量,以及各冷却位置是否有产品的逻辑量,以下RAPID程序存储
于程序模块ExtMain.mod
    PERS tooldata tGripper:=[TRUE,[[179,-62,676],[1,0,0,0]],[15,[0,0,400],[1,
0,0,0],0,0,0]];
      !定义夹具工具坐标系
    TASK PERS wobjdata wobjDCM:=[FALSE,TRUE,"",[[0,0,0],[1,0,0,0]],[[-308,-1631,
1017],[1,1,0,0]]];
      !定义压铸机工件坐标系
    TASK PERS wobjdata wobjCool:=[FALSE,TRUE,"",[[1352,1342.,1000],[1,0,0,0]],
[[0,0,0],[1,0,0,0]]];
      !定义冷却架工件坐标系
    PERS pos PosExtRobSafe1:=[-600,-1300,1450];
    PERS pos PosExtRobSafe2:=[580,-2700,7];
      !定义两个位置数据,作为设定互锁区域的两个对角点
    VAR shapedata shExtRobSafe;
    PERS wzstationary wzExtRobSafe:=[1];
      !定义区域形状参数
    VAR bool bErrorPickPart:=FALSE;
      !定义错误工件逻辑量
    TASK PERS loaddata LoadPart:=[5,[50,0,150],[1,0,0,0],0,0,0];
      !定义产品有效载荷参数
    ENDMODULE

    MODULE ExtMain
     PROC main()
      !主程序
         rIninAll;
      !调用初始化例行程序
         WHILE TRUE DO
      !调用While循环指令,并用绝对真实条件TRUE形成死循环,将初始化程序隔离
            IF di01DCMAuto = 1 THEN
      !IF条件判断指令,di01DCMAuto为压铸机处于自动状态信号,即当压铸机处于自动联机状态时
才开始执行取件例行程序
               rExtracting;
      !调用取件例行程序
               rCheckPart;
      !调用产品检测例行程序
```

```
                IF bFullOfCool=TRUE THEN
!条件判断指令，判断冷却架上产品是否放满
                    rRelGoodPart;
!调用放置正常产品程序
                ELSE
                    rReturnDCM;
!调用返回压铸机位置程序
                ENDIF
        ENDIF
            rCycleTime;
!调用计时例行程序
            WaitTime 0.2;
!等待时间
        ENDWHILE
ENDPROC
PROC rIninAll()
!初始化例行程序
    AccSet 100, 100;
!加速度控制指令
    VelSet 100, 3000;
!速度控制指令
    ConfJ\Off;
    ConfL\Off;
!机器人轴配置指令
    rReset_Out;
!调用输出信号复位例行程序
    rHome;
!调用回 Home 点程序
    Set do04StartDCM;
!通知压铸机器人可以开始取件
    rCheckHomePos;
!调用检查 Home 点例行程序
ENDPROC
PROC rExtracting()
!从压铸机取件程序
    MoveJ pWaitDCM, vFast, z20, tGripper\WObj:=wobjDCM;
!机器人运行到等待位置
    WaitDI di02DoorOpen,1;
!等待压铸安全门打开
```

```
        WaitDI di03DieOpen, 1\MaxTime:=6\TimeFlag:=bDieOpenKO;
!等待开模信号，最长等待时间为 6s，得到信号后将逻辑量置为 FALSE；如果没得到信号，则将逻
辑量置为 TRUE
        IF bDieOpenKO = TRUE THEN
!当逻辑量为 TRUE 时，表示机器人没有在合理的时间内得到开模信号，此时取件失败
            nErrPickPartNo := 1;
!将取件失败的数字量置为 1
            GOTO lErrPick;
!跳转到错误取件标签 lErrPick 处
        ELSE
            nErrPickPartNo := 0;
!若取件成功，则将取件失败的数字量置为 0
        ENDIF
        Reset do04StartDCM;
!复位机器人开始取件信号
        MoveJ Offs(pPickDCM,nPickOff_X,nPickOff_Y,nPickOff_Z), vLow, z10,
tGripper\WObj:=wobjDCM;
        MoveJ pPickDCM, vLow, fine, tGripper\WObj:=wobjDCM;
!机器人运行到取件目标点
        rGripperClose;
!调用关闭夹爪例行程序
        rSoftActive;
!调用软伺服激活例行程序
        Set do07EjectFWD;
!置位模具顶针顶出信号
        WaitDI di06LsEjectFWD, 1\MaxTime:=4\TimeFlag:=bEjectKo;
!等待模具顶针顶出到位信号，最大等待时间为 4s，在该时间内得到信号则将逻辑量置为 FALSE
        pPosOK := CRobT(\Tool:=tGripper\WObj:=wobjDCM);
!记录机器人被模具顶针顶出后的当前位置，并赋值给 pPosOK
        IF bEjectKo = TRUE THEN
!当逻辑量为 TRUE 时，表示顶针顶出失败，则此次取件失败，机器人开始取件失败处理
            rSoftDeactive;
!调用软伺服失效例行程序
            rGripperOpen;
!调用软伺服打开夹爪例行程序
            MoveLOffs(pPosOK,0,0,100),vLow,z10,tGripper\WObj:=wobjDCM;
!以上一次机器人记录的目标点偏移
 nErrPickPartNo:=1
!把取件失败标签置为 1
```

```
            ELSE
!当逻辑量为 FALSE 时，取件成功，机器人则开始取件成功处理
                WaitTime 0.5;
                rSoftDeactive;
!调用软伺服失效指令
                WaitTime 0.5;
!等待时间，让软伺服失效完成
MoveLOffs(pPosOK,0,0,200),v300,z10,tGripper\WObj:=wobjDCM;
!机器人抓取产品后按照之前记录的目标点偏移
                GripLoad LoadPart;
!加载 Load 参数，表示机器人已抓取产品
            ENDIF
lErrPick:
!错误取件标签
            MoveJ pMoveOutDie, vLow, z10, tGripper\WObj:=wobjDCM;
!机器人运动到离开压铸机模具的安全位置
            Reset do07EjectFWD;
!复位顶针顶出信号
!Reset do04StartDCM;
ENDPROC
PROC rCheckPart()
!产品检测例行程序
        IF nErrPickPartNo = 1 THEN
            MoveJ pHome, vFast, fine, tGripper\WObj:=wobjDCM;
            PulseDO\PLength:=0.2, do12Error;
            RETURN;
!条件判断，当取件失败时，机器人重新回到 pHome 点并输出报警信号
        ENDIF
        MoveJ pHome, vLow, z200, tGripper\WObj:=wobjDCM;
        Set do04StartDCM;
        MoveJ pPartCheck, vLow, fine, tGripper\WObj:=wobjCool;
!取件成功时，则抓取产品运行到检测位置
        Set do06AtPartCheck;
!置位检测信号，开始产品检测
        WaitTime 3;
!等待时间，保证检测完成
        WaitDI di04PartOK, 1\MaxTime:=5\TimeFlag:=bPartOK;
!等待产品检测正常信号，时间为 5s，逻辑量为 bPartOK
        ReSet do06AtPartCheck;
```

```
        !复位检测信号
            IF bPartOK = TRUE THEN
!条件判断,产品检测异常时,则该产品为不良品,机器人进入不良品处理程序
                rRelDamagePart;
!调用不良品放置程序
            ELSE
                rCooling;
!当产品检测正常时,调用冷却程序
            ENDIF
        ENDPROC
        PROC rCooling()
!产品冷却程序,即机器人将检测正常的产品放置到冷却架上
            TEST nRelPartNo
!TEST 指令,将产品逐个放置到冷却架上,冷却架总共可以放置 4 个产品,放置时机器人先运行到
冷却目标点上方偏移位置,然后运行到放料点,打开夹爪,放完成品后又运行到偏移位置
            CASE 1:
            MoveJOffs(pRelPart1,0,0,nCoolOffs_Z),vLow,z50, tGripper\WObj:=wobjCool;
            MoveJ pRelPart1, vLow, fine, tGripper\WObj:=wobjCool;
            rGripperOpen;
            MoveJOffs(pRelPart1,0,0,nCoolOffs_Z),vLow,z50, tGripper\WObj:=wobjCool;
            CASE 2:
            MoveJOffs(pRelPart2,0,0,nCoolOffs_Z), vLow, z50, tGripper\WObj:=wobjCool;
            MoveJ pRelPart2, vLow, fine, tGripper\WObj:=wobjCool;
            rGripperOpen;
            MovejOffs(pRelPart2,0,0,nCoolOffs_Z), vLow, z50, tGripper\WObj:=wobjCool;
            CASE 3:
            MoveJOffs(pRelPart3,0,0,nCoolOffs_Z),vLow,z50, tGripper\WObj:=wobjCool;
            MoveJ pRelPart3, vLow, fine, tGripper\WObj:=wobjCool;
            rGripperOpen;
            MoveJOffs(pRelPart3,0,0,nCoolOffs_Z), vLow, z50, tGripper\WObj:=wobjCool;
            CASE 4:
            MoveJOffs(pRelPart4,0,0,nCoolOffs_Z), vLow, z50, tGripper\WObj:=wobjCool;
```

```
            MoveJ pRelPart4, vLow, fine, tGripper\WObj:=wobjCool;
            rGripperOpen;
            MoveJOffs(pRelPart4,0,0,nCoolOffs_Z), vLow, z50, tGripper\W
            Obj:=wobjCool;
            ENDTEST
            nRelPartNo := nRelPartNo + 1;
        !每次放完一个产品，将产品数量加1
            IF nRelPartNo > 4 THEN
        !当产品数量达到4个后，即冷却架上已经放满时，将冷却台逻辑量置为TRUE,同时将产品数量置
    为1,此时放完第4个产品后，需要将已经冷却完成的第1个产品从冷却架上取下，放置到输送带上
                bFullOfCool := TRUE;
                nRelPartNo := 1;
            ENDIF
        ENDPROC
        PROC  rRelGoodPart()
        !良品放置例行程序，即将已经冷却好的产品从冷却架上取下，放到输送带输出
            WaitDI di05CNVEmpty, 1;
        !等待输送带上产品的信号
            IF bFullOfCool = TRUE THEN
        !判断冷却架上产品是否放满
            IF nRelPartNo = 1 THEN
        !判断在冷却架上抓取第几个产品
            MoveJOffs(pRelPart1,0,0,nCoolOffs_Z),vLow,z20, tGripper\W
            Obj:=wobjCool;
            MoveJ pRelPart1, vLow, fine, tGripper\WObj:=wobjCool;
            rGripperClose;
            MoveJOffs(pRelPart1,0,0,nCoolOffs_Z),vLow,z20, tGripper\W
            Obj:=wobjCool;
            ELSEIF nRelPartNo = 2 THEN
            MoveJOffs(pRelPart2,0,0,nCoolOffs_Z),vLow,z20, tGripper\W
            Obj:=wobjCool;
            MoveJ pRelPart2, vLow, fine, tGripper\WObj:=wobjCool;
            rGripperClose;
            MoveJOffs(pRelPart2,0,0,nCoolOffs_Z), vLow, z20, tGripper\W
            Obj:=wobjCool;
            ELSEIF nRelPartNo =3 THEN
            MoveJOffs(pRelPart3,0,0,nCoolOffs_Z), vLow, z20, tGripper\W
            Obj:=wobjCool;
            MoveJ pRelPart3, vLow, fine, tGripper\WObj:=wobjCool;
```

```
            rGripperClose;
            MoveJOffs(pRelPart3,0,0,nCoolOffs_Z), vLow, z20, tGripper\W
        Obj:=wobjCool;
        ELSEIF nRelPartNo = 4 THEN
            MoveJOffs(pRelPart4,0,0,nCoolOffs_Z), vLow, z20, tGripper\W
        Obj:=wobjCool;
            MoveJ pRelPart4, vLow, fine, tGripper\WObj:=wobjCool;
            rGripperClose;
            MoveJOffs(pRelPart4,0,0,nCoolOffs_Z), vLow, z20, tGripper\W
        Obj:=wobjCool;
        ENDIF
        WaitTime 0.2;
    ENDIF
        MoveJ Offs(pRelCNV,0,0,nCoolOffs_Z), vLow, z20, tGripper\W
    Obj:=wobjCool;
        MoveL pRelCNV, vLow, fine, tGripper\WObj:=wobjCool;
        rGripperOpen;
        MoveL Offs(pRelCNV,0,0,nCoolOffs_Z), vLow, z20, tGripper\W
    Obj:=wobjCool;
!从冷却架上取完产品后，运行到输送带上方，然后线性运行到放置点，松开夹爪
        MoveL Offs(pRelCNV,0,0,300), vLow, z50, tGripper\W
    Obj:=wobjCool;
        MoveJOffs(pRelPart2,0,0,nCoolOffs_Z),vFast, z50, tGripper\W
    Obj:=wobjCool;
        MoveJ pPartCheck, vFast, z100, tGripper\WObj:=wobjCool;
        MoveJ pHome, vFast, z100, tGripper\WObj:=wobjDCM;
!放完产品后返回 pHome 点，开始下一轮取放
ENDPROC
PROC rRelDamagePart()
!不良品放置程序，当检测异常时，直接从检测位置运行到不良品放置位置，将产品放下
        ConfJ\off;
        MoveJ pHome, vLow, z20, tGripper\WObj:=wobjCool;
        MoveJ pMoveOutDie, vLow, z20, tGripper\WObj:=wobjCool;
        MoveJ pRelDaPart, vLow, fine, tGripper\WObj:=wobjCool;
        rGripperOpen;
        MoveL pMoveOutDie, vLow, z20, tGripper\WObj:=wobjCool;
        ConfJ\on;
    ENDPROC
PROC rCheckHomePos()
```

```
        !检测是否在 pHome 点程序
             MoveL pHome,v100,fine,tGripper;
    ENDPROC
    PROC rReset_Out()
    !输出复位信号的例行程序
         Reset do04StartDCM;
         Reset do06AtPartCheck;
         Reset do07EjectFWD;
         Reset do09E_Stop;
         Reset do12Error;
         Reset do03GripperOFF;
         Reset do01RobInHome;
    ENDPROC
    PROC rCycleTime()
    !计时例行程序
         ClkStop clock1;
         nCTime := ClkRead(clock1);
         TPWrite "the cycletime is  "\Num:=nCTime;
         ClkReset clock1;
         ClkStart clock1;
    ENDPROC
    PROC rSoftActive()
    !软伺服激活例行程序，设定机器人6个轴的软化指数
         SoftAct 1, 99;
         SoftAct 2, 100;
         SoftAct 3, 100;
         SoftAct 4, 95;
         SoftAct 5, 95;
         SoftAct 6, 95;
         WaitTime 0.3;
    ENDPROC
    PROC rSoftDeactive()
    !软伺服失效例行程序
         SoftDeact;
    !软伺服失效指令，执行此指令后所有软伺服设定失效
         WaitTime 0.3;
    ENDPROC
    PROC rHome()
    !机器人回 pHome 点程序
```

```
        MoveJ pHome, vFast, fine, tGripper\WObj:=wobjDCM;
!机器人运行到pHome点, 只有一条运动指令, 转弯区选择Fine
ENDPROC
PROC rGripperOpen()
!打开夹爪例行程序
        Reset do03GripperOFF;
        Set do02GripperON;
        WaitTime 0.3;
ENDPROC
PROC rGripperClose()
!关闭夹爪例行程序
        Set do03GripperOFF;
        Reset do02GripperON;
        WaitTime 0.3;
ENDPROC
PROC rReturnDCM()
!返回压铸机程序
        MoveJ pPartCheck, vFast, z100, tGripper\WObj:=wobjCool;
        MoveJ pHome, vFast, z100, tGripper\WObj:=wobjDCM;
ENDPROC
PROC rTeachPath()
MoveJ pWaitDCM,v10,fine,tGripper\WObj:=wobjDCM;
!机器人在压铸机外的等待点
MoveJ pPickDCM,v10,fine,tGripper\WObj:=wobjDCM;
!机器人抓取产品点
MoveJ pHome,v10,fine,tGripper\WObj:=wobjDCM;
!机器人pHome点
MoveJ pMoveOutDie,v10,fine,tGripper\WObj:=wobjDCM;
!机器人退出压铸机目标点
MoveJ pRelDaPart,v10,fine,tGripper\WObj:=wobjDCM;
!机器人不良品放置
MoveJ pPartCheck,v10,fine,tGripper\WObj:=wobjCool;
!机器人产品检测目标点
MoveJ pRelPart1,v10,fine,tGripper\WObj:=wobjCool;
MoveJ pRelPart2,v10,fine,tGripper\WObj:=wobjCool;
MoveJ pRelPart3,v10,fine,tGripper\WObj:=wobjCool;
MoveJ pRelPart4,v10,fine,tGripper\WObj:=wobjCool;
!机器人冷却目标点, 共4个, 分布在冷却架上
MoveJ pRelCNV,v10,fine,tGripper\WObj:=wobjCool;
```

!机器人放料到输送带目标点
ENDPROC
PROC rPowerON()
　　!EventRoutine,定义了机器人和压铸机工作的互锁区域,当机器人TCP进入该区域时,数字输出信号do05RobInDCM被置为0,此时压铸机不能合模。将此程序关联到系统PowerOn的状态,当开启系统总电源时,该程序即被执行一次,互锁区域设定生效。
　　PosExtRobSafe1:=[-600,-1300,1450];
　　 PosExtRobSafe2:=[580,-2700,7];
　　!机器人干涉区的两个对角点位置,该位置参数只能是在Wobj0下的数据(将机器人手动模式移动到压铸机互锁区域内进行获取对角点的数据)
　　WZBoxDef\Inside,shExtRobSafe,PosExtRobSafe1,PosExtRobSafe2;
　　!矩形体干涉区域设定指令,Inside是定义机器人TCP在进入该区域时生效
　　WZDOSet\Stat,wzExtRobSafe\Inside,shExtRobSafe,do05RobInDCM,1;
　　!干涉区域启动指令,并关联到对应的输出信号
ENDPROC
ENDMODULE

5.5　手机壳打磨工作站

　　手机是目前人们必不可少的通信工具,手机外壳的光洁性直接影响手机的美观度。利用机器人替代人工进行打磨,可将人类从恶劣的工作环境中解放出来,提高生产效率,保证打磨质量的一致性。在机器人手机壳打磨工作站中,一般机器人手持专用的打磨工具进行打磨。自开发的手机壳打磨工作站如图5-46所示。

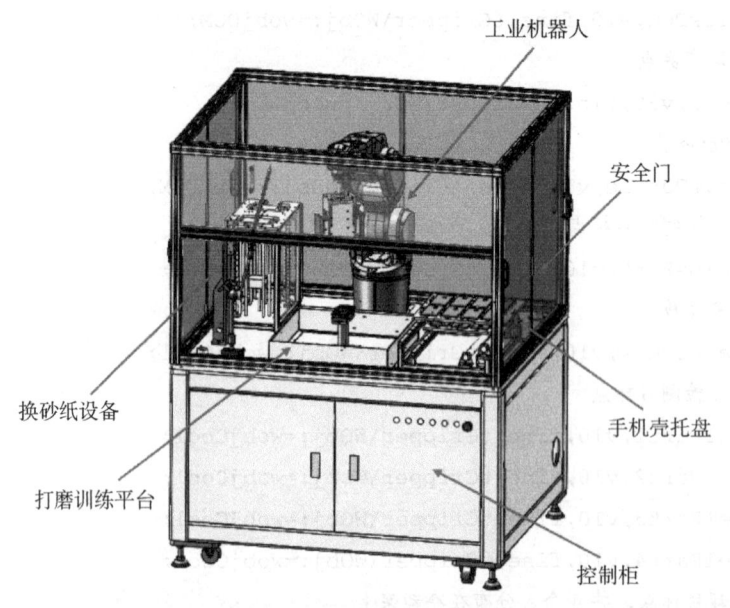

图5-46　自开发的手机打磨工作站

1. 工作站机器人主要技术参数

工业机器人：ABB IRB 1200；

系统电源：AC 220V；

机器人本体质量：52kg；

功耗：0.39kW；

环境相对湿度：最高 95%；

单站尺寸（参考）：1480mm×1380mm×1950mm（长×宽×高）；

安全保护功能：急停按钮，漏电保护，接地保护。

2. 急停装置的使用

在设备配置中，为了设备的安全运行，会在不同位置配置多个急停装置（按钮），主要在设备遇到紧急或突发问题（或事故）时使用。

（1）急停按钮外观为红色，自锁旋转式结构，其使用如图 5-47 所示。

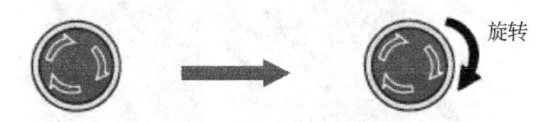

图 5-47　急停按钮的使用

（2）急停按钮的安装位置：急停按钮安装原则一般遵循安装到设备控制柜、操作台、工业现场等显眼位置，且在紧急或突发事故时易操作，如图 5-48 所示。

图 5-48　急停按钮的安装位置

（3）机器人设备也会在示教器与控制器上配备急停按钮，如图 5-49 所示。

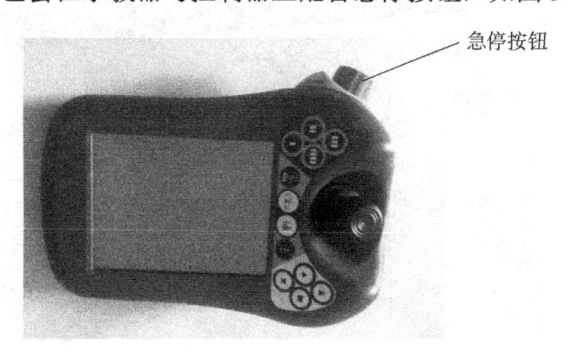

图 5-49　示教器上的急停按钮

3. 工作站装配任务

打磨工作站由 6 轴工业机器人、打磨实训平台、换砂纸设备、手机壳托盘、控制柜及安全门等组成。实训模型可在模型实训平台上根据实训任务进行更换；安全门由全通透钢化玻璃制作，同时在工作站安全门上安装了用于保护的急停装置。整个工作站的装配包括了实训平台本体、打磨机夹具、撕砂纸设备等的安装等。

1) 安装实训平台本体

(1) 安装打磨夹具。将夹具底板、立柱和夹具装配在一起，放置到实训平台面板上，调整到合适位置，四角用 M5 内六角螺钉固定到平台台面，如图 5-50 所示。

图 5-50 安装打磨夹具

(2) 安装气管和接口。打磨实训平台由厚钢板加工而成，夹具底部配有两个 $\phi 6$ 气管接口，如图 5-51 所示。气源输出口可直接使用 $\phi 6$ 气管与外部气路连接，提供气源，气源调节阀可以调节输出气源大小（调至最少时关断气源），使用气管将夹具接口与夹具吸盘上真空发生器的输入端进行连接。

图 5-51 安装气管和接口

(3)安装水箱。将水箱放置到实训平台面板上，调整到合适位置，四边用 M5 内六角螺钉固定到平台台面，如图 5-52 所示。

图 5-52 安装水箱

2）安装打磨机夹具

取出双头打磨机夹具，把夹具连接块与机器人轴 6 连接法兰的 4 个螺钉安装孔对正，用 M5 内六角螺钉将其固定锁紧，保证夹具紧固牢靠，如图 5-53 所示。使用气管将机器人前臂接口与打磨机夹具上的气管接口进行连接。

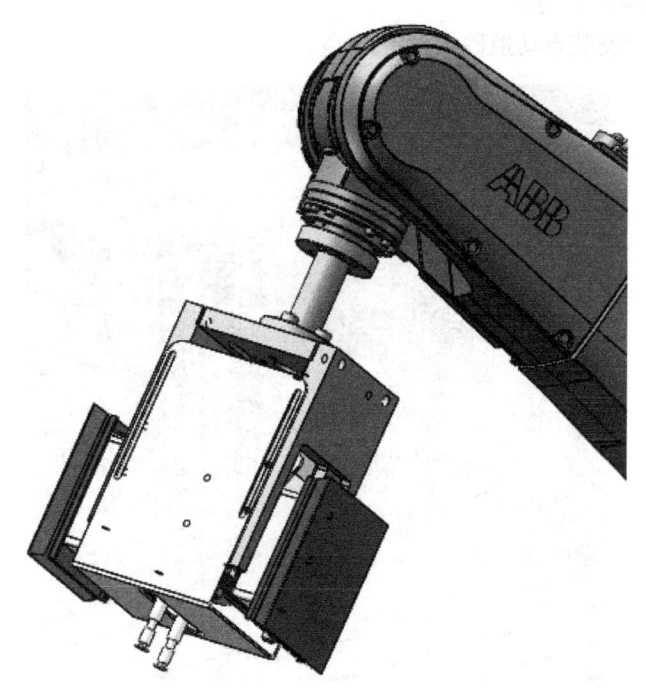

图 5-53 安装打磨机夹具

3）安装撕砂纸设备

把汽缸固定在固定板上，用 M4 内六角螺钉将其固定锁紧，保证汽缸紧固牢靠并固定到平台台面，汽缸侧面使用 $\phi6$ 气管将两个气管接口与电气控制板上的电磁阀进行连接，如图 5-54 所示。

图 5-54 固定汽缸并连接气管接口

4）安装自动换砂纸设备

如图 5-55 所示安装自动换砂纸设备。

图 5-55 安装自动换砂纸设备

5）安装手机壳托盘、接近开关感应器和气管

（1）安装手机壳托盘。把手机壳托盘的滑轨、镀铬棒、感应器固定座、固定板、固定环、滑块等配件组装在一起，用 M4 内六角螺钉将其固定锁紧，保证内部结构紧固牢靠并固定到平台台面，如图 5-56 所示。

图 5-56　安装手机壳托盘

（2）安装接近开关感应器和气管。将感应器固定在感应器固定座上，移动到合适位置并用扳手将其固定锁紧；滑轨侧面使用 $\phi 6$ 气管将气管接口与电气控制板上的电磁阀进行连接，如图 5-57 所示。

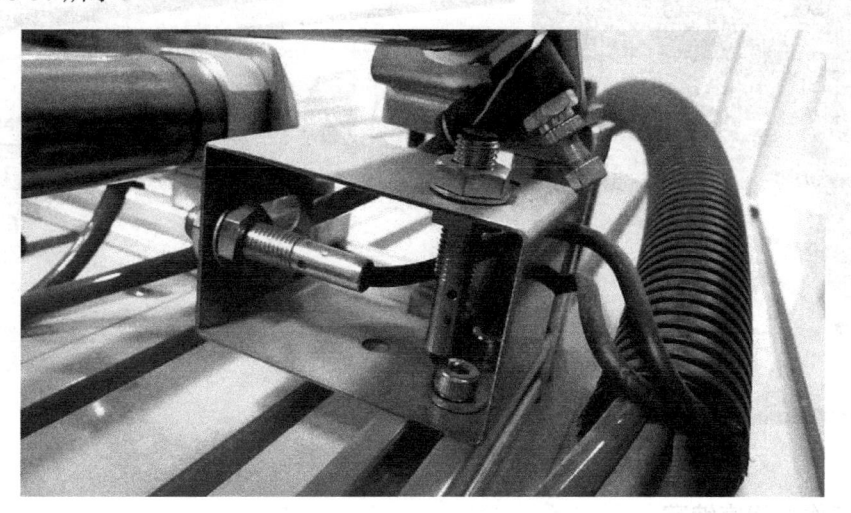

图 5-57　安装接近开关感应器和气管

6）安装机器人本体

先把固定底板固定到平台台面上，用 M6 内六角螺钉将其固定锁紧；再将机器人本体安装在固定底板上，用 M10 内六角螺钉将其固定锁紧，保证本体没有晃动，如图 5-58 所示。

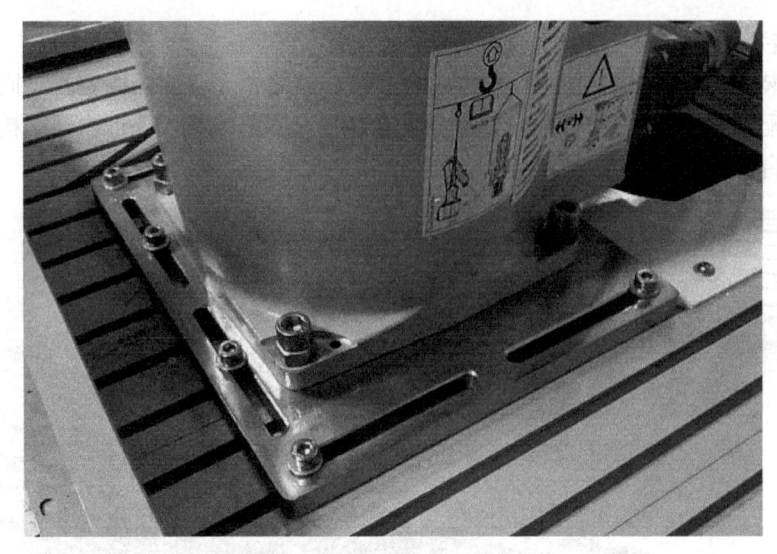

图 5-58 安装机器人本体

7) 安装电气控制板

电气控制板安装在平台内部，配置有开关电源、中间继电器、电磁阀、交流接触器、断路器等元器件，主要对工作站进行电源控制、机器人外部信号的关联控制等；外部安全门上安装有启动按钮、停止按钮和急停按钮，以及 LED 信号输出指示灯，如图 5-59 所示。

图 5-59 安装电气控制板

4. 工作站程序编写

1) 相关编程指令

（1）线性运动指令（MoveL）。线性运动是机器人的 TCP 从起点到终点之间的运动，路径始终保持为直线。对于要求路径精度高、行走位置严谨的动作可使用此指令。例如：

```
MoveL p10, v1000, z50, tool1\Wobj:=wobj1;
MoveL p20, v1000, fine, tool1\Wobj:=wobj1;
```

线性运动示意图如图 5-60 所示。

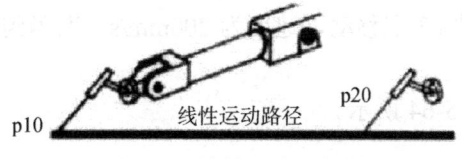

图 5-60 线性运动示意图

（2）关节运动指令（MoveJ）。关节运动是在对路径精度要求不高的情况下，机器人的 TCP 从一个位置移动到另一个位置，两个位置之间的路径不一定是直线。例如：

```
MoveJ p10,v1000,z50,tool1\Wobj:=wobj1;
MoveJ p20,v1000,fine,tool1\Wobj:=wobj1;
```

关节运动示意图如图 5-61 所示，关节运动指令格式如图 5-62 所示。

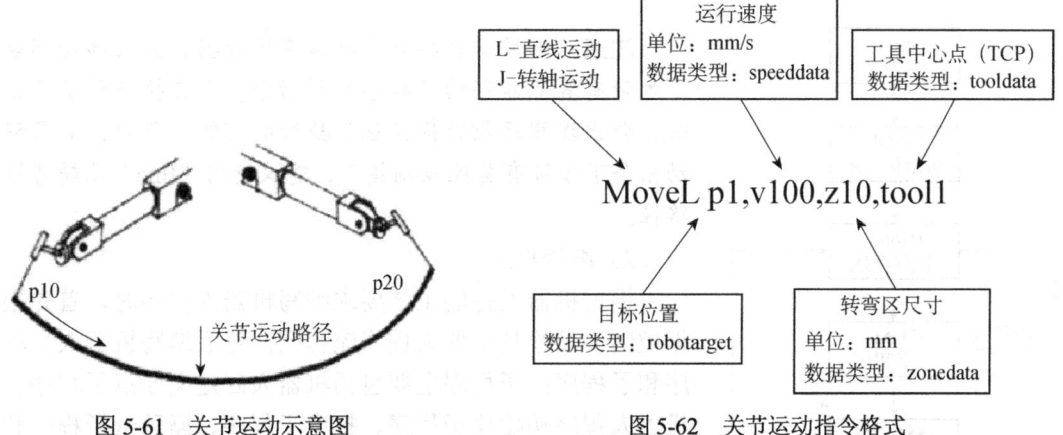

图 5-61 关节运动示意图

图 5-62 关节运动指令格式

（3）圆弧运动指令（Move C）。圆弧路径是在机器人可到达的空间范围内定义 3 个位置点，第 1 个点表示圆弧的起点，第 2 个点表示圆弧的曲率，第 3 个点表示圆弧的终点。例如：

```
MoveL p10,v1000,z50,tool1\Wobj:=wobj1;
MoveC p20,p30,v1000,z10,tool1\Wobj:=wobj1;
```

圆弧运动示意图如图 5-63 所示。

（4）运行实例。

```
MoveL p1,v200,z10,tool1\Wobj:=wobj1;
```

从当前位置沿直线往 p1 点移动，速度为 200mm/s，转弯区数据为 10mm，使用 tool1 工具，wobj1 工件。

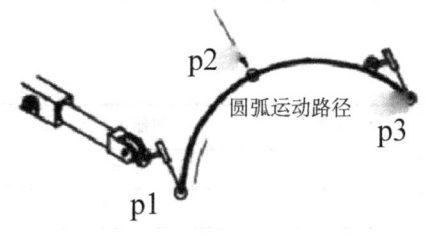

图 5-63 圆弧运动示意图

```
MoveL p2,v100,fine,tool1\Wobj:=wobj1;
```

从当前位置沿直线往 p2 点移动，速度为 100mm/s，准确到达 p2 点后略有停顿，使用 tool1 工具，wobj1 工件。

```
MoveJ p3,v500,fine,tool1\Wobj:=wobj1;
```

从 p2 点位置沿曲线往 p3 点移动，速度为 200mm/s，准确到达 p3 位置，使用 tool1 工具，wobj1 工件。

运行实例示意图如图 5-64 所示。

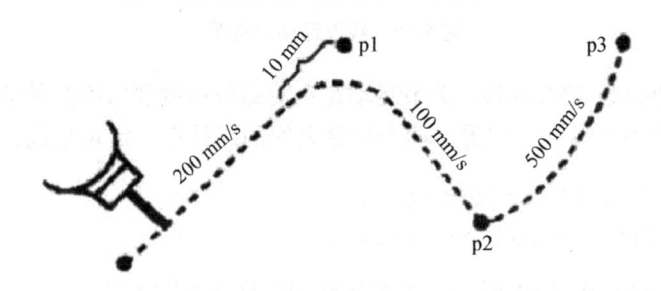

图 5-64 运行实例示意图

注意： 如果移动指令含有转弯区数据，并且移动指令下方带有其他非移动性程序控制指令，则在执行移动路径时，会出现程序指针提前往下执行的可能。所以，如果移动指令下方带有其他控制指令，建议使用"fine"无转弯区路径。

2）编程思路

根据机器人打磨工艺要求编写机器人程序时，首先根据控制要求绘制机器人程序流程图，然后编写机器人主程序和子程序；子程序主要包括机器人回定义原点子程序、机器人程序初始化子程序、打磨子程序、撕砂纸子程序和换砂纸子程序；编写子程序前要先设计好机器人的动作及定义好机器人的程序点。根据此思路，设计机器人程序流程图，如图 5-65 所示。

3）系统 I/O 表

系统 I/O 表见表 5-3。

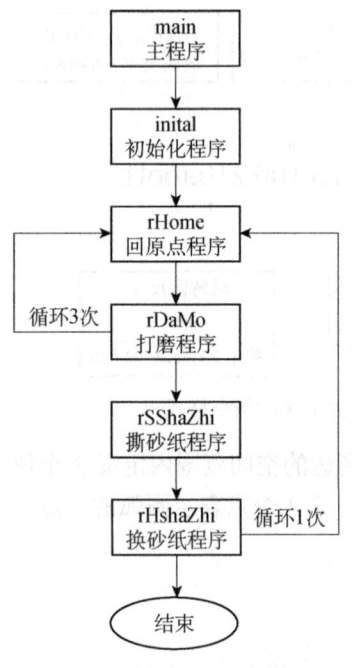

图 5-65 机器人程序流程图

表 5-3 系统 I/O 表

序号	机器人 I/O	功能描述	地址
1	do_01	下盘切入	0
2	do_02	上盘切入	1
3	do_03	打磨机 1	2
4	do_04	输出启动信号灯	3
5	do_05	打开撕砂纸汽缸	4
6	do_06	输出停止信号灯	5

续表

序号	机器人 I/O	功能描述	地址
7	do_07	打开真空吸	6
8	do_08	打磨机2	7
9	do_09	撕砂纸	8
10	di_01	关联系统停止信号	0
11	di_02	关联系统启动信号	1
12	di_03	关联系统机器人电动机上电信号	2
13	di_04	关联系统急停信号	3

4）参考程序

手机壳打磨机器人参考程序如下：

```
PROC main()                                          !主程序
    initial;                                         !调用初始化子程序
    rHome;                                           !调用回原点子程序
    WHILE TRUE DO                                    !进入无限循环
        rDaMo;                                       !调用打磨子程序
        WaitTime 0.5;                                !等待0.5s
    ENDWHILE
ENDPROC
PROC initial()                                       !初始化子程序
    AccSet 80, 80;                                   !设置加减速参数
    VelSet 100, 5000;                                !设置最大速度
    Reset do_01;                                     !复位下盘切入
    Reset do_02;                                     !复位上盘切入
    Reset do_03;                                     !复位打磨机1
    Reset do_08;                                     !复位打磨机2
    Set do_09;                                       !打开撕砂纸设备
    Set do_07;                                       !打开真空吸
    Set nConut:=0;                                   !计数器设为0
    MoveJ pHome, v1000, z20, tool0;                  !回原点
ENDPROC
PROC rHome()                                         !回原点程序
    pActualpos:=CRobT(\Tool:=tool2\Wobj:=wobj2);     !获取当前位置数据
    pActualpos.trans.z:=pHome.trans.z;               !pHome点的高度值赋值给
                                                      pActualpos
    MoveL pActualpos,v500,z10,tool2;                 !移动到pActualpos点
    MoveJ pHome,v1000,fine,tool2;                    !回原点
ENDPROC
PROC rDaMo()                                         !打磨程序
```

```
        Set nConut:=nConut+1;                        !累加计数
        Set do_07;                                   !打开真空吸
        Set do_01;                                   !下盘切入
        MoveJ phome10, v1000, z20, tool0;            !过渡点
        Set do_08;                                   !打开打磨机 2
        MoveL p00, v800, z20, tool2;                 !打磨位置起点
        MoveL p10, v800, z20, tool2;
        MoveL p20, v800, z20, tool2;
        FOR i FROM 0 TO 2 DO                         !打磨侧面圆弧 3 次
        MoveL p30, v800, z20, tool2;
        MoveL p40, v800, z20, tool2;
        MoveL p30, v800, z20, tool2;
        MoveL p40, v800, z20, tool2;
        ENDFOR
        MoveL p50, v800, z20, tool2;
        FOR i FROM 0 TO 2 DO                         !打磨侧面圆弧 3 次
        MoveL p60, v800, z20, tool2;
        MoveL p70, v800, z20, tool2;
        MoveL p60, v800, z20, tool2;
        ENDFOR
        MoveL p70, v800, z20, tool2;
        MoveL p80, v800, z20, tool2;
        FOR i FROM 0 TO 2 DO                         !打磨侧面圆弧 3 次
        MoveL p90, v800, z20, tool2;
        MoveL p100, v800, z20, tool2;
        MoveL p90, v800, z20, tool2;
        ENDFOR
        MoveL p100, v800, z20, tool2;
        MoveL p110, v800, z20, tool2;
        FOR i FROM 0 TO 2 DO                         !打磨侧面圆弧 3 次
        MoveL p120, v800, z20, tool2;
        MoveL p130, v800, z20, tool2;
        ENDFOR
        MoveL p140, v800, z20, tool2;
        MoveL p130, v500, z20, tool2;
        MoveL p120, v500, z20, tool2;
        MoveL p110, v500, z20, tool2;
        MoveL p100, v500, z20, tool2;
        MoveL p90, v500, z20, tool2;
```

```
MoveL p80, v500, z20, tool2;
MoveL p70, v500, z20, tool2;
MoveL p60, v500, z20, tool2;
MoveL p50, v500, z20, tool2;
MoveL p40, v500, z20, tool2;
MoveL p30, v500, z20, tool2;
MoveL p20, v500, z20, tool2;
MoveL p10, v500, z20, tool2;
MoveL p00, v500, z20, tool2;
MoveJ phome10, v1500, z50, tool0;              !过渡点
MoveJ pHome, v1000, z20, tool0;
FOR i FROM 0 TO 8 DO                           !打磨产品顶面
    MoveL Offs(phome40,i * 8,0,0), v1500, z10, tool0;
                                               !使用偏移
    MoveL Offs(phome50,i * 8,0,0), v1500, z10, tool0;
ENDFOR
MoveL phome60, v600, z50, tool0;               !过渡点
MoveJ pHome, v1000, z20, tool0;                !回原点
Reset do_08;                                   !复位打磨机2
WaitTime 1;                                    !等待1s
Reset do_01;
Set do_02;                                     !上盘切入
MoveJ phome11, v1000, z20, tool0;              !过渡点
Set do_03;                                     !打开打磨机1
MoveL p01, v800, z20, tool2;                   !打磨位置起点
MoveL p11, v800, z20, tool2;
MoveL p21, v800, z20, tool2;
FOR i FROM 0 TO 2 DO                           !打磨侧面圆弧3次
MoveL p31, v800, z20, tool2;
MoveL p41, v800, z20, tool2;
MoveL p31, v800, z20, tool2;
MoveL p41, v800, z20, tool2;
ENDFOR
MoveL p51, v800, z20, tool2;
FOR i FROM 0 TO 2 DO                           !打磨侧面圆弧3次
MoveL p61, v800, z20, tool2;
MoveL p71, v800, z20, tool2;
MoveL p61, v800, z20, tool2;
ENDFOR
```

```
        MoveL p71, v800, z20, tool2;
        MoveL p81, v800, z20, tool2;
        FOR i FROM 0 TO 2 DO                        !打磨侧面圆弧 3 次
        MoveL p91, v800, z20, tool2;
        MoveL p101, v800, z20, tool2;
        MoveL p91, v800, z20, tool2;
        ENDFOR
        MoveL p101, v800, z20, tool2;
        MoveL p111, v800, z20, tool2;
        FOR i FROM 0 TO 2 DO                        !打磨侧面圆弧 3 次
        MoveL p121, v800, z20, tool2;
        MoveL p131, v800, z20, tool2;
        ENDFOR
        MoveL p141, v800, z20, tool2;
        MoveL p131, v500, z20, tool2;
        MoveL p121, v500, z20, tool2;
        MoveL p111, v500, z20, tool2;
        MoveL p101, v500, z20, tool2;
        MoveL p91, v500, z20, tool2;
        MoveL p81, v500, z20, tool2;
        MoveL p71, v500, z20, tool2;
        MoveL p61, v500, z20, tool2;
        MoveL p51, v500, z20, tool2;
        MoveL p41, v500, z20, tool2;
        MoveL p31, v500, z20, tool2;
        MoveL p21, v500, z20, tool2;
        MoveL p11, v500, z20, tool2;
        MoveL p01, v500, z20, tool2;
        MoveJ phome11, v1500, z50, tool0;           !过渡点
        MoveJ pHome, v1000, z20, tool0;
        Reset do_03;                                !复位打磨机 1
        WaitTime 1;                                 !等待 1s
        IF nConut >=3 THEN                          !判断如果打磨达到 3 次就进
                                                     入换砂纸子程序
            rSShaZhi;                               !调用撕砂纸子程序
            rHShaZhi;                               !调用换砂纸子程序
            Set nConut:=0;                          !计数器设为 0，重新计算
        ENDIF
    ENDPROC
```

```
PROC rSShaZhi()                              !撕砂纸子程序
    MoveJ pHome, v1000, z20, tool0;          !回原点
    MoveL p150, v500, z20, tool2;            !撕砂纸点
    Reset do_09;                             !关闭撕砂纸设备
    WaitTime 0.5;                            !等待0.5s
    MoveL p160, v500, z20, tool2;            !过渡点
    MoveL p170, v500, z20, tool2;
    Set do_09;                               !打开撕砂纸设备
    MoveL p180, v500, z20, tool2;
    MoveJ pHome, v1000, z20, tool0;          !回原点
ENDPROC

PROC rHShaZhi()                              !换砂纸子程序
    MoveJ pHome, v1000, z20, tool0;          !回原点
    MoveL p190, v500, z20, tool2;            !过渡点
    MoveL p200, v500, z20, tool2;            !换砂纸点1
    WaitTime 0.2;                            !等待0.2s
    MoveL p210, v500, z20, tool2;            !过渡点
    MoveL p220, v500, z20, tool2;            !换砂纸点2
    WaitTime 0.2;                            !等待0.2s
    MoveL p230, v500, z20, tool2;            !过渡点
    MoveJ pHome, v1000, z20, tool0;          !回原点
ENDPROC
```

5. 调试

1）上电前检查

① 观察双头打磨机夹具是否有移位、松动或损坏等现象，实训台上各组件是否齐全。如果存在以上现象，及时调整、紧固或更换零件。

② 对照接线图检查机器人 I/O 接线是否正确，尤其要检查 24V 电源、电气元件电源线等线路是否有短路、断路现象。

2）系统输入和系统输出的设定

系统输入：将数字输入信号与系统的控制信号关联起来，就可以对系统进行控制（如电动机开启、程序启动等）。系统输出：系统的状态信号也可以与输出信号关联起来，将系统的状态输出给外围设备作控制之用。输出的设定与输入设定方法一样，分别关联各输出信号；待所有信号全部关联，重启控制器，完成设定。

6. 运行程序

（1）在示教器界面单击"程序编辑器"，然后在图 5-66 所示界面中选择"调试"→"PP 移至 Main"选项。

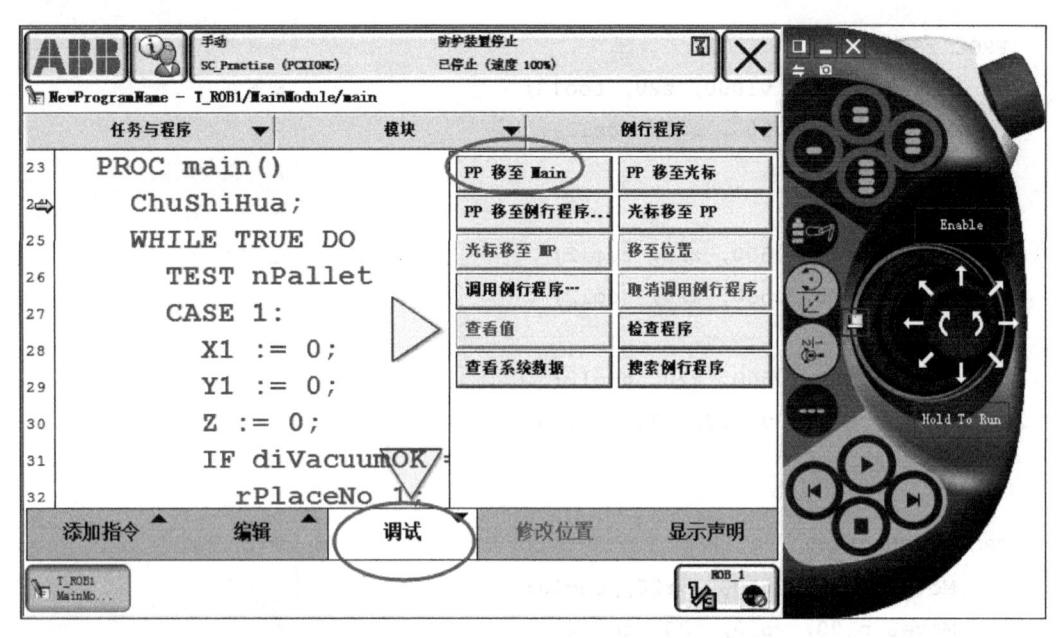

图 5-66 选择"调试"→"PP 移至 Main"选项

（2）控制柜置于自动模式，并按下电动机上电按钮。
（3）运行程序。

7. 常见故障排除

常见故障、故障原因与解决方法见表 5-4。

表 5-4 常见故障、故障原因与解决方法

序号	常见故障	故障原因	解决方法
1	设备不能正常上电	电气元件损坏	更换电气元件
		线路接线脱落或错误	检查电路并重新接线
2	指示灯不亮	接线错误	检查电路并重新接线
		程序错误	修改程序
3	上电，机器人报警	机器人的安全信号没有连接	按照机器人接线图接线
4	机器人不能启动	机器人控制器未打到自动模式	将机器人控制器置于自动模式
		机器人专用 I/O 没有设置	设置机器人专用 I/O
		线路错误或接触不良	检查电缆并重新连接
5	机器人启动报警	原点数据没有设置	设置原点数据
6	机器人运动过程中报警	机器人不能从当前点到下一个点直接移动过去	重新示教下一个点

5.6 弧焊工业机器人

电弧焊是一种非常重要的焊接工艺，在航天航空、军事、造船及社会各生产部门都有不同程度的应用。目前，电弧焊的操作绝大部分还是由手工完成的，生产效率较低，宜受操作者各方面因素的影响，无法确保焊接件质量的一致性。使用机器人代替人工焊接，能将人类从恶劣的工作环境中解放出来，提高生产效率，具有重要的意义。ABB 弧焊机器人的硬件架构及其组成如图 5-67 所示，主要包括机器人本体、机器人控制器、保障焊枪清洁的清枪机构、用于机器人工具坐标定位用的牛眼及焊接电源等主要部件。其中焊接电源、清枪机构、机器人末端夹具等外加附件通过 ABB 提供的专用 I/O 板与机器人控制器通信，如图 5-68 所示。

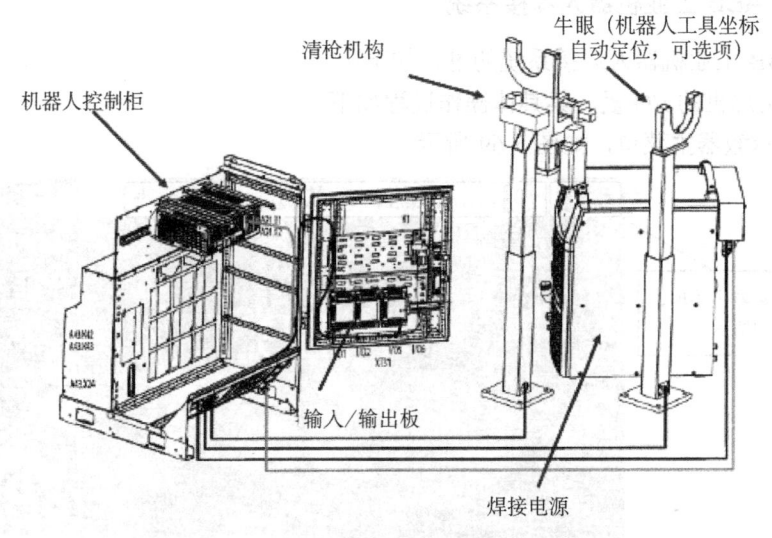

图 5-67 ABB 弧焊机器人的硬件架构及其组成

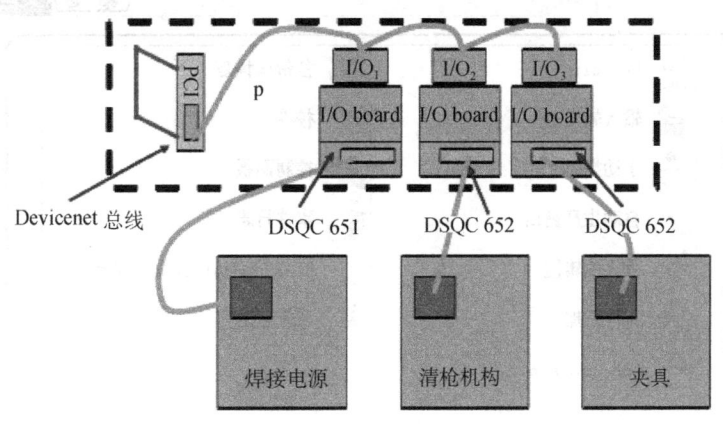

图 5-68 ABB 弧焊机器人外加附件与控制器通信图

1. 焊接电源的控制

ABB 工业机器人通常通过模拟量 AO 和数字量 IO 来控制焊接电源，通常选择 D651 板（8 输出，8 输入，2 个模拟量输出 0～10V）作为焊接电源的控制板，其常见设置见表

5-5。对于松下焊机，ABB 工业机器人没有开发专用的接口软件，因此必须选择 Standard IO Welder 选项来控制日系焊机。

表 5-5　弧焊控制 I/O 板设置表

AoWeldingCurrent（Ao）：	地址 0~15 控制焊接电流或者送丝速度
AoWeldingVoltage（Ao）：	地址 16~31 控制焊接电源
doWeldOn（数字输出）：	地址 32 起弧控制
doGasOn（数字输出）：	地址 33 送气控制
doFeed（数字输出）：	地址 34 点动送丝控制
diArcEst（数字输入）：	地址 0 起弧建立信号（焊机通知机器人）

2. 配置 ABB 工业机器人焊接系统

配置 ABB 工业机器人焊接系统的过程如下：

（1）定义焊机的 I/O 板，其具体操作过程如下：

① 进入示教器主菜单，如图 5-69 所示。

图 5-69　示教器主菜单

② 进入控制面板，其操作如图 5-70 所示。

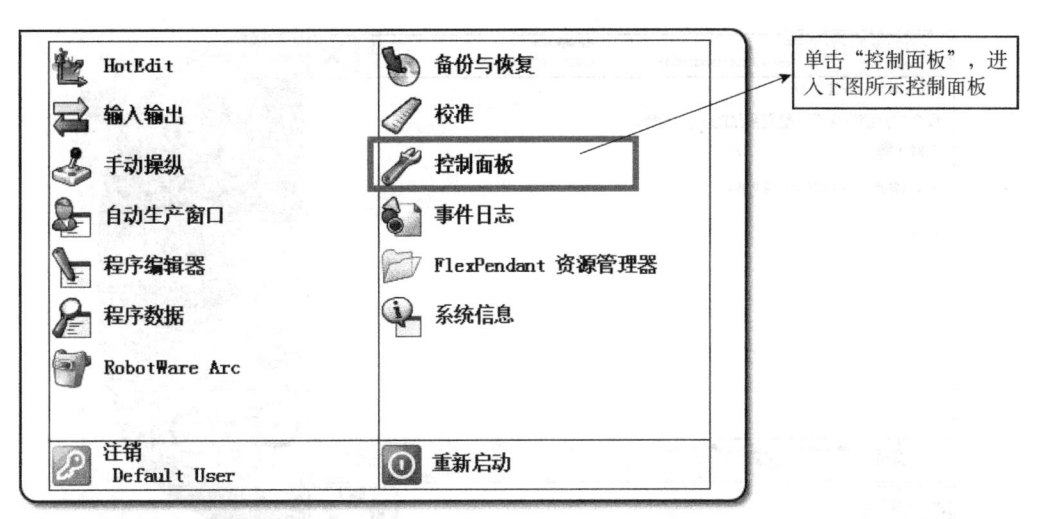

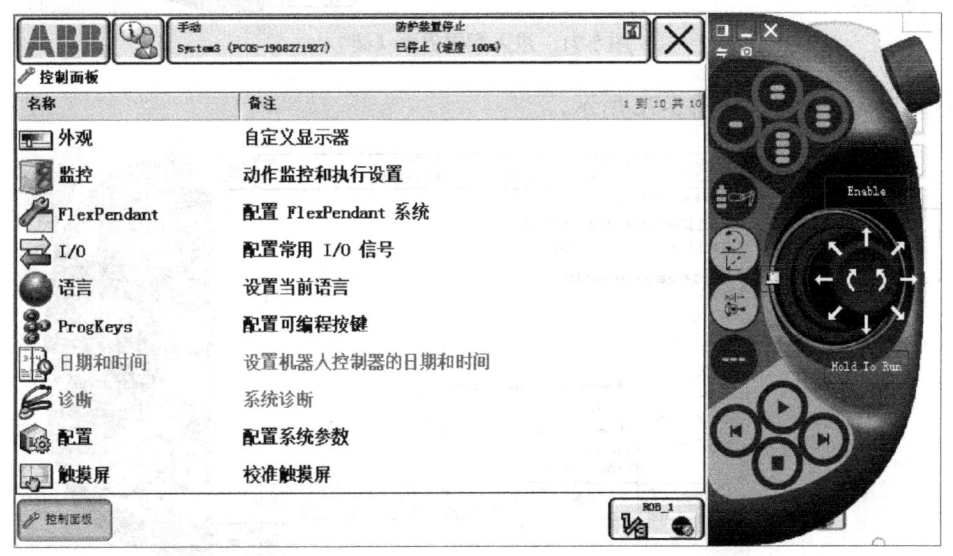

图 5-70　进入控制面板

③ 单击"配置"选项,进入配置界面,其操作如图 5-71 所示。

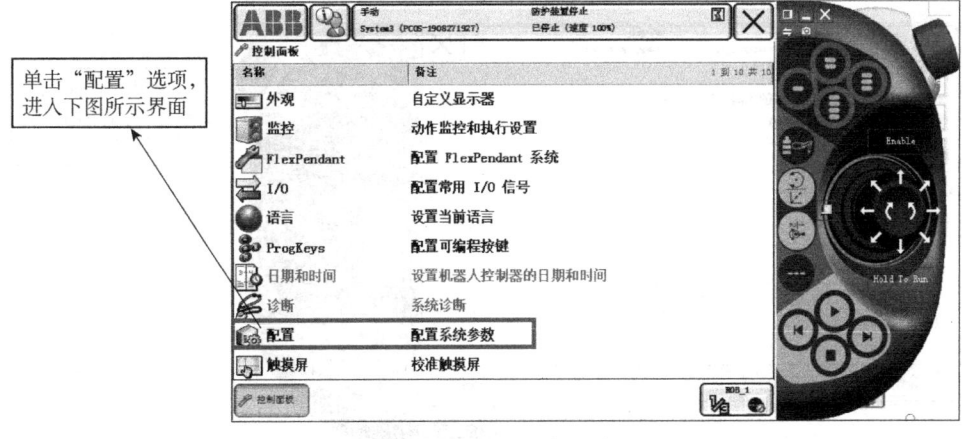

图 5-71　进入配置界面

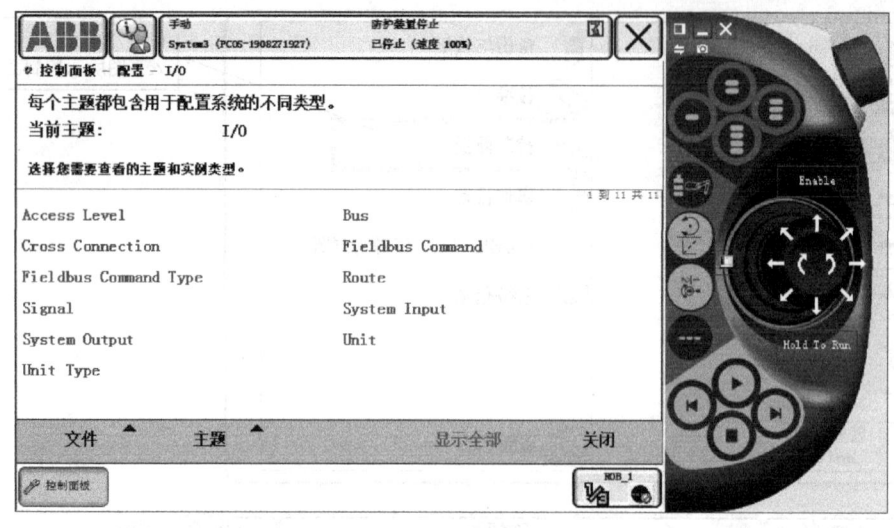

图 5-71 进入配置界面（续）

④选择 I/O 配置，如图 5-72 所示。

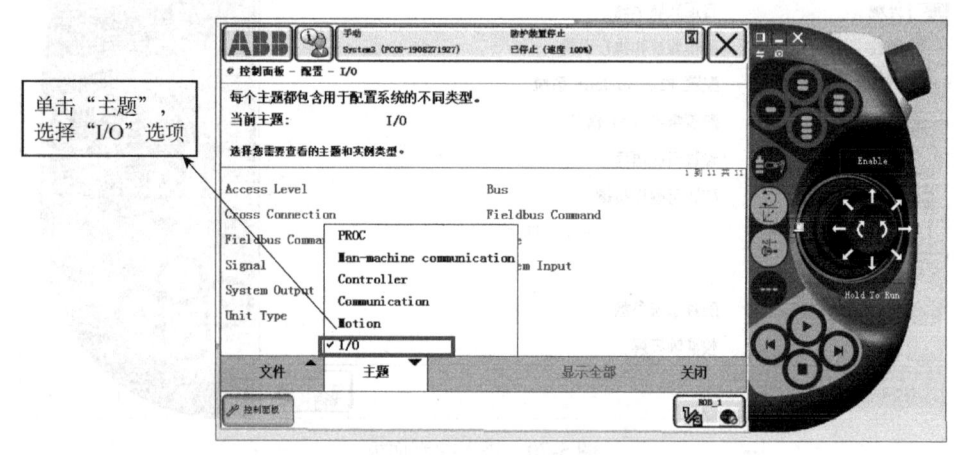

图 5-72 选择"I/O"选项

⑤选择"Unit"，添加 I/O 板，其操作如图 5-73 所示。

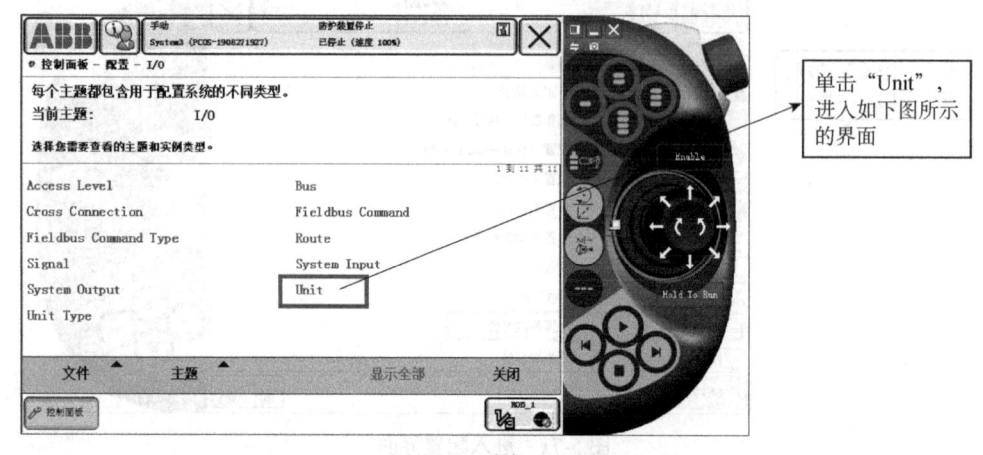

图 5-73 添加 I/O 板

单元 5　ABB 工业机器人运行实例

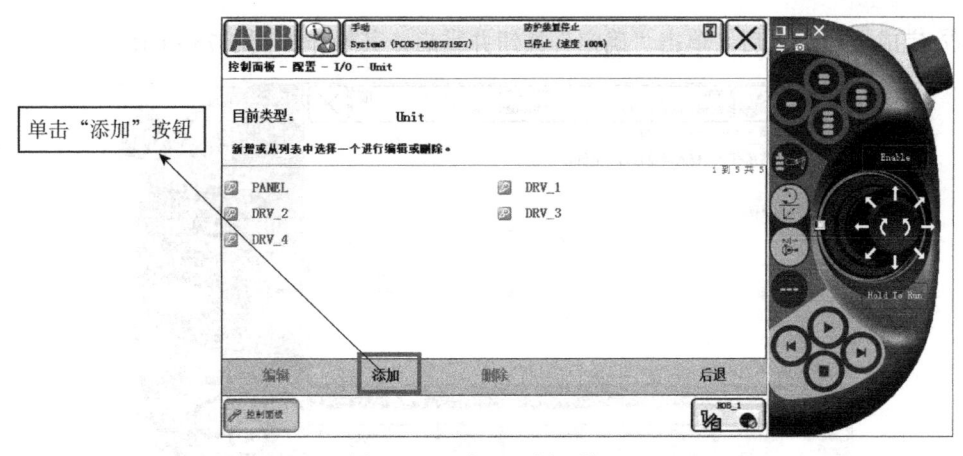

图 5-73　添加 I/O 板（续）

⑥ 设定新建 I/O 板的名称、类型、总线形式及地址，其操作如图 5-74 所示。

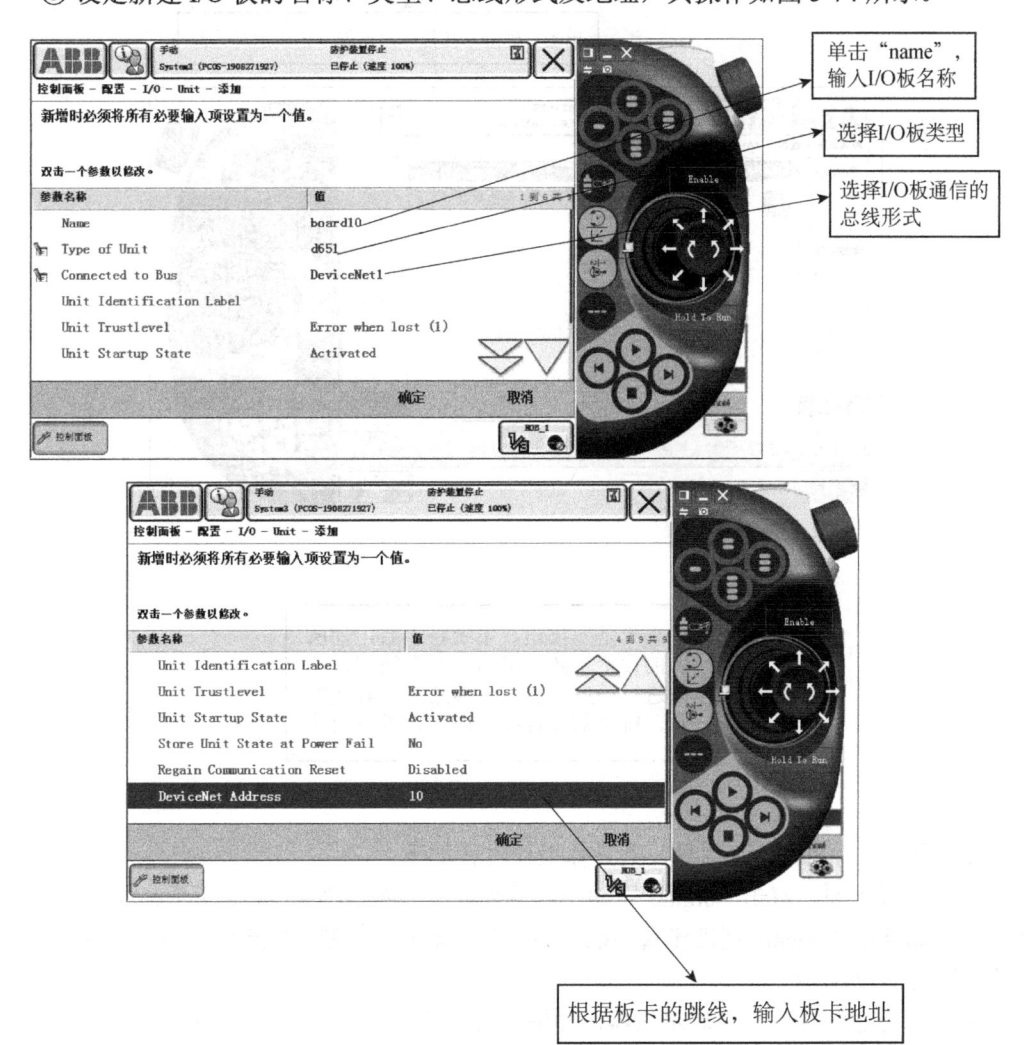

图 5-74　设定新建 I/O 板的名称、类型、总线形式及地址

⑦ 完成上述配置后，单击"确定"按钮并重启，其操作如图 5-75 所示。

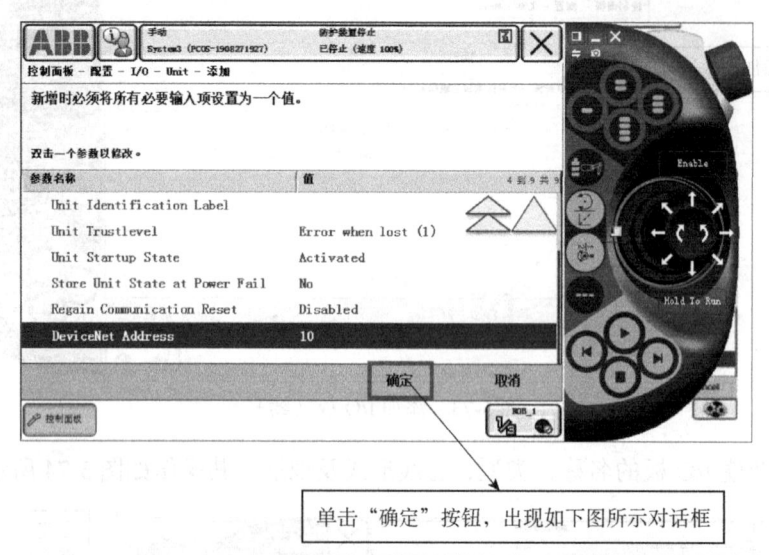

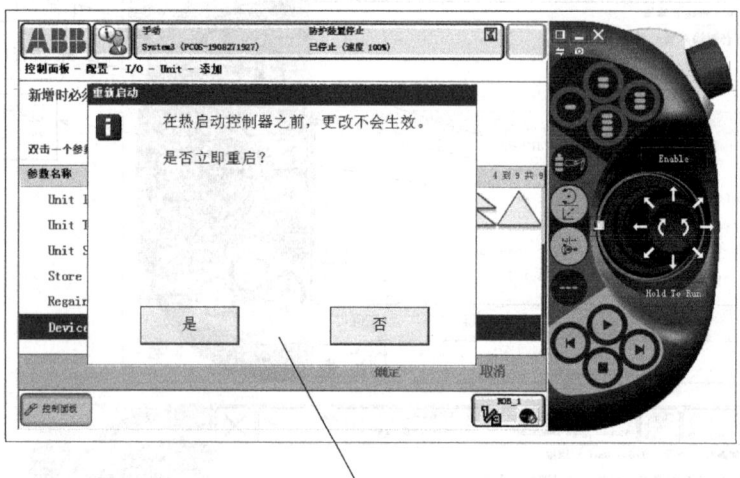

单击"确定"按钮，出现如下图所示对话框

单击"是"按钮，系统将重启，使所做的设定生效；单击"否"按钮，可以进行稍后重启，可继续进行其他配置，待全部配置都完成后，再重启

图 5-75　完成配置

（2）定义弧焊机的 I/O 信号，其具体操作过程如下：

① 在配置界面，双击"signal"，进行信号添加，其操作如图 5-76 所示。

② 在新建的"signal"属性设置界面中设置信号名称、类型、选择所属 I/O 板、地址等，其操作如图 5-77 所示。

③ 完成上述配置后，重启示教器，如图 5-78 所示。

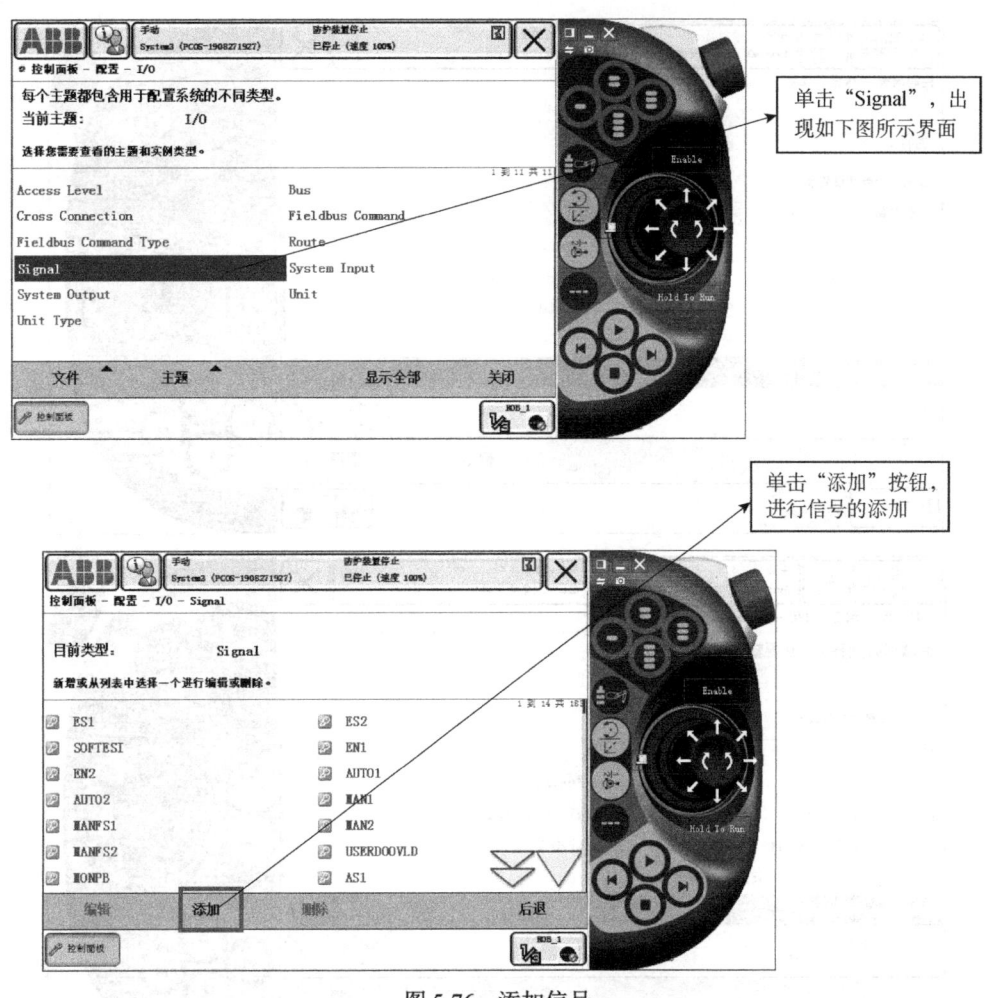

图 5-76 添加信号

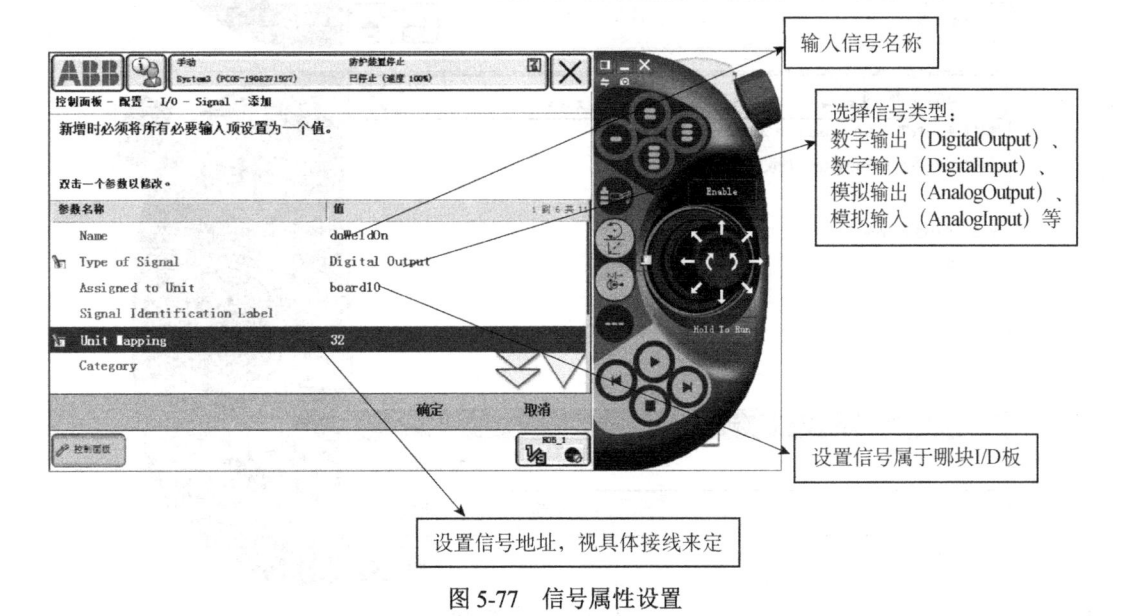

图 5-77 信号属性设置

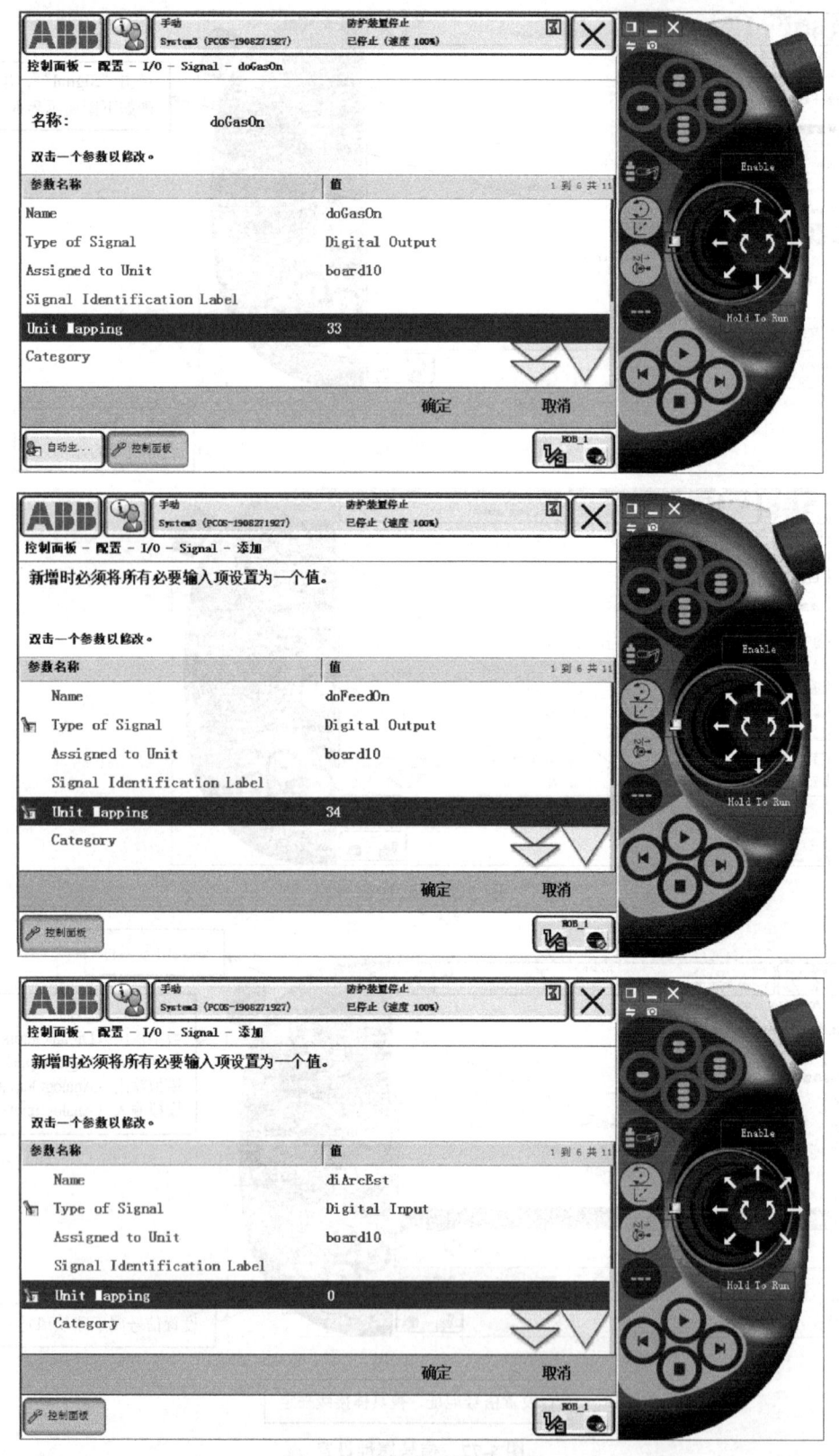

图 5-77 信号属性设置（续）

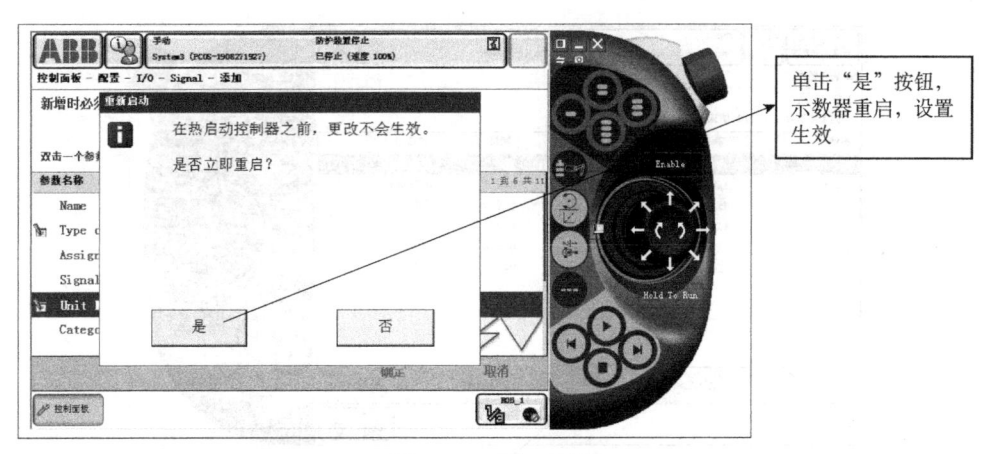

图 5-78　重启示教器

④ 在示教器主菜单中查看定义的 I/O 信号情况，如图 5-79 所示。

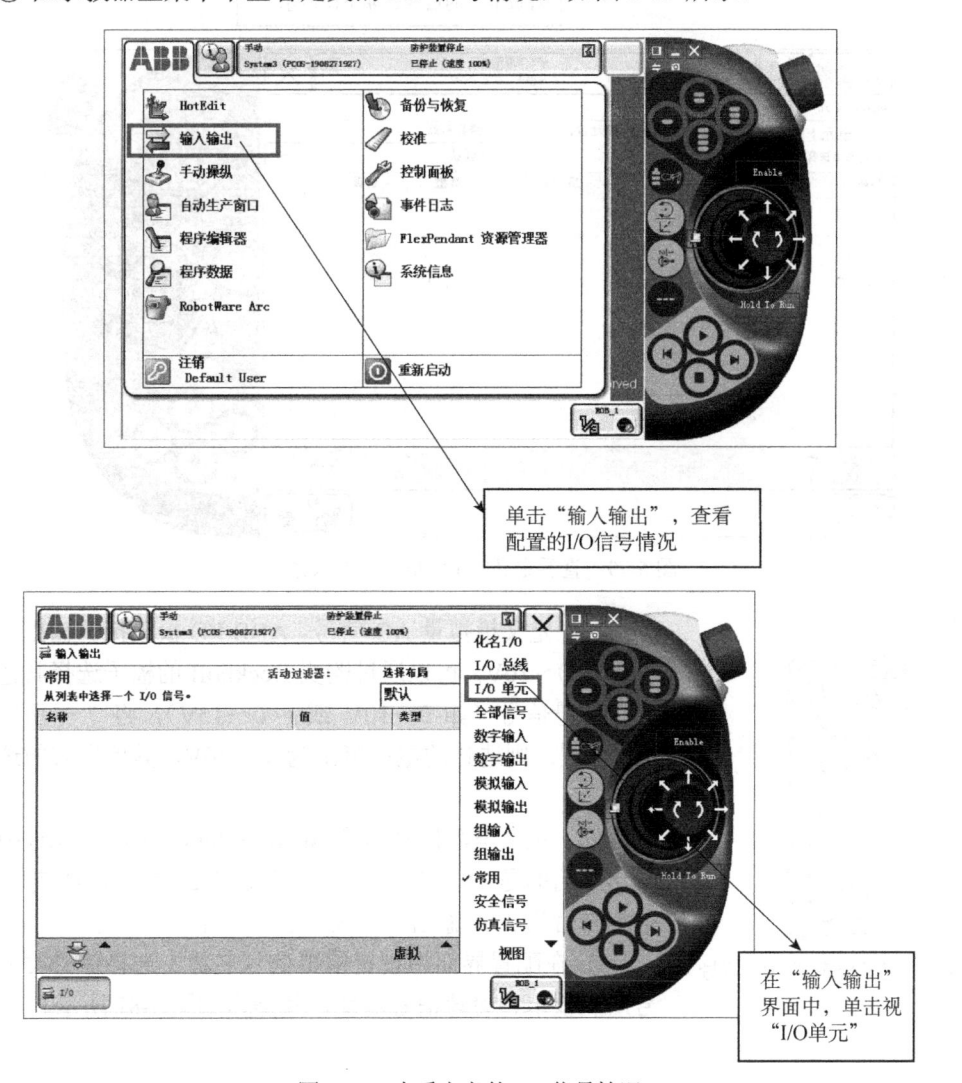

图 5-79　查看定义的 I/O 信号情况

图 5-79 查看定义的 I/O 信号情况（续）

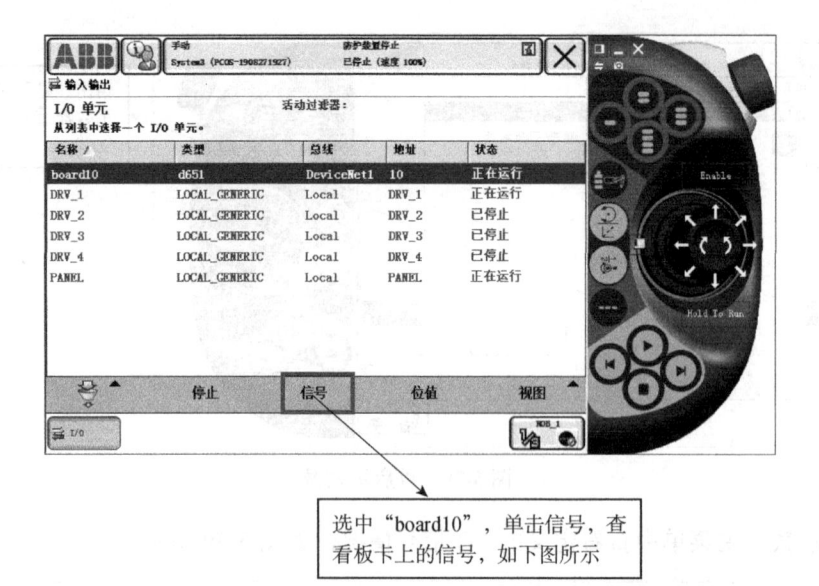

（3）定义模拟量 AO 信号。ABB I/O 板模拟量输出信号的范围是 0~10V，可以通过购买 Beckhoff 的板子选择其他范围的模拟量信号（如 0~10V 或者 0~15V），将 7 号引脚拨到 On 位置，则选择的电压范围为 0~10V，其他所有的选择为 Off。

（4）定义电流控制信号 Ao Welding Current。ABB 模拟量输出采用的是 16 位输出，位值为 65535 时为 350A 输出，位值为 0 时为 30A 输出，其具体步骤如下：

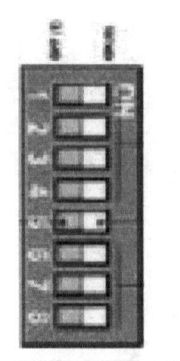

图 5-80 定义模拟量 AO 信号

① 在配置界面中设置模拟信号名称、选择信号类型和信号所属板卡、设置信号地址，其操作如图 5-81 所示。

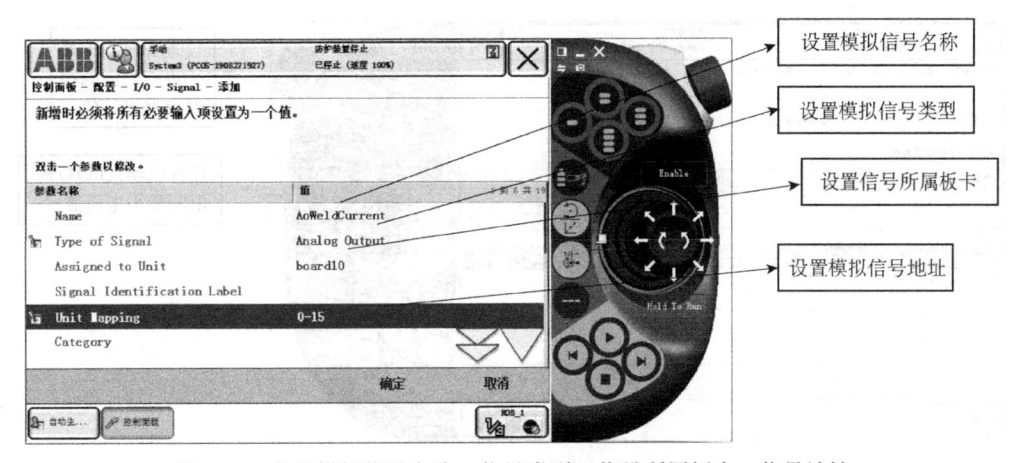

图 5-81 弃置模拟信号名称、信号类型、信号所属板卡、信号地址

② 在配置界面中设置模拟信号默认数值、选择编码类型、焊机输出最大/最小电流值等，其操作如图 5-82 所示。

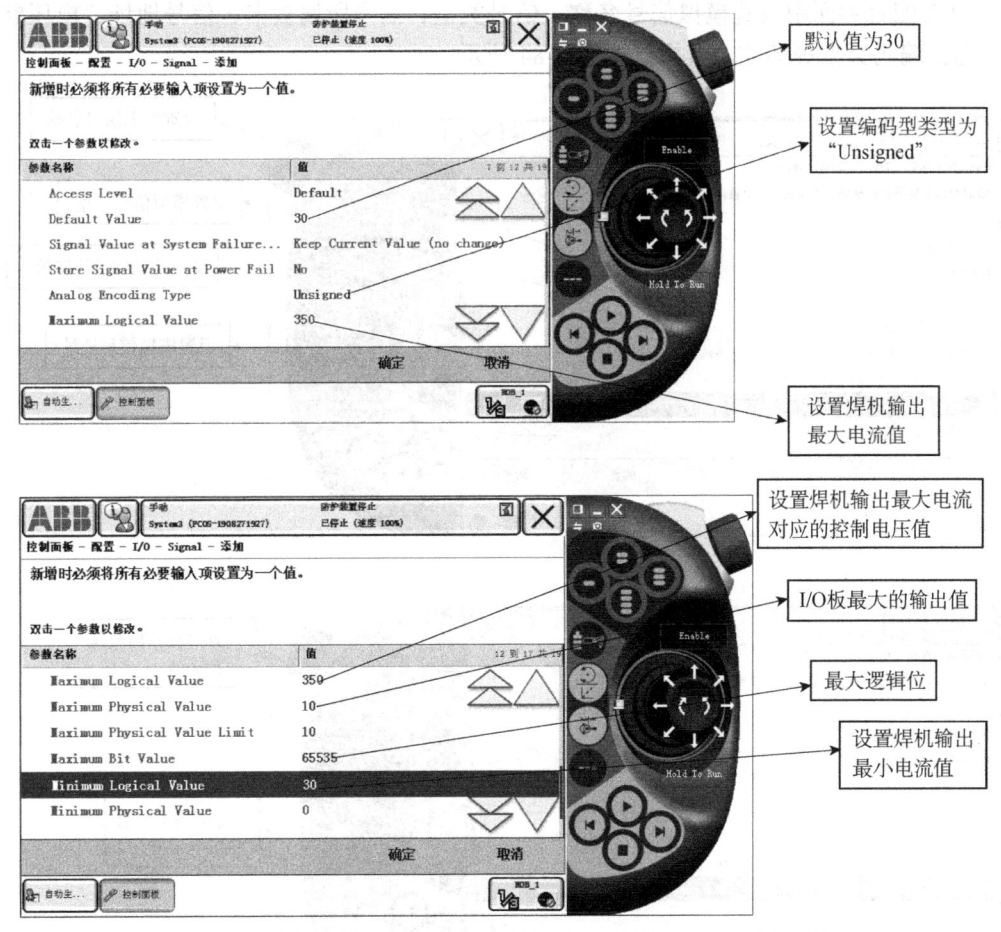

图 5-82 定义模拟信号默认值、编码类型、焊机输出最大/最小电流值

③在配置界面中设置焊机输出最小电流时对应的控制信号电压值、机器人 I/O 板输出的最小电压值等参数，其操作如图 5-83 所示。

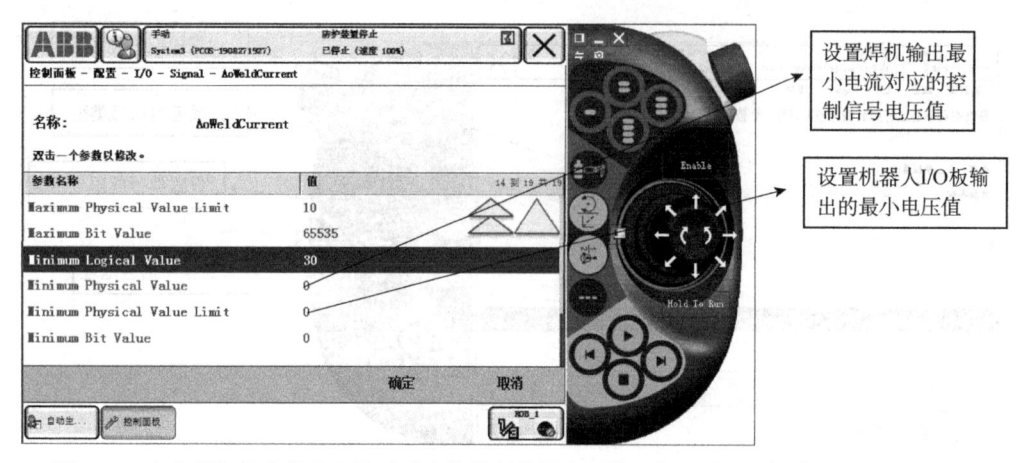

图 5-83 定义焊机输出最小电流时对应的控制信号电压值、机器人 I/O 板输出的最小电压值

（5）定义电压控制信号 Ao Welding Voltage。ABB 模拟量输出采用的是 16 位输出，位值为 65535 时为 10V 输出，位值为 0 值为 0V 输出，其具体步骤如下：

① 在配置界面中设置模拟信号名称、信号类型、信号所属板卡、信号地址、电压默认值、选择编码类型等参数，其操作如图 5-84 所示。

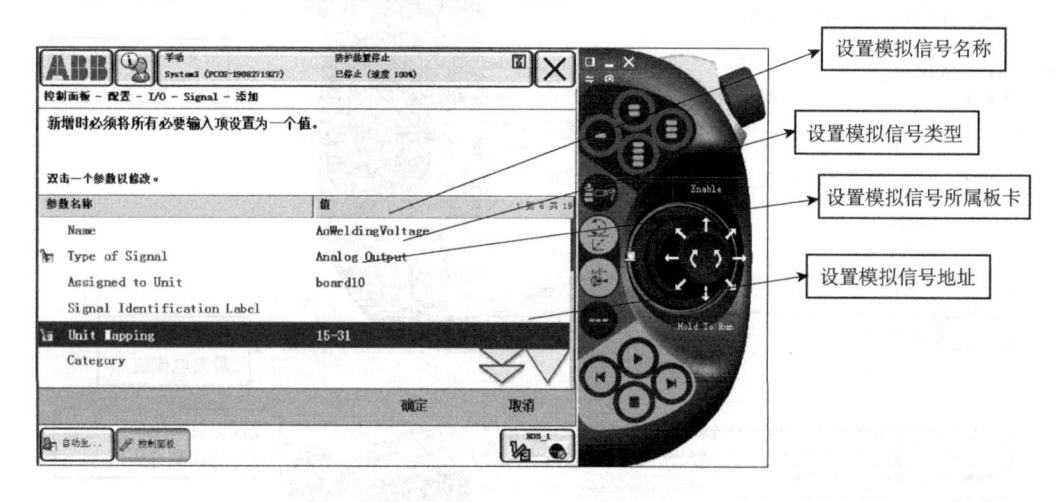

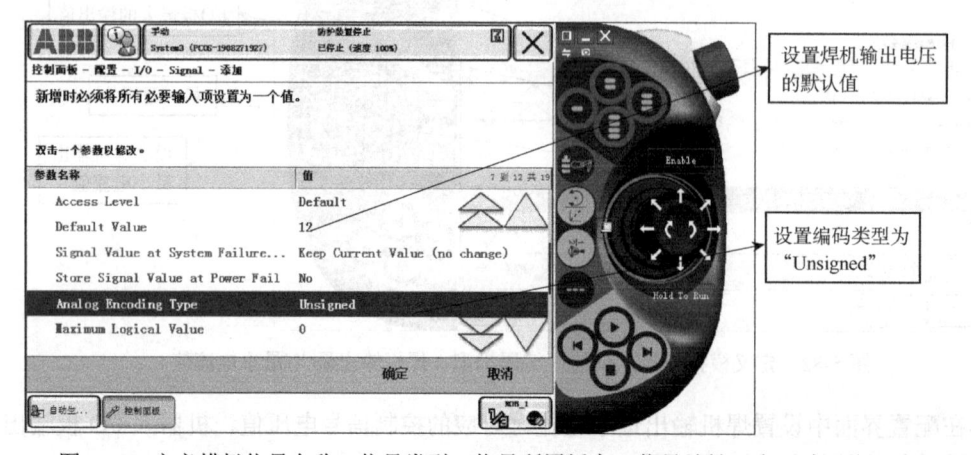

图 5-84 定义模拟信号名称、信号类型、信号所属板卡、信号地址、电压默认值、编码类型

② 在配置界面中设置焊机输出最大的电压值、最大位数、焊机输出最小电压值等参数，操作过程如图 5-85 所示。

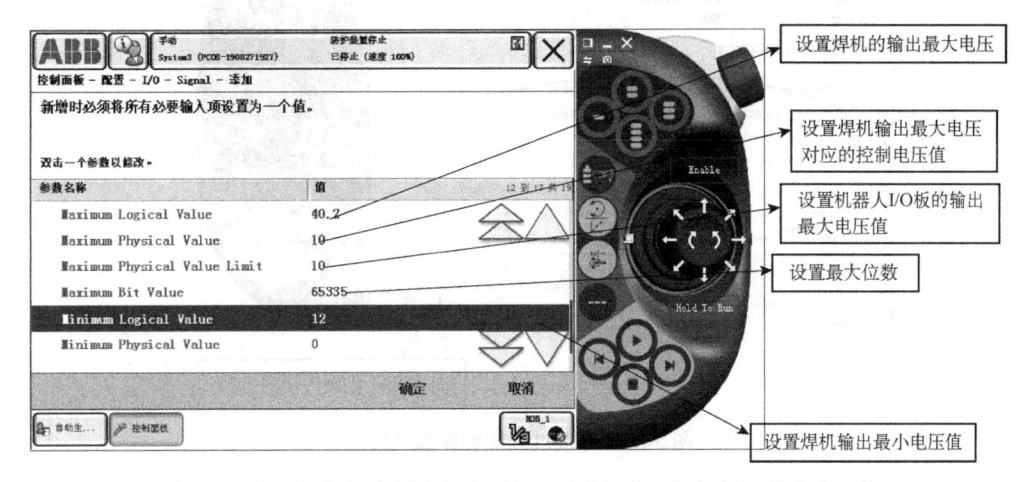

图 5-85　设置焊机输出最大的电压值、最大位数、焊机输出最小电压值

3. ABB 工业机器人焊接控制软件 Arcware

ABB 工业机器人通过 Arcware 来控制焊接的整个过程，该软件功能包括：
（1）实时监控焊接过程，检测焊接是否正常；
（2）当错误发生时，Arcware 会自动将错误代码和处理方式显示在机器人示教器界面；
（3）客户只需要对焊接系统进行基本的配置就可以完成对弧焊机的控制；
（4）焊接系统高级功能：激光跟踪系统的控制和电弧跟踪系统的控制；
（5）其他功能：生产管理和清枪控制、传感器控制等。
Arcware 中主要包括对焊接设备、焊接系统、焊接传感器的设置，其主要操作介绍如下：
①单击"控制面板"界面中"主题"→"PROC"，可进入焊接过程控制的参数设置界面，如图 5-86 所示。

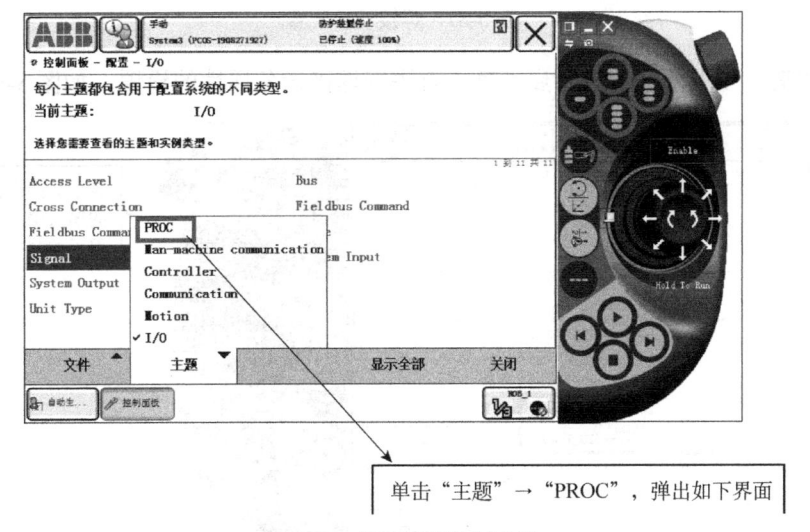

图 5-86　焊接过程控制参数

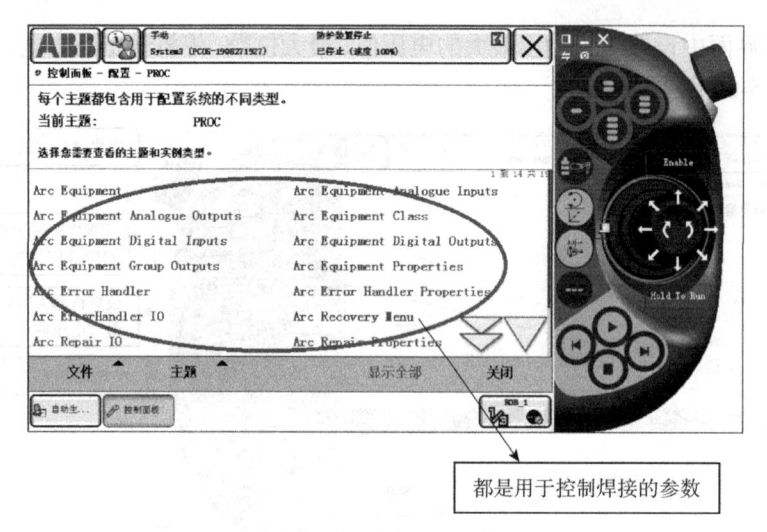

图 5-86　焊接过程控制参数（续）

②选择上述选项中的焊接设备，可进行焊接设备配置，如图 5-87 所示。

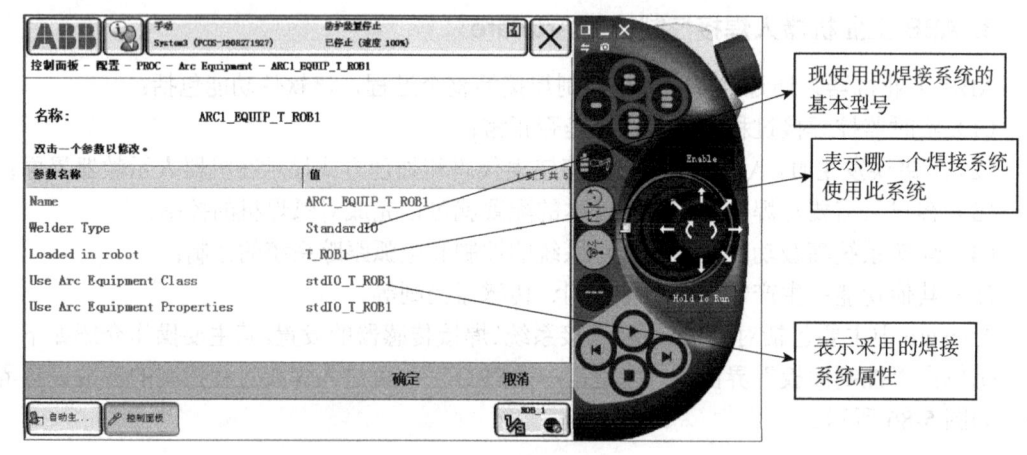

图 5-87　焊接设备配置

③单击第二步中的焊接设备属性项，可进行焊接设备属性的设置，如图 5-88 所示。

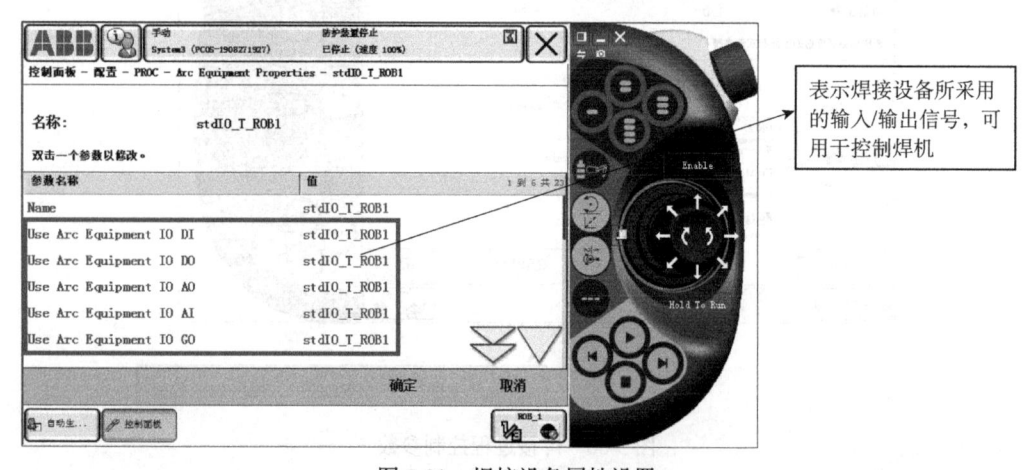

图 5-88　焊接设备属性设置

④单击第一步中的焊接设备数字输入项，可进行焊接设备数字输入的设置，如图 5-89 所示。

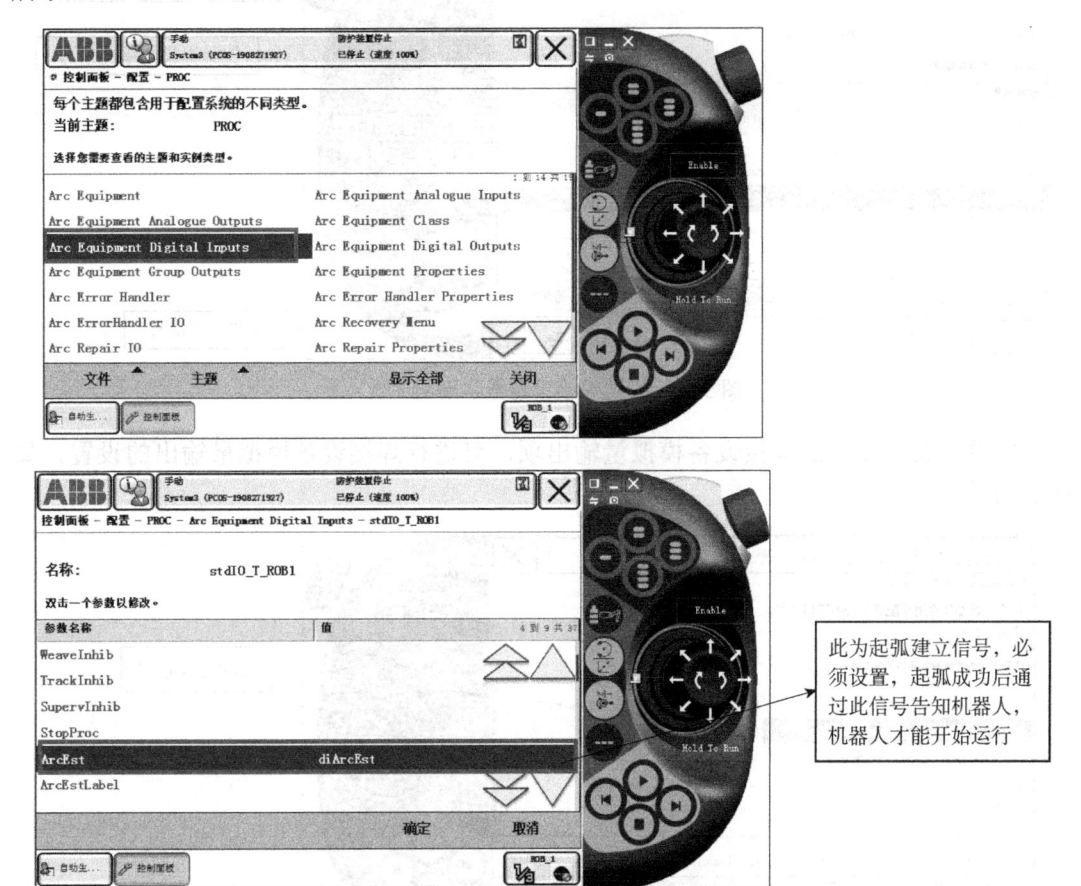

图 5-89　设置焊接设备数字输入

⑤单击第一步中的焊接设备数字输出项，可进行焊接设备数字输出的设置，如图 5-90 所示。

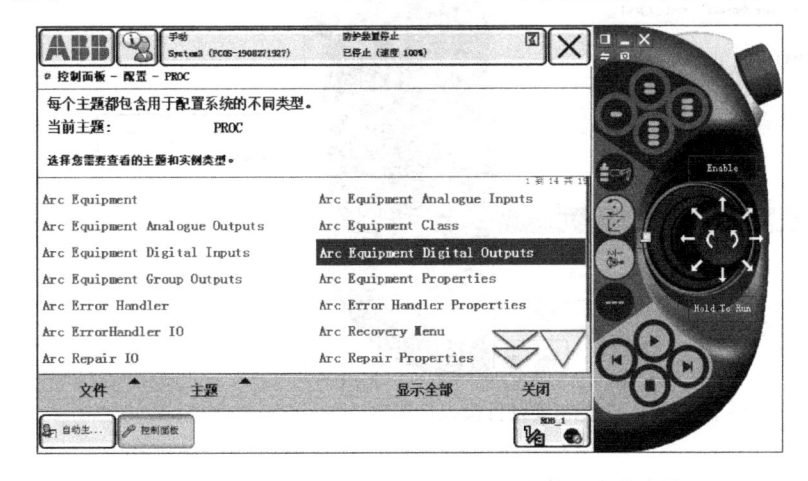

图 5-90　设置焊接设备数字输出

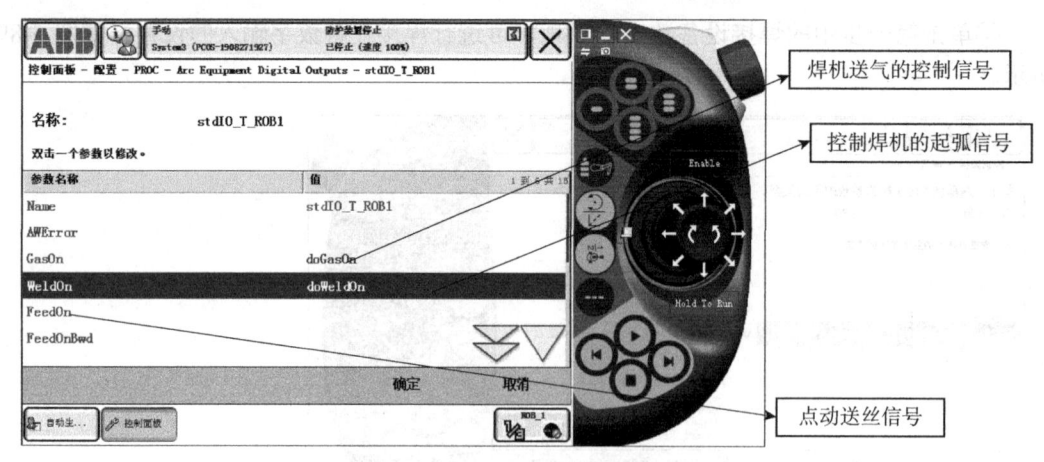

图 5-90 设置焊接设备数字输出（续）

⑥单击第一步中的焊接设备模拟量输出项，可进行焊接设备模拟量输出的设置，如图 5-91 所示。

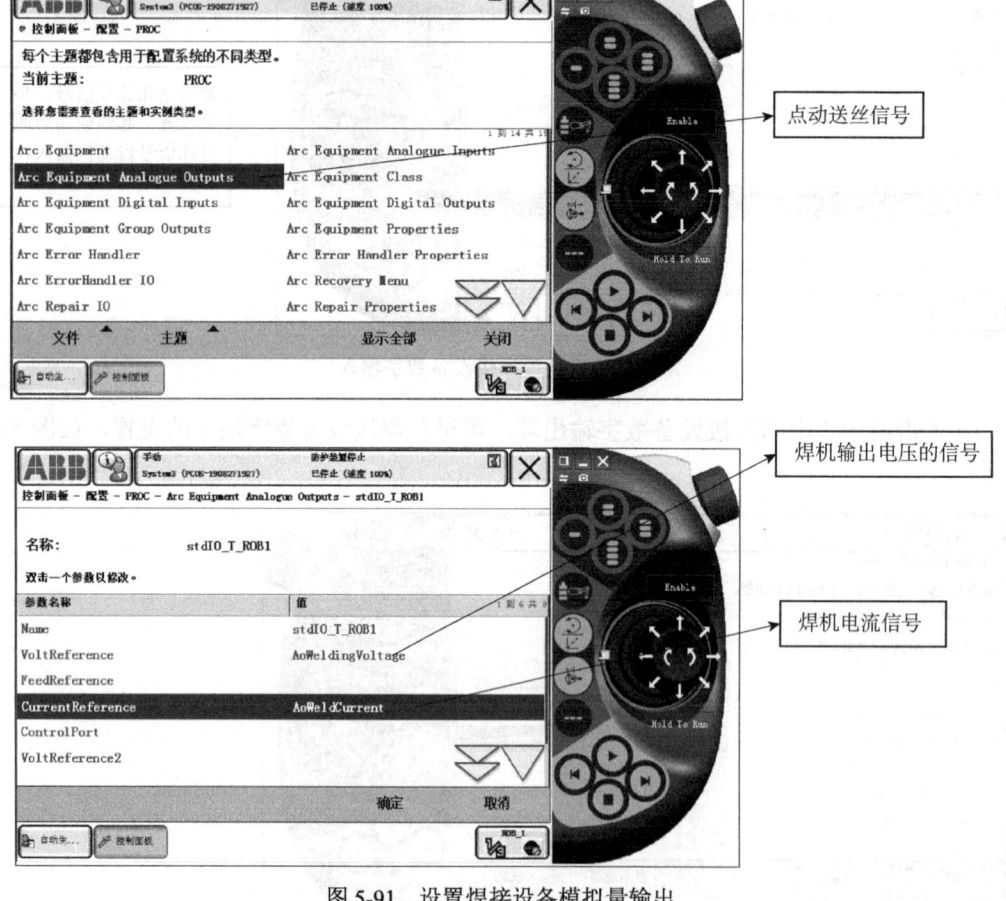

图 5-91 设置焊接设备模拟量输出

4. ABB 工业机器人焊接控制指令

（1）直线焊接指令（ArcL）格式如图 5-92 所示。

```
ArcL p1,v100,seaml,weld1/Weave:=weavel,z10,tool1;
```

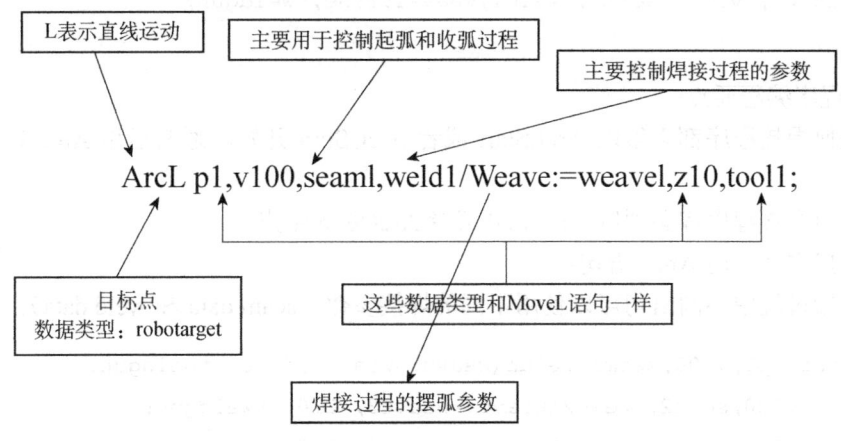

- L 表示直线运动
- 主要用于控制起弧和收弧过程
- 主要控制焊接过程的参数
- 目标点 数据类型：robotarget
- 这些数据类型和 MoveL 语句一样
- 焊接过程的摆弧参数

图 5-92 直线焊接指令格式

（2）圆弧焊接指令（ArcC）格式如图 5-93 所示。

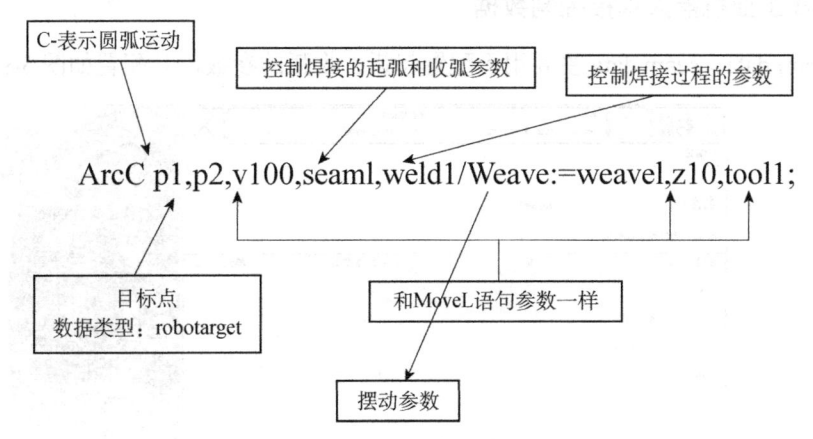

```
ArcC p1,p2,v100,seaml,weld1/Weave:=weavel,z10,tool1;
```

- C-表示圆弧运动
- 控制焊接的起弧和收弧参数
- 控制焊接过程的参数
- 目标点 数据类型：robotarget
- 和 MoveL 语句参数一样
- 摆动参数

图 5-93 圆弧焊接指令格式

应用实例：

图 5-94 所示为圆弧焊接程序原理图，其程序如下。

- MoveJ
- ArcL Start
- p1
- p2
- ArcL End
- MoveJ
- Direction of welding
- —— Movement with no welding
- xxxxx Fiying start
- —— Welding and weld end

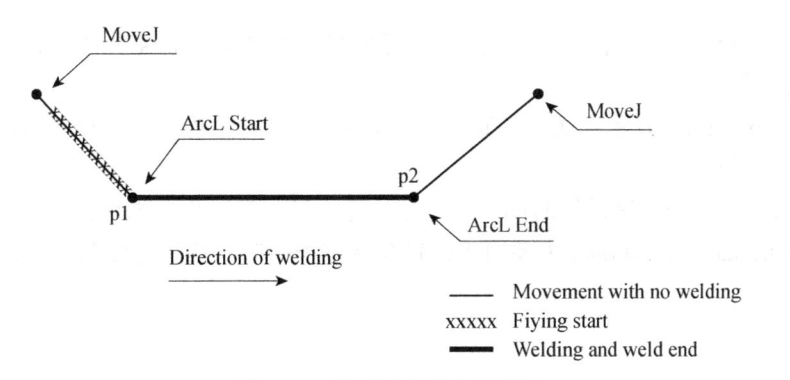

图 5-94 圆弧焊接程序原理图

```
MoveJ…;
ArcLStart p1,v100, seam1,weld1, weave1,fine, tweldgun;
ArcLEnd p2, v100, seam1, weld1,weave1,fine,tweldgun;
MoveJ…;
```

焊接程序编程要点：

➢ 任何焊接程序都必须以 ArcLStart 或者 ArcCStart 开始，通常运用 ArcLStart 作为起始语句；

➢ 任何焊接程序都必须以 ArcLEnd 或者 ArcCEnd 结束；

➢ 焊接中间点用 ArcL 语句；

➢ 焊接过程中不同语句可以使用不同的焊接参数（seam data 和 weld data）。例如：

```
ArcLStart p1,V100,seam1,weld1\weave:=weave1,fine, tweldgun;
ArcL *, v100,seam2, weld2\weave:=weave2, Z10, tweldgun;
ArcL *,v100, seam3, weld3\weave:=weave3, Z10, tweldgun;
ArcLEnd p2, v100,seam1, weld1\weave:=weave1,fine,tweldgun
```

5. ABB 工业机器人焊接控制数据

（1）seam data。seam data 主要用于配置起弧、收弧的参数，其配置如图 5-95 所示。

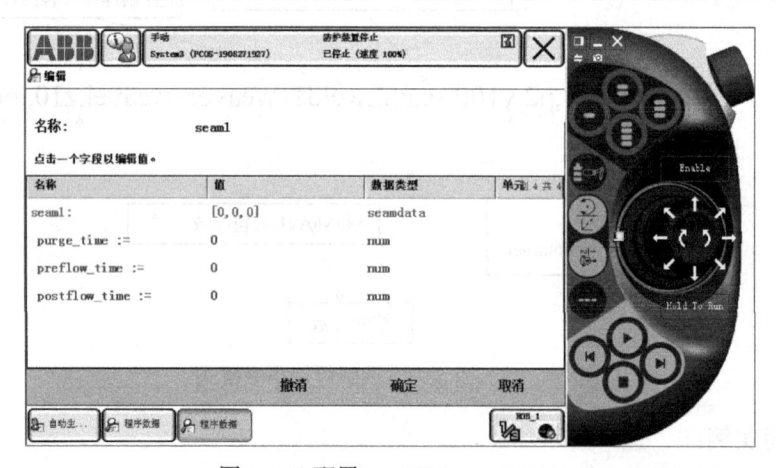

图 5-95 配置 seam data

① Purge_time：表示焊接开始时清理枪管中空气的时间，是 s 为单位，这个时间不会影响焊接的时间；

② Preflow_time：表示预送气的时间，以 s 为单位，此过程表示焊枪到达焊接位置时对焊接工件进行保护；

③ PostFlow_time：尾送气时间，对焊缝进行继续保护，以 s 为单位。

（2）weld data。weld data 主要用于配置焊接过程中的一些工艺参数，其配置如图 5-96 所示。

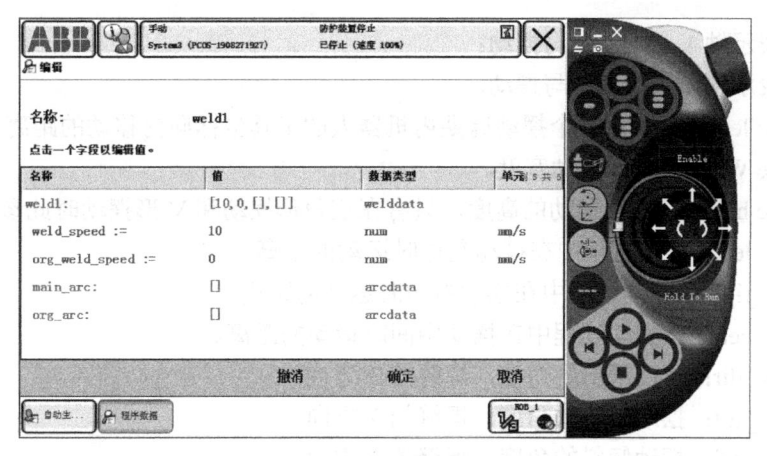

图 5-96 配置 weld data

① weld_speed：机器人的焊接速度，单位为 mm/s；
② voltage：焊接的电压；
③ current：焊接的电流。
（3）weave data。weave data 用于控制焊炬摆动的一些参数，以达到最佳的焊接效果，其配置如图 5-97 所示。

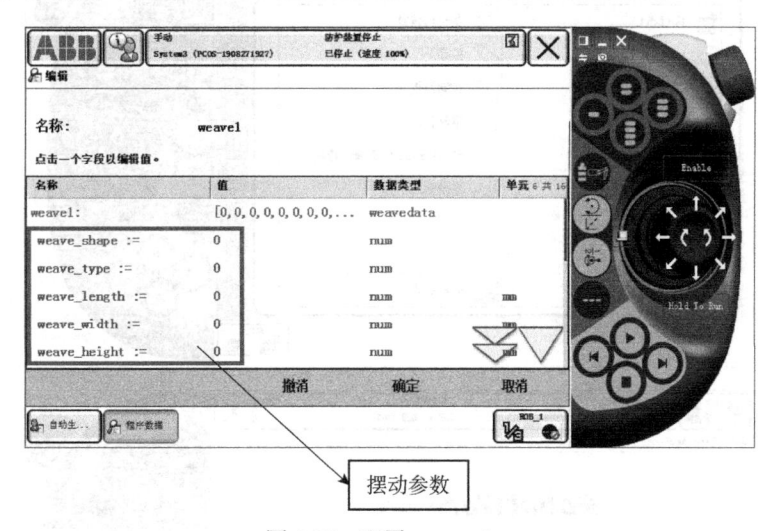

图 5-97 配置 weave data

图 5-97 中各主要摆动参数的含义如下。
① weave shape（摆动的形状）：
➢ 0：no weaving（表示没有摆动）；
➢ 1：zigzag weaving（表示 Z 形摆动）；
➢ 2：V-shaped weaving（表示 V 形摆动）；
➢ 3：Triangular weaving（表示三角形摆动）。
② weave type（摆动模式）：
➢ 0：表示机器人的 6 根轴都参与摆动；
➢ 1：表示轴 5 和轴 6 参与摆动；

- ➢ 2：表示轴 1、2、3 参与摆动；
- ➢ 3：表示轴 4、5、6 参与摆动。

③ weave length：表示一个摆动周期内机器人的工具坐标向前移动的距离。

④ weave Width：表示摆动宽度。

⑤ weave height：表示摆动的高度，只有在三角形摆动和 V 形摆动时此参数才有效。

⑥ dwell_left：摆动过程中在摆动左边时运动的距离。

⑦ dwell_right：摆动过程中在摆动右边时运动的距离。

⑧ dwell_center：摆动过程中在摆动中间时运动的距离。

⑨ weave_dir：摆动倾斜的角度，焊缝的 X 方向。

⑩ weave_tilt：摆动倾斜的角度，焊缝的 Y 方向。

⑪ weave_ori：摆动倾斜的角度，焊缝的 Z 方向。

⑫ weave_bias：摆动中心偏移。

6. 屏蔽 ABB 工业机器人焊接起弧

有时在焊接摆动过程中，需要屏蔽焊接的起弧，其操作如图 5-98 所示。

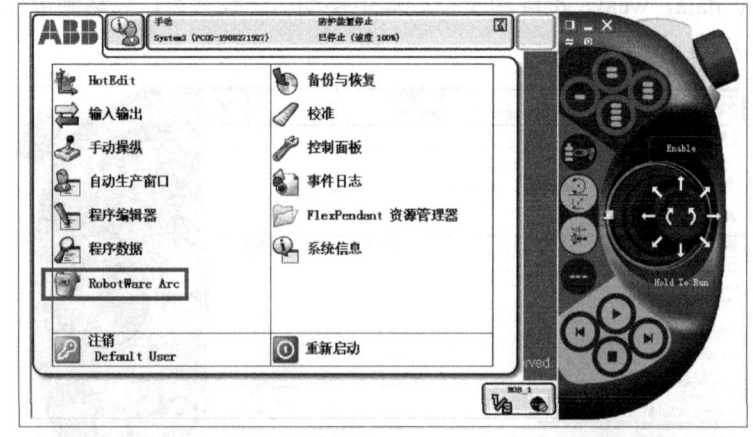

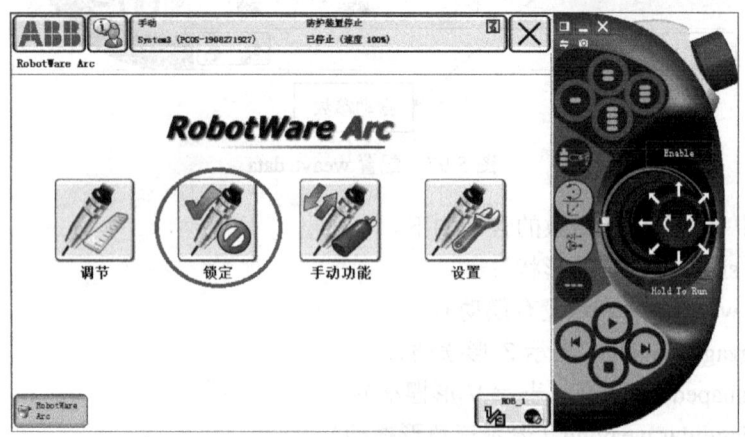

图 5-98 屏蔽焊接起弧

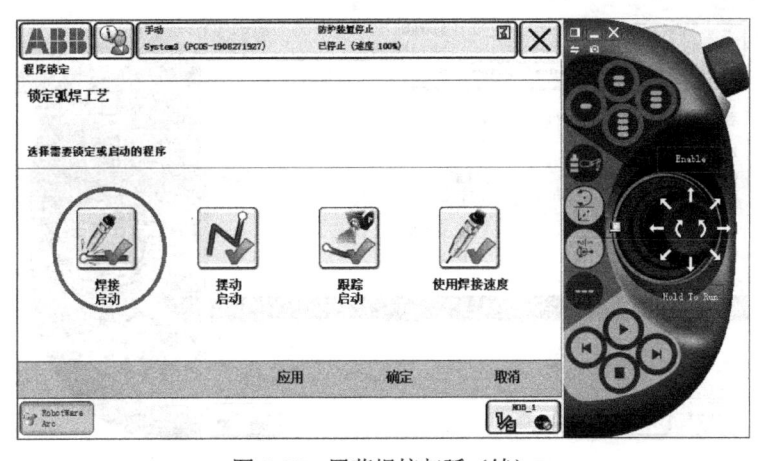

图 5-98 屏蔽焊接起弧（续）

7. 设置 ABB 工业机器人焊接系统属性

在配置界面双击"焊接系统"，选中"Arc1"，可对焊接系统中的参数进行设置，如图 5-99 所示。

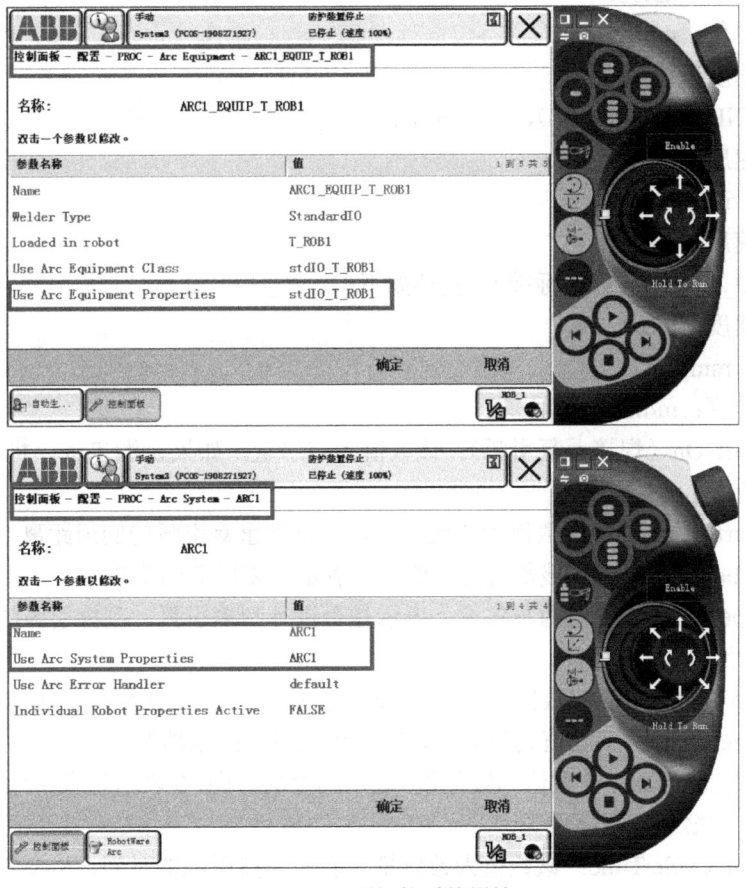

图 5-99 设置焊接系统属性

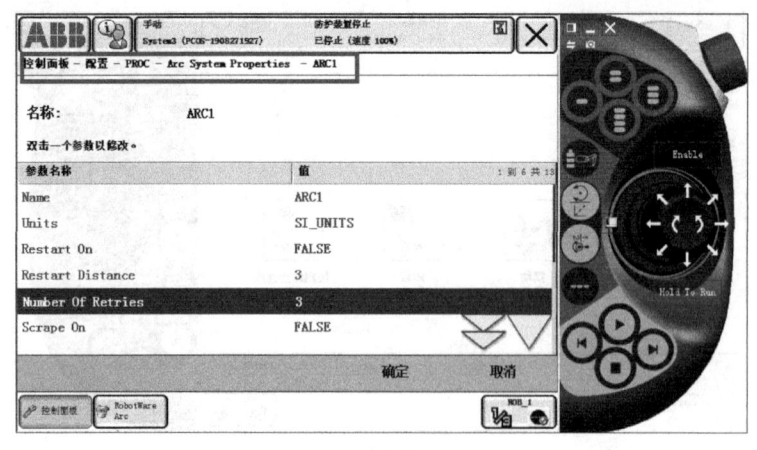

图 5-99 设置焊接系统属性（续）

其主要参数解释如下。

（1）Arc Unit：焊接参数的基本单位。
- SI_UNITS（国际标准），具体如下：
  焊接速度：mm/s；
  长度单位：mm；
  送丝速度单位：mm/s。
- US_UNITS（美国标准），具体如下：
  焊接速度：ipm；
  长度：inch；
  送丝速度：ipm。
- WELD_UNITS（焊接标准），具体如下：
  焊接速度：mm/s；
  长度：mm；
  送丝速度：m/min。

（2）Restart On（焊接反复引弧）：该数值为布尔量，如果设为 True，机器人会在引弧没有成功的点进行反复引弧。

（3）Restart Distance：该数值为数值量，表示每次重复引弧的回退距离。

（4）Number of Retries：该数值为数值量，表示重复引弧的次数。

（5）Scrape On：该数值为布尔量，表示是否进行刮擦引弧。刮擦引弧的方式在 seam 数据中可以进行设置。

（6）Scrape Option On：该数值为布尔量，表示刮擦引弧的其他参数，包括电流、电压等。

（7）Scrape Width：该数值为数值量，表示刮擦引弧的刮擦宽度。

（8）Scrape Direction：该数值为数值量，表示刮擦的方向，0 表示垂直于焊缝进行引弧，90 表示平行于焊缝进行刮擦引弧。

（9）Scrape Cycle Time：该数值为数值量，表示刮擦引弧的时间，以 s 为单位。

（10）Ignition Move Delay On：该数值为布尔量，设置为 True 时，在 seam 数据中会出现引弧移动延迟时间，以 s 为单位，表示引弧成功机器人等待一定时间后再向前运动。

（11）Motion Time Out：该数值为数值量，主要用于 Multimove 系统，表示两台机器人同时引弧时允许的时间差。如果超过这个时间差,则系统会报错。

8. 设置 ABB 工业机器人焊接设备属性

在配置界面中双击"焊接设备",设置如图 5-100 所示。

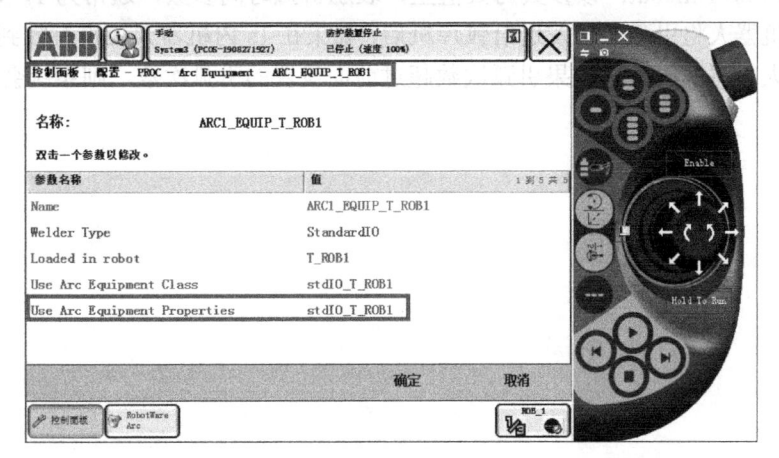

图 5-100 设置焊接设备属性

选中其中的"stdIO_T_ROB1",可对焊接设备中的参数进行设置,如图 5-101 所示。

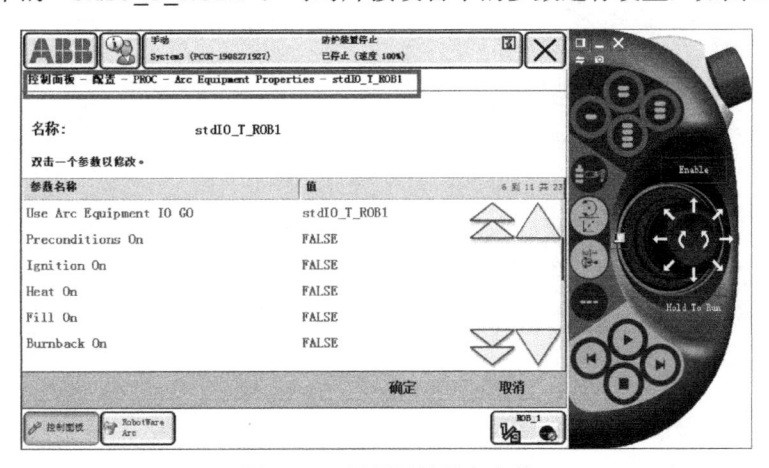

图 5-101 设置焊接设备参数

以上界面中的主要参数介绍如下。

(1)Ignition On(引弧功能):该参数为布尔量,表示引弧参数,设置为 True 时,在 seam 数据中会出现焊接引弧的电流、电压参数。

(2)Heat On:该参数为布尔量,表示热起弧参数,设置为 True 时,在 seam 数据中会出现热引弧的电流、电压和距离。

(3)Fill On:该参数为布尔量,表示填弧坑参数,设置为 True 时,在 seam 数据中出现填弧坑的电流、电压参数和填弧坑的时间,以及冷却时间参数。

(4)Burnback On:该参数为布尔量,表示回烧参数,设置为 True 时,在 seam 数据中会出现回烧的时间。

(5)Burnback Voltage On:该参数为布尔量,表示回烧参数,设置为 True 时,在 seam

数据中会出现回烧的电压。

（6）Arc Preset：该参数为数值型，表示焊接参数准备，以 s 为单位。如果设置为 1，表示焊接开始前，机器人会先将焊接的电流和电压参数发送给机器人。

（7）Ignition Timeout：该参数为数值型，表示引弧时间参数，通常为 1，以 s 为单位。

Ex：当机器人将引弧信号发送给弧焊机后，如果在 1s 内机器人还没有收到引弧成功信号，则机器人会再次引弧；如果引弧次数超过前面设置的引弧次数，则系统会报错。

单元 6

工业机器人故障诊断

机器人工作、运动过程中不可避免会出现各种故障,作为一名机器人技术人员,应该具备识别机器人故障及排除一些基本故障的能力。下面罗列了机器人运行过程中的一些常见故障。

1. 启动故障

启动故障可能会有的各种症状:
- 任何单元上的 LED 均不亮。
- 接地故障保护跳闸。
- 无法加载系统软件。

对应的可能原因:
- 系统的主电源未通电并且在未指定的极限内。
- 驱动模块中的主变压器未打开,未正确连接现有电源电压。
- 主开关未打开。
- 控制模块和驱动模块的电源超出指定极限。

2. 控制器没有响应

控制器没有响应的症状:
- 机器人控制器没有响应。
- LED 指示灯不亮。

可能的原因:
- 控制器未连接主电源。
- 主变压器出现故障或者连接不正确。
- 主熔丝可能已经断开。
- 控制模块和驱动模块之间没有连接。

3. 控制器性能低

控制器性能低,并且似乎无法正常工作,程序执行速度慢。可能的原因:
- 程序仅包含太高程度的逻辑指令,造成程序循环过快,使处理器过载。
- I/O 更新间隔设置为低值,造成频繁更新和过高的 I/O 负载。

- 内部系统交叉连接和逻辑功能使用太频繁。
- 外部 PLC 或者其他监控计算机对系统寻址太频繁，造成系统过载。

4. FlexPendant 示教器死机

FlexPendant 完全或间歇性"死机"，无适用的项，并且无可用的功能。可能的原因：
- 系统未开启。
- FlexPendant 没有与控制器连接。
- 连接到控制器的电缆被损坏。
- 电缆连接器被损坏。
- FlexPendant 出现故障。
- FlexPendant 控制器的电源出现故障。

5. FlexPendant 无法连接控制器

FlexPendant 启动，没有显示屏幕图像，无适用的项。可能的原因：
- 以太网络有问题。
- 主计算机有问题。

6. 操纵杆不工作

系统可以启动，但 FlexPendant 上的操纵杆不能工作，无法手动控制机器人。可能的原因：
- 操纵杆故障。

7. 路径精确性不一致

机器人 TCP 的路径不一致，经常变化，并且有时会伴有轴承、变速箱或其他位置发出的噪声，无法进行生产。可能的原因：
- 机器人没有正确校准。
- 未正确定义机器人 TCP。
- 平行杆被损坏（仅适用装有平行杆的机器人）。
- 电动机和齿轮之间的机械接头损坏，通常出现故障的电动机会发出噪声。
- 轴承损坏或破损（尤其在耦合路径不一致并且一个或多个轴承发出滴答声或摩擦噪声时）。
- 将错误类型的机器人连接到控制器。
- 制动闸未正确松开。

8. 油脂玷污电动机和（或）齿轮箱

电动机或变速箱周围的区域出现油泄漏现象。这种情况可能发生在底座、配合面，或者在分解器电动机的最远端。在某些情况下，漏油会润滑电动机制动闸，造成关机时示教器失效。可能的原因：
- 齿轮箱和电动机之间的密封损坏。
- 变速箱油面过高。
- 变速箱油过热。

9. 机械噪声

在操作期间，电动机、变速箱、轴承等不应发出机械噪声。出现故障的轴承在故障发生之前通常会发出短暂的摩擦声或者嘀嗒声。出现故障的轴承造成路径精确度不一致，并且在严重的情况下，接头会完全抱死。可能的原因：

- 轴承磨损。
- 污染物进入轴承圈。
- 轴承没有润滑。

10. 机器人制动闸未释放

在开始机器人操作或者控制机器人时，必须松开内部制动闸以允许移动。如果没有松开制动闸，机器人不能移动，并且会发生许多错误记录信息。可能的原因：

- 制动接触器（K44）没有正确工作。
- 系统未正确进入 Motors On 状态。
- 机器人轴上的制动闸发生故障。
- 24V BRAKE 电源掉电

附录 A　　ABB 工业机器人执行控制指令

表 A-1　程序调用指令

指　令	功能说明
ProCall	调用例行程序
CallByVAR	通过带变量的例行程序名称调用例行程序
Return	返回原例行程序

表 A-2　逻辑控制指令

指　令	功能说明
Compact IF	如果条件满足，则执行一条指令
IF	当满足不同的条件时，执行对应的程序
FOR	根据指定的次数，重复执行对应的程序
WHILE	如果条件满足，重复执行对应的程序
TEST	对一个变量进行判断，从而执行不同的程序
GOTO	跳转到例行程序内的标签位置
Label	跳转标签

表 A-3　程序停止指令

指　令	功能说明
Stop	停止程序的执行
EXIT	停止程序的执行并禁止在停止处再开始
Break	临时停止程序的执行，用于手动调试程序
SystemStopAction	停止程序的执行与机器人的运动
ExitCycle	中止当前程序的运行并将程序指针 PP 复位到主程序的第一条指令。如果选择了程序为连续运行模式，程序将从主程序的第一条指令重新执行

附录 B ABB 工业机器人变量指令

表 B-1 赋值指令

指　令	功能说明
:=	对程序变量进行赋值

表 B-2 等待指令

指　令	功能说明
WaitTime	等待一个指定的时间，程序再往下执行
WaitUntil	等待一个条件满足后，程序继续往下执行
WaitDI	等待一个输入信号状态为设定值
WaitDO	等待一个输出信号状态为设定值

表 B-3 程序注释指令

指　令	功能说明
Comment	对程序的功能进行注释

表 B-4 加载程序模块指令

指　令	功能说明
Load	从机器人控制器硬盘加载一个程序模块到内存
Unload	从运行内存中删除一个程序模块
Start Load	在程序执行的过程中，加载一个程序模块到内存
Wait Load	当 Start Load 使用后，使用该指令将程序模块连接到任务中
CancelLoad	取消加载程序模块
CheckProgRef	检查程序的引用
Save	保持程序模块
EraseModule	从内存中删除程序模块

表 B-5 变量功能指令

指　令	功能说明
TryInt	判断数据是否为有效的数据
OpMode	读取当前机器人的操作模式
RunMode	读取当前机器人程序的运行模式
NonMotionMode	读取程序任务当前是否无运动的执行模式
Dim	获取一个数组的维数
Present	读取带参数例行程序的可选参数值
IsPers	判断一个参数是否为可变量
IsVar	判断一个参数是否为变量

表 B-6 转换功能指令

指　令	功能说明
StrToByte	将字符串转换为指定格式的字节数据
ByteToStr	将字节数据转换为字符串

附录 C ABB 工业机器人运动设定指令

表 C-1 速度设定指令

指　令	功能说明
MaxRobSpeed	获取当前型号机器人可实现的最大 TCP 速度
VelSet	设定最大速度与倍率
SpeedRefresh	更新当前运动速度的倍率
AccSet	定义机器人的加速度
WorldAccLim	设定大地坐标系中工具与载荷的加速度
PathAccLim	设定运动路径中 TCP 的加速度

表 C-2 轴配置管理指令

指　令	功能说明
ConfJ	关节运动的轴配置控制
ConfL	线性运动的轴配置控制

表 C-3 机器人奇异点管理指令

指　令	功能说明
SingArea	设定机器人运动时，在奇异点的插补方式

表 C-4 位置偏置功能指令

指　令	功能说明
PDispOn	激活位置偏置
PdispSet	激活指定数值的位置偏置
PdispOff	关闭位置偏置
EOffsOn	激活外轴偏置
EOffsSet	激活指定数值的外轴偏置
EoffsOff	关闭外轴位置偏置
DefDFrame	通过 3 个位置数据计算出位置的偏置
DefFrame	通过 6 个位置数据计算出位置的偏置
OrobT	从一个位置数据删除位置偏置
DefAccFrame	从原始位置和替换位置定义一个框架

表 C-5 软伺服功能指令

指　令	功能说明
SoftAct	激活一个或多个轴的软伺服功能
SoftDeact	关闭软伺服功能

表 C-6 机器人参数调整功能指令

指 令	功能说明
TuneServo	伺服调整
TuneReset	伺服调整复位
PathResol	几何路径精度调整
CirPathMode	在圆弧插补运动时，工具姿态的变换方式

表 C-7 空间监控管理功能指令

指 令	功能说明
WZBoxDef	定义一个方形的监控空间
WZCylDef	定义一个圆柱形的监控空间
WZSphDef	定义一个球形的监控空间
WZHomeJointDef	定义一个关节轴坐标的监控空间
WZLimJointDef	定义一个限定为不可进入的关节轴坐标监控空间
WZLimSup	激活一个监控空间并限定为不可进入
WZDOSet	激活一个监控空间并与一个输出信号关联
WZEnable	激活一个临时的监控空间
WZFree	关闭一个临时的监控空间

附录 D ABB 工业机器人运动控制指令

表 D-1 空间监控管理功能指令

指 令	功能说明
MoveC	TCP 圆弧运动
MoveJ	关节运动
MoveL	TCP 线性运动
MoveAbsJ	轴绝对角度位置运动
MoveExtJ	外部直线轴和旋转轴运动
MoveCDO	TCP 圆弧运动的同时触发一个输出信号
MoveJDO	关节运动的同时触发一个输出信号
MoveLDO	TCP 线性运动的同时触发一个输出信号
MoveCSync	TCP 圆弧运动的同时执行一个例行程序
MoveJSync	关节运动的同时执行一个例行程序
MoveLSync	TCP 线性运动的同时执行一个例行程序

表 D-2 搜索功能指令

指 令	功能说明
SearchC	TCP 圆弧搜索运动
SearchL	TCP 线性搜索运动
SearchExtJ	外轴搜索运动

表 D-3 指定位置触发信号与中断功能指令

指 令	功能说明
TriggIO	定义触发条件在一个指定的位置触发输出信号
TriggInt	定义触发条件在一个指定的位置触发中断程序
TriggCheckIO	定义一个指定的位置进行 I/O 状态的检查
TriggRampAO	定义触发条件在一个指定的位置触发模拟输出信号,并对信号响应的延迟进行补偿设定
TriggEquip	定义一个触发条件在一个指定的位置触发输出信号,并对信号响应的延迟进行补偿设定
TriggC	带触发事件的圆弧运动
TriggJ	带触发事件的关节运动
TriggL	带触发事件的线性运动
TriggerLIOs	在一个指定的位置触发输出信号的线性运动
StepBwdPath	在 RESTART 的事件程序中进行路径的返回
TriggStopProc	在系统中创建一个监控处理,用于 STOP 和 QSTOP 中需要信号复位和程序数据复位的操作
TriggSpeed	定义模拟输出信号与实际 TCP 速度之间的配合

表 D-4 出错或中断时功能指令

指　令	功能说明
StopMove	停止机器人运动
StartMove	重新启动机器人运动
StartMoveRetry	重新启动机器人运动及相关参数设定
StopMoveReset	对停止运动状态复位，但不重新启动机器人运动
StorePath	储存已生成的最近路径
RestoPath	重新生成之前储存的路径
ClearPath	在当前的运动路径级别中，清空整个运动路径
PathLevel	获取当前路径级别
SyncMoveSuspend	在 StorePath 的路径级别中暂停同步坐标的运动
SyncMoveResume	在 StorePath 的路径级别中重返同步坐标的运动
IsStopMoveAct	获取当前停止运动标志符

表 D-5 外轴控制功能指令

指　令	功能说明
DeactUnit	关闭一个外轴单元
ActUnit	激活一个外轴单元
MechUnitLoad	定义外轴单元的有效载荷
GetNextMechUnit	检索外轴单元在机器人系统中的名字
IsMechUnitActive	检查一个外轴单元是关闭还是激活

表 D-6 独立轴控制功能指令

指　令	功能说明
IndAMove	将一个轴设定为独立轴模式并进行绝对位置方式运动
IndCMove	将一个轴设定为独立轴模式并进行连续方式运动
IndDMove	将一个轴设定为独立轴模式并进行角度方式运动
IndRMove	将一个轴设定为独立轴模式并进行相对位置方式运动
IndReset	取消独立轴模式
IndInpos	检查独立轴是否已到达指定位置
IndSpeed	检查独立轴是否已到达指定的速度

表 D-7 路径修正功能指令

指　令	功能说明
CorrCon	连接一个路径修正生成器
CorrWrite	将路径坐标系统中的修正值写到修正生成器
CorrDiscon	断开一个已连接的路径修正生成器
CorrClear	取消所有已连接的路径修正生成器
CorrRead	读取所有已连接的路径修正生成器的总修正值

表 D-8 路径记录功能指令

指　令	功能说明
PathRecStart	开始记录机器人的路径
PathRecStop	停止记录机器人的路径
PathRecMoveBwd	机器人根据记录的路径做后退运动
PathRecMoveFwd	机器人运动到执行 PathRecMoveBwd 指令的位置上
PathRecValidFwd	检查是否有可向前的记录路径
PathRecValidBwd	检查是否已激活路径记录和是否有后退的路径

表 D-9 输送链跟踪功能指令

指　令	功能说明
WaitWObj	等待输送链上的工件坐标
DropWObj	放弃输送链上的工件坐标

表 D-10 传感器同步功能指令

指　令	功能说明
WaitSensor	将一个在开始窗口的对象与传感器设备关联起来
SyncToSensor	开始/停止机器人与传感器设备的运动同步
DropSensor	断开当前对象的连接

表 D-11 有效载荷与碰撞检测功能指令

指　令	功能说明
MotionSup	激活/关闭运动监控
LoadId	工具或有效载荷的识别
ManLoadId	外轴有效载荷的识别

表 D-12 关于位置功能指令

指　令	功能说明
Offs	对机器人位置进行偏移
RelTool	对工具的位置和姿态进行偏移
CalcRobT	从 Jointtarget 计算出 Robtarget
Cpos	读取机器人当前的坐标 X、Y、Z
CrobT	读取机器人当前的 Robtarget
CjointT	读取机器人短期的关节轴角度
ReadMotor	读取轴电动机当前的角度
Ctool	读取工具坐标系当前的数据
CWObj	读取工件坐标系当前的数据
MirPos	镜像一个位置
CalcJointT	从 robtarget 计算出 jointtarget
Distance	计算两个位置的距离
PFRestart	检测当路径因电源关闭而中断的时候
CspeedOverri	读取当前使用的速度倍率

附录 E ABB 工业机器人 I/O 信号处理指令

表 E-1 I/O 信号设定功能指令

指 令	功能说明
InvertDO	将一个数字输出信号的值置反
PulseDO	将数字输出信号进行脉冲输出
Reset	将数字输出信号的值置为 0
Set	将数字输出信号的值置为 1
SetAO	设定模拟输出信号的值
SetDO	设定数字输出信号的值
SetGO	设定组输出信号的值

表 E-2 读取 I/O 信号功能指令

指 令	功能说明
Aoutput	读取模拟输出信号的当前值
DOutput	读取数字输出信号的当前值
GOutput	读取组输出信号的当前值
TestDI	检查一个数字输入信号已置 1
ValidIO	检查 I/O 信号是否有效
WaitDI	等待一个数字输入信号的指定状态
WaitDO	等待一个数字输出信号的指定状态
WaitGI	等待一个组输入信号的指定值
WaitGO	等待一个组输出信号的指定值
WaitAI	等待一个模拟输入信号的指定值
WaitAO	等待一个模拟输出信号的指定值

表 E-3 I/O 模块控制功能指令

指 令	功能说明
IODisable	关闭一个 I/O 模块
IOEnable	开启一个 I/O 模块

附录F ABB工业机器人通信功能指令

表F-1 示教器人机界面功能指令

指　令	功能说明
TPErase	清屏
TRWrite	在示教器操作界面上写信息
ErrWrite	在示教器事件日志中写报警信息并储存
TPReadFK	互动地功能键操作
TPReadNum	互动地数字键盘操作
TPShow	通过RAPID程序打开指定的窗口

表F-2 串口读写功能指令

指　令	功能说明
Open	打开串口
Write	对串口进行写文本操作
Close	关闭串口
WriteBin	写一个二进制数的操作
WriteAnyBin	写任意二进制数的操作
WriteStrBin	写字符的操作
Rewind	设定文件开始的位置
ClearIOBuff	清空串口的输入缓冲
ReadAnyBin	从串口读取任意的二进制数
ReadNum	读取数字量
ReadStr	读取字符串
ReadBin	从二进制串口读取数据
ReadStrBin	从二进制串口读取字符串

表F-3 Socket通信功能指令

指　令	功能说明
SocketCreate	创建新的Socket
SocketConnect	连接远程计算机
SocketSend	发送数据到远程计算机
SocketReceive	从远程计算机接收数据
SocketClose	关闭Socket
SocketGetStatus	获取当前Socket状态

附录G ABB工业机器人中断功能指令

表 G-1 中断设定功能指令

指　令	功能说明
CONNECT	连接一个中断符号到中断程序
IsignalDI	使用一个数字输入信号触发中断
IsignalDO	使用一个数字输出信号触发中断
IsignalGI	使用一个组输入信号触发中断
ISignalGO	使用一个组输出信号触发中断
ISignalAI	使用一个模拟输入信号触发中断
IsignalAO	使用一个模拟输出信号触发中断
ITimer	计时中断
TriggInt	在一个指定的位置触发中断
IPers	使用一个可变量触发中断
IError	当一个错误发生时触发中断
IDelete	取消中断

表 G-2 中断控制功能指令

指　令	功能说明
ISleep	关闭一个中断
IWatch	激活一个中断
IDisable	关闭所有中断
IEnanble	激活所有中断

附录H ABB 工业机器人系统相关功能指令

表 H-1 时间控制功能指令

指　令	功能说明
ClkReset	计时器复位
ClkStart	计时器开始计时
ClkStop	计时器停止计时
ClkRead	读取计时器数值
CDate	读取当前日期
CTime	读取当前时间
GetTime	读取当前时间为数字型数据

表 H-2 时间控制功能指令

指　令	功能说明
ClkReset	计时器复位
ClkStart	计时器开始计时
ClkStop	计时器停止计时
ClkRead	读取计时器数值
CDate	读取当前日期
CTime	读取当前时间
GetTime	读取当前时间为数字型数据

附录 I ABB 工业机器人数学运算功能指令

表 I-1 简单运算功能指令

指　令	功能说明
Clear	清空数值
Add	加或减操作
Incr	加 1 操作
Decr	减 1 操作

表 I-2 算术功能指令

指　令	功能说明
Abs	取绝对值
Round	四舍五入
Trunc	舍位操作
Sqrt	计算二次根
Exp	计算指数值 e^x
Pow	计算指数值
ACos	计算圆弧余弦值
ASin	计算圆弧正弦值
ATan	计算圆弧正切值 [-90°, 90°]
Atan2	计算圆弧正切值 [-180°, 180°]
Cos	计算余弦值
Sin	计算正弦值
Tan	计算正切值
EulerZYX	从姿态计算欧拉角
OrientZYX	从欧拉角计算姿态